Stefan Reitz
Willi Schwarz
Marcus R. W. Martin

Zinsderivate

Aus dem Programm
Mathematik

Mathematik für Wirtschaftsingenieure 1
von N. Henze und G. Last

Mathematik für Wirtschaftswissenschaftler 1 und 2
von F. Pfuff

Einführung in die angewandte Wirtschaftsmathematik
von J. Tietze

Übungsbuch zur angewandten Wirtschaftsmathematik
von J. Tietze

Einführung in die Finanzmathematik
von J. Tietze

Übungsbuch zur Finanzmathematik
von J. Tietze

Finanzmathematik für Einsteiger
von M. Adelmeyer und E. Warmuth

Derivate, Arbitrage und Portfolio-Selection
von W. Hausmann, K. Diener und J. Käsler

Moderne Methoden der Finanzmathematik
von R. und E. Korn

Zinsderivate
von St. Reitz, W. Schwarz und M. R. W. Martin

Finanzderivate mit MATLAB®
von M. Günther und A. Jüngel

Ökonometrie
von J.-U. Löbus

vieweg

Stefan Reitz
Willi Schwarz
Marcus R. W. Martin

Zinsderivate

Eine Einführung in Produkte, Bewertung, Risiken

Bibliografische Information Der Deutschen Bibliothek
Die Deutsche Bibliothek verzeichnet diese Publikation in der Deutschen Nationalbibliografie;
detaillierte bibliografische Daten sind im Internet über <http://dnb.ddb.de> abrufbar.

Dr. Stefan Reitz
Deutsche Bundesbank
Taunusanlage 5
60329 Frankfurt
stefan.reitz@t-online.de

Dr. Willi Schwarz
Commerzbank AG, ZRC
60261 Frankfurt
willi.schwarz@commerzbank.com

Dr. Marcus R. W. Martin
Deutsche Bundesbank
Taunusanlage 5
60329 Frankfurt
marcus.w.martin@t-online.de

1. Auflage Februar 2004

Der Vieweg Verlag ist ein Unternehmen von Springer Science+Business Media.
www.vieweg.de

MS Excel® ist ein eingetragenes Warenzeichen der Firma Microsoft.
Mathematica® ist ein eingetragenes Warenzeichen der Firma Wolfram Research.

Die in diesem Werk geäußerten Ansichten sind die persönlichen der Autoren und können nicht als
die Meinung der Deutschen Bundesbank oder der Commerzbank AG betrachtet werden.

Umschlaggestaltung: Ulrike Weigel, www.CorporateDesignGroup.de

Gedruckt auf säurefreiem und chlorfrei gebleichtem Papier

ISBN-13: 978-3-528-03203-6   e-ISBN-13: 978-3-322-80235-4
DOI: 10.1007/978-3-322-80235-4

Vorwort

"Des vielen Büchermachens ist keine Ende" (Kohelet 12, 12)

Aber wenn schon wieder ein neues Buch, warum dann gerade über Zinsderivate?

Dieses Buch basiert einerseits auf den in der täglichen praktischen Arbeit gewonnenen Erkenntnissen und Erfahrungen der Autoren und andererseits auf Vorlesungen und Seminarvorträgen, die die Autoren an der Technischen Universität zu Braunschweig und in Fortbildungsseminaren der Deutschen Bundesbank gehalten haben. Es ist als einführendes Lehrbuch in die finanzmathematische Theorie der Zinsderivate konzipiert und wendet sich daher an Studenten und Praktiker, die sich ein über qualitative Kenntnisse hinausgehendes grundlegendes mathematisches Verständnis der Materie erarbeiten wollen.

Das Buch ist auf Deutsch geschrieben: die Adressaten der erwähnten Vorlesungen und Seminare sind Hörer aus dem deutschsprachigen Raum. Dennoch haben wir uns nicht ganz dem modernen Sprachentrend entziehen können. Die Terminologie im Investmentbanking ist nun einmal vom Englischen geprägt und damit zwangsläufig auch die der modernen Finanzmathematik. Von eigenen Übersetzungsversuchen geläufiger englischer Fachtermini haben wir daher abgesehen.

Ein Wort zur Sprache der Mathematik, auf die es uns wesentlich ankommt: Sie ermöglicht einerseits, Ideen und Gedanken, die wir transportieren möchten, klar und präzise auszudrücken. Andererseits möchten wir die hier formulierten mathematischen Aussagen und Sätze als "in die Sprache aufgenommene Instrumente" verstanden wissen, die uns lehren, "auf neue Weise mit den Begriffen zu operieren" (WITTGENSTEIN, in Bemerkungen über die Grundlagen der Mathematik, Teil III, Abs. 29 und Teil VII, Abs. 45).

Die Intention dieses Buch ist es zum einen, einen für den Einsteiger in das Gebiet insgesamt einfachen, leicht verständlichen Zugang zu bieten. Zum anderen sollen Resultate und Techniken mit dem Denken des Fachgebiets vertraut machen. Die Auswahl des Stoffs ist daher auf wesentliche Themen beschränkt. Einen umfassenden Überblick über das Gebiet der Zinsderivate kann und will dieses Buch nicht leisten. Dennoch hoffen wir, den Leser auf dieser Grundlage zu vertiefenden Studien – zu einem "Sprachspiel mit Fragen und Antworten" – anzuregen (WITTGENSTEIN, in Bemerkungen über die Grundlagen der Mathematik, Teil VII, Abs. 18). Dieses Vorgehen entspricht eigener Überzeugung: Für den Einstieg in ein neues Thema sollte der Anfänger immer zwei Bücher konsultieren. Eines, das in die Grundlagen sowie Ideen und Konzepte einführt, und ein zweites, das zu weiterführenden Themen hinführt.

Ein wesentlicher Hinweis zu unserem Vorgehen sei angebracht. Die hier präsentierten theoretischen Grundlagen der Zinsderivate basieren sämtlich auf dem Paradigma des WIENER Prozesses und der GAUSSschen Normalverteilung, mit der dem Zufall Form und Struktur unterlegt wird. Die Modellierung von zufälligen Zinsprozessen und Bewertung von Zinsderivaten könnte ebenso auf Grundlage von Sprungprozessen erfolgen. Die Literatur hierzu ist umfänglich - aber in der Praxis haben sich diese Ansätze bisher nicht durchgesetzt. Neuere spieltheoretische Ansätze, die das Finanzmarktgeschehen als ökonomisches Spiel beschreiben und letztlich das genannte Paradigma ablösen wollen, sind bisher zu wenig konkret, um praxisrelevante Lösungsansätze für die Bewertung von Finanzderivaten zu liefern.

Der gewählte Zugang in die Theorie der Zinsderivate erfolgt in einem Dreiklang: Es werden Zinsprodukte ausgehend von den elementaren, grundlegenden bis hin zu komplexen und exotischen Zinsderivaten in ihrer praktischen Anwendung und Funktionsweise beschrieben. Die Bewertung einschließlich der hierzu erforderlichen Modellierung von Zinsdynamiken führt sodann in das Zentrum der Theorie der Zinsderivate. Die qualitative Beschreibung wie auch die Quantifizierung ihrer Risiken bilden den Abschluss unserer Darstellung. Zahlreiche Beispiele sollen das präsentierte Material verdeutlichen. Wir empfehlen dem Leser, diese mit Hilfe eines PC-Spreadsheets zu programmieren oder sich mit ausreichend Papier und Bleistift zur eigenen Rechnung zu versorgen.

Voraussetzung für das Buch sind elementare Grundlagen in Linearer Algebra, Analysis und Stochastik, die Studenten nach Abschluss der einführenden Vorlesungen zur Verfügung stehen. Weiterführendes (finanz)mathematisches Werkzeug wird in verschiedenen Anhängen bereitgestellt.

Als exzellente Vertiefung und Weiterführung unseres Materials möchten wir das Buch von ZAGST [85] empfehlen. Zusätzlich möchten wir auf weitere Werke verweisen: Neben dem "Klassiker" von HULL [36], der ein weites Panorama finanzmathematischer Themen behandelt, sind die Bücher von BRIGO und MERCURIO [12] sowie JAMES und WEBBER [43] zu nennen. Beide letztgenannten Bücher legen den Schwerpunkt auf die Modellierung von Zinsdynamiken. Es werden eine Vielzahl von Zinsstrukturmodellen, aber auch (numerische) Verfahren zur Bewertung von Zinsderivaten behandelt.

Die Autoren danken ihren Kollegen bei der Deutschen Bundesbank und den Studenten der Finanz- und Wirtschaftsmathematik der TU Braunschweig für viele nützliche Hinweise. Ihr Interesse an dem Fachgebiet, Zuhören und kritisches Rückfragen waren und sind uns immer wieder Ansporn.

Wir möchten nicht zuletzt ganz besonders Frau Schmickler-Hirzebruch und Frau Rußkamp vom Vieweg Verlag für ihre Unterstützung bei der Vorbereitung dieses Buchs danken.

Für meine Familie Für Maria und Natasa Für meine Familie
Stefan Reitz Willi Schwarz Marcus Martin

Lehnheim, Heidelberg und Obermöllrich, im Dezember 2003

Inhaltsverzeichnis

1 Grundlegende Begriffe und Plain Vanilla Produkte

In diesem einleitenden Kapitel wollen wir weitestgehend ohne die Voraussetzung tieferer finanzmathematischer Kenntnisse zunächst die wesentlichen Grundbegriffe und Definitionen anhand der elementaren Zinsprodukte einführen. Dennoch werden wir über die Standardprodukte, auch *Plain Vanilla Produkte* genannt, hinaus kleinere Ausblicke auf sog. *exotische Produkte* geben.

Ein wesentliches Ziel dabei ist es zu zeigen, dass alle Produkte sich auf die (synthetischen) Grundbausteine des Zinsmarktes, die so genannten *Zerobonds*, zurückführen lassen. Dies stellt die Grundlage für die Bewertung auch komplexerer Zinsprodukte wie *Caps, Floors* und *Swaptions* dar, die wir dadurch genauso vorbereiten wie die theoretische Formalisierung von Zinstrukturmodellen in Kapitel 2.

Bzgl. unterstützender Literatur verweisen wir hier in erster Linie auf HULL [36]. Wir haben uns abschnittsweise ebenso orientiert an den Aufzeichnungen [61], [71] und [76]. Das Buch von ZAGST [85] eignet sich unter finanzmathematischem Aspekt als eine exzellente Weiterführung.

1.1 Grundlagen der Finanzmathematik

Die Bewertung zukünftiger Zahlungsströme stellt ein Kernstück aller finanzmathematischen Berechnungen dar. Die dabei am Markt verwendeten Konventionen und Methoden wollen wir daher allen unseren Überlegungen voranstellen.

1.1.1 Interbankenhandel und risikolose Zinssätze

Jedem begegnen bereits im Alltag eine ganze Reihe verschiedenster Zinssätze, angefangen bei dem Zinssatz für die eigenen Spareinlagen oder dem Hypothekenzins für das Haus bis hin zu den Zinskupons bei Bundesschatzbriefen oder Bundesanleihen.

Beispielsweise kann man aus Staatsanleihen den Zinssatz ermitteln, zu dem ein Staat in seiner eigenen Währung für eine gewisse Laufzeit Gelder aufnehmen kann. Man bezeichnet die so ermittelten *Government Zinssätze* dann auch als *(kredit)risikolos*, da die Zahlungsverpflichtungen eines Staates stets durch Steuereinnahmen als gedeckt angesehen werden.

Im Mittelpunkt unseres Interesses stehen jedoch vielmehr diejenigen Zinsen, welche Banken untereinander im *Interbankenhandel* miteinander vereinbaren. International tätige Banken sind im gesamten Laufzeitspektrum im Einlagegeschäft untereinander in allen größeren Währungen aktiv und quotieren darin Geld- und Briefsätze (engl. *Bid-* und *Offer-Rates*), d.h. Sätze für Geldeinlagen und Geldaufnahmen.

Der prominenteste und wichtigste Zinssatz im Interbankenhandel, der **LIBOR** (für **L**ondon **I**nter**B**ank **O**ffered **R**ate), wird banktäglich als arithmetisches Mittel aus den (Brief-)Zinssätzen errechnet, zu denen Londoner Banken mit erstklassiger Bonität bereit sind, Geld an andere Banken mit gleicher Bonität auszuleihen. LIBOR-Sätze werden für typische Laufzeiten (von ein, drei, sechs und zwölf Monaten) und verschiedene Währungen (wie beispielsweise das britische Pfund (GBP), den U.S. Dollar (USD), den Euro (EUR), den japanischen Yen (JPY) und den Schweizer Franken (CHF)) veröffentlicht. Beim von der European Banking Federation (FBE) und der Financial Markets Association (ACI) initiierten **EURIBOR**, der **EUR**o **I**nter**B**ank **O**ffered **R**ate, melden 49 (Stand Ende Dezember 2003) europäische und internationale Banken mit wesentlicher Geschäftstätigkeit im Euro-Geldmarkt die Briefsätze der Ein- bis Zwölf-Monatsgelder im Interbankengeschäft, wobei sich daraus der EURIBOR durch Bildung des arithmetischen Mittels nach Streichen der 15% höchsten und 15% niedrigsten Sätze berechnet und um 11 Uhr MEZ in Brüssel auf drei Dezimalen gerundet quotiert wird.

Interbankenzinsen wie LIBOR und EURIBOR sind wegen der (wenn auch geringen) Möglichkeit des Ausfalls der ausleihenden Partei *nicht* kreditrisikolos und daher stets höher als die entsprechenden Government Zinsen. Andererseits dienen die Interbankzinsen, insbesondere der LIBOR, als Referenzzinssätze bei der Bewertung der grundlegenden Zinsderivate. Im Prinzip werden die Interbankenzinssätze also von Banken anstelle der Government Zinssätze als risikolose Zinssätze angesehen, da sie Gewinnüberschüsse im Interbankenmarkt investieren und Gelder im kurzen Laufzeitbereich zu Refinanzierungszwecken in diesem Markt aufnehmen, so dass der Interbankenzinssatz für sie die Opportunitätskosten ihrer Kapitalisierung reflektiert.

Nachfolgende Abbildung zeigt die zeitliche Entwicklung des Drei-Monats EURIBOR-Satzes:

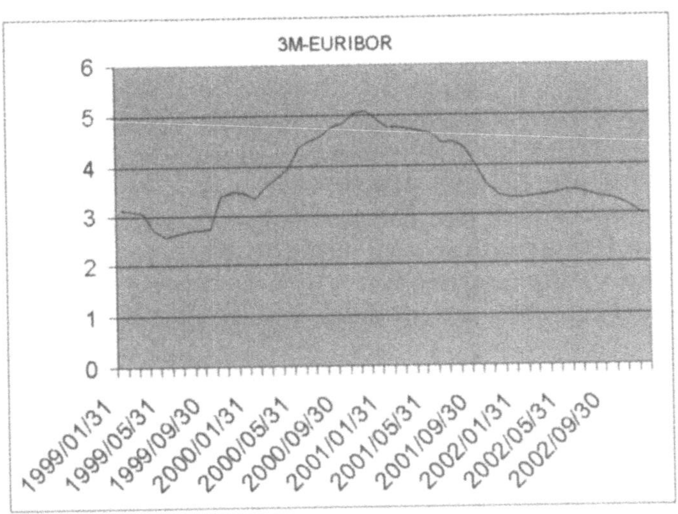

Mit der Verwendung von Interbankenzinsen als (kredit)risikolosen Referenzzinssätzen klammern wir für diese Darstellung die Einbeziehung des Kreditrisikos, also der Gefahr, dass ein Geschäftspartner seinen Zahlungsverpflichtungen nicht oder nur teilweise nachkommt, vollständig aus (vgl. auch Kapitel 4).

Da sich die Interbankenzinsen aus dem direkten Handel zwischen den Banken ergeben, sind sie durch verschiedenste Faktoren wie beispielsweise ökonomische Rahmenbedingungen und Zinserwartungen bestimmt und daher **stochastisch zu modellieren**. Dabei stellt sich die Frage, welcher Zinssatz bzw. welche Zinssätze naheliegender Weise überhaupt zu beschreiben sind, worauf es keine eindeutige Antwort gibt: Erste Modelle gingen von Zinssätzen sehr kurzfristiger Geldanlagen, vergleichbar Tagesgeldern, in so genannten *Short-Rate-Models* aus, wohingegen die *LIBOR-Market-Models* für Forward- bzw. *Swap-Market-Models* für Swap-Sätze (vgl. Kapitel 2) Zinssätze längerer Laufzeiten modellieren und in jüngster Vergangenheit immer weitere Verbreitung finden. Wir werden im Laufe dieses und vom mathematischen Standpunkt aus im nächsten Kapitel auf diese Modellansätze detailliert eingehen. Zuvor bedarf es jedoch der Einführung einiger elementarer Konventionen und Terminologien.

1.1.2   Daycount-Conventions und Zinsmethoden

Um die Zinsen auf ein zum Zeitpunkt t angelegtes Kapital der Größe N (***Nominal***) mit einer Fälligkeit in $T \geq t$ berechnen zu können, bedarf es einerseits eines dieser Periode zugrundegelegten **annualisierten Zinssatzes** $r(t,T)$, also des auf einjährige Laufzeit umgerechneten Zinssatzes (unabhängig von der Laufzeit der Anlage). Andererseits benötigt man noch zwei weitere Informationen, nämlich eine **Zinsmethode** und eine **Zählkonvention** (engl. ***Daycount-Convention***, oder auch *Year Fraction*). Letztere legt die Berechnung der Verzinsungsperiode $T - t$ fest und wird (bezogen auf ein Zinsinstrument I) üblicherweise als Bruch d/p angegeben:

$$(T - t)_{DC(I)} := \tau(t,T) = \frac{d}{p} \; .$$

Darin bezeichnet d die Anzahl der Tage zwischen t und T gemäß gewählter Konvention und p die Länge der Referenzperiode, bezüglich der diese zu zählen sind. Somit ergibt sich $(T-t)_{DC}$ im Falle einer Daycount-Convention

- ***act/act*** als Quotient der tatsächlichen (kalendarischen) Zahl an Tagen zwischen T und t im Zähler wie auch im Nenner, wobei wir im Falle einer Zinsperiode, die sich über d_1 Tage in einem "normalen" und d_2 Tage in einem Schaltjahr erstreckt, $(T - t)_{act/act} = \frac{d_1}{365} + \frac{d_2}{366}$ erhalten;

- ***act/360*** (oder ***act/365***) als Quotient aus der tatsächlichen (kalendarischen) Zahl an Tagen der Periode $[t; T]$ und 360 Tagen (365 Tagen) als Referenzperiode für ein Jahr, was beispielsweise im ersten Fall für ein ganzes (normales) Jahr auf $\frac{365}{360}$ führt;

- **30/360** als Quotient aus der Zahl der Tage bei Annahme von generell 30 Tagen pro Monat und entsprechend 360 Tagen pro Jahr, wobei man für den letzten Monat 28 oder 29 Tage zählt, falls T auf den 28. oder 29. Februar fällt, bzw. 31 Tage, falls T auf den 31. Tag eines Monats fällt aber t nicht der 30. oder 31. des entsprechenden Monats war.

Diese Definitionen folgen den durch die *International Swaps and Derivatives Association (ISDA)* gesetzten Standards.

Im Zusammenhang mit Verzinsungsperioden unter einem Jahr verwendet man die ***(unterjährig) lineare Verzinsungsmethode***, was auf ein Kapital

$$K(r_{\lin}; t,T) := N \cdot (1 + (T - t)_{DC} \cdot r_{\lin}(t,T))$$

zum Zeitpunkt T führt. Diese ist beispielsweise beim Sparbuch mit einer 30/360 Daycount-Convention ebenso üblich wie für die feste Seite eines Swap-Instrumentes oder mit einer $act/365$ Daycount-Convention für Geldmarktinstrumente und die variable Seite eines Swaps.

Hingegen tritt die ***diskrete Zinsmethode*** meist für Anlagezeiträume von mindestens einem Jahr ($(T - t)_{DC} \geq 1$) auf und führt auf

$$K(r_{\text{disk}}; t, T) = N \cdot (1 + r_{\text{disk}}(t, T))^{(T-t)_{DC}} .$$

Sie ist als (einperiodiger) Spezialfall der ***(diskreten) periodischen Zinsmethode*** mit

$$K(r_{\text{per}}; t, T) = N \cdot \left(1 + \frac{r_{\text{per}}(t, T)}{m}\right)^{m \cdot (T-t)_{DC}}$$

anzusehen, in der m die jeweilige Periodenlänge angibt: dabei wird m-mal im Jahr ein m-tel der Jahreszinsen $r(t, T)$ ausgeschüttet und diese in der nächsten Periode mitverzinst. Diese Zinsmethode wird beispielsweise bei Bundesanleihen und U.S. Treasury Bonds mit einer *act/act* Daycount-Convention verwendet.

Verkleinert man die Periodenlänge m immer mehr, so führt der bekannte Zusammenhang $\lim_{m \to \infty} \left(1 + \frac{x}{m}\right)^{m} = \exp(x)$ sowie die Stetigkeit der Exponentialfunktion auf die ***stetige Zinsmethode***

$$K(r_{\text{ste}}; t, T) = N \cdot \exp\left((T - t)_{DC} \cdot r_{\text{ste}}(t, T)\right) ,$$

welche u.a. für Anleihen und Swaps verwendet wird.

Je nach Zinsmethode lassen sich so die stetigen, linearen und diskret-periodischen Zinssätze durch Gleichsetzen der entsprechenden Gleichungen für $K(r; t, T)$ leicht ineinander umrechnen. Beispielsweise erhalten wir den stetigen Zinssatz mit Daycount-Convention DC_{ste} aus einem gegebenen m-periodischen Zinssatz mit Daycount-Convention DC_{per} zu

$$r_{\text{ste}}(t, T) = m \cdot \frac{(T - t)_{DC_{\text{per}}}}{(T - t)_{DC_{\text{ste}}}} \cdot \log\left(1 + \frac{r_{\text{per}}(t, T)}{m}\right) .$$

Die Wahl der Zinsmethode und Daycount-Convention ist daher zwar abhängig vom betrachteten Zinsgeschäft, doch treffen wir vereinfachenderweise die

GRUNDANNAHME 1.1 *Für den Rest dieses Lehrbuches werden wir stets stetige annualisierte Zinssätze mit einer act/act Daycount-Convention verwenden, sofern es nicht explizit anders spezifiziert wird.*

1.1.3 Das Barwertkonzept und Cashflows

Die heutigen Werte zukünftig fließender Zahlungen, so genannter *Cashflows* oder *Zahlungsströme*, lassen sich mit den Methoden aus dem vorangegangenen Abschnitt wie folgt untereinander vergleichbar machen.

Zum Zeitpunkt t entspricht der Wert eines Cashflows $C(T)$, der zu einem Zeitpunkt $T \geq t$ fließen wird, genau demjenigen Nominal N, welches wir zum Zeitpunkt t für die Dauer $T-t$ zum Zinssatz $r(t,T)$ anlegen können, so dass in T gerade $C(T)$ ausgeschüttet wird. D.h. ausgehend von

$$C(T) \stackrel{!}{=} K(r;t,T)$$

erhalten wir aus dem vorangegangenen Abschnitt sofort

$$PV := N = C(T) \cdot \mathrm{df}(r_{DC,\mathrm{meth}};t,T) \tag{1.1}$$

und nennen PV den **Barwert** (engl. *present value*) des Cashflows $C(T)$ zur Zeit t, wenn wir mit

$$\mathrm{df}(r_{DC,\mathrm{meth}};t,T) := \begin{cases} (1 + (T-t)_{DC} \cdot r_{\mathrm{lin}}(t,T))^{-1} & , \quad \mathrm{meth} = \mathrm{lin} \\ (1 + r_{\mathrm{disk}}(t,T))^{-(T-t)_{DC}} & , \quad \mathrm{meth} = \mathrm{disk} \\ \left(1 + \frac{r_{\mathrm{per}}(t,T)}{m}\right)^{-m\cdot(T-t)_{DC}} & , \quad \mathrm{meth} = \mathrm{per} \\ \exp(-r_{\mathrm{ste}}(t,T) \cdot (T-t)_{DC}) & , \quad \mathrm{meth} = \mathrm{ste} \end{cases}$$

den zur jeweiligen Zinsmethode und Daycount-Convention DC gehörenden **Diskontierungsfaktor** (oder auch *Abzinsungsfaktor*) bezeichnen.

Der Diskontierungsfaktor ist daher per definitionem der heutige (zum Zeitpunkt t) Wert einer Geldeinheit, welche erst zum Zeitpunkt T ausgezahlt wird. Insofern kann man auch sagen, dass das Barwertkonzept das alte Credo "*Zeit ist Geld*" wiederspiegelt!

In völliger Analogie nennen wir den Kehrwert des Diskontierungsfaktors,

$$\mathrm{af}(r_{DC,\mathrm{meth}};t,T) := \frac{1}{\mathrm{df}(r_{DC,\mathrm{meth}};t,T)}$$

den zur Zinsmethode und Daycount-Convention gehörigen **Aufzinsungs-faktor**, welcher den Auszahlungswert einer in t zum Zinssatz $r(t,T)$ angelegten Geldeinheit zum Zeitpunkt T ergibt.

Ist also bei einem Geschäft zu einem Zeitpunkt t bekannt, dass Zahlungen $C_j := C(T_j)$ an den Terminen $T_j \in (t;T^*]$, $j \in \{1,...,n\}$, erfolgen werden, so ergibt sich aus (1.1) der faire Wert dieses Geschäftes zu

$$PV(t,\mathcal{T},\mathcal{C}) := \sum_{j=1}^{n} C_j \cdot \mathrm{df}(r_{DC,\mathrm{meth}}; t, T) \, , \qquad (1.2)$$

worin wir zusammenfassend die Zahlungsströme mit

$$\mathcal{C} := \{C_j \, : \, j \in \{1,...,n\}\} = \{C(T_j) \, : \, j \in \{1,...,n\}\} \qquad (1.3)$$

und die Zahlungstermine mit

$$\mathcal{T} := \{T_j \, : \, j \in \{1,...,n\}\} \qquad (1.4)$$

abkürzen. Dabei gehen wir hier und im Folgenden stets von einem gemeinsamen größten (endlichen) Zeithorizont T^* für alle betrachteten Zinsgeschäfte aus.

GRUNDANNAHME 1.2 *In der gesamten Abhandlung gehen wir davon aus, dass die Laufzeiten aller betrachteten Zinsgeschäfte eines Portfolios bzw. einer Bank durch eine größte Laufzeit* $T^* < \infty$ *nach oben beschränkt sind.*

Mit dieser Annahme schließen wir zwar beispielsweise *ewige Anleihen* aus unserer Betrachtung aus, was wir allerdings ob deren relativ geringer Bedeutung für den Zinsmarkt als akzeptabel ansehen.

Die Zahlungsströme einer Anleihe mit jährlichen festen Kuponzahlungen zwischen 2004 und 2009 sowie der Rückzahlung des Nominals bei Endfälligkeit 2009 findet man häufig wie folgt in einem *Cashflow-Diagramm* veranschaulicht:

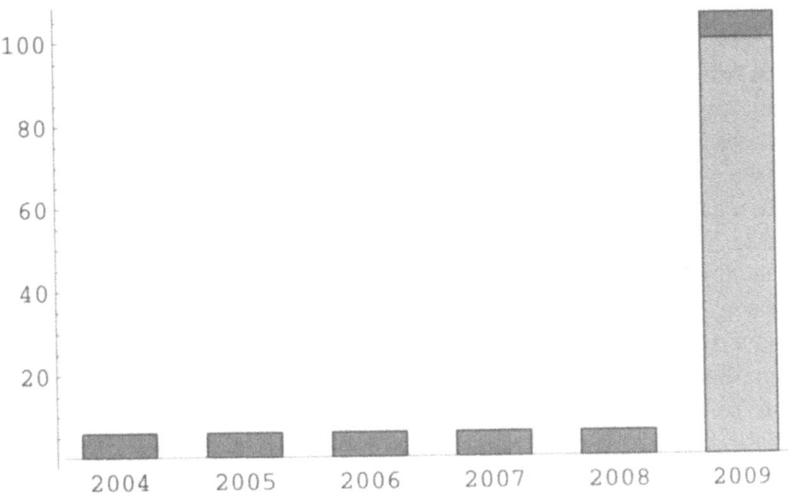

1.2 Die Grundbausteine des Zinsmarktes und deren elementare Bewertung

In diesem Abschnitt behandeln wir nur die wichtigsten Grundgeschäfte des Zinsmarktes. Wir werden dabei für jedes der behandelten Zinsinstrumente eine elementare Bewertung, d.h. die Ermittlung eines fairen Preises (engl. *fair value*) angeben, die sich im Wesentlichen auf Überlegungen zur sog. *Arbitragefreiheit* stützen wird.

1.2.1 Bedingte und unbedingte Termingeschäfte

Wie bei allen anderen Märkten auch, unterscheiden wir bei den Zinsmärkten zunächst einmal grob zwischen *Kassa-* und *Terminhandel.* Während bei der einfachsten Form eines Kaufes, einem Kassakauf, das Zinsinstrument (z.B. eine Staatsanleihe) mit Abschluss der Vertrages, also bereits am Kauftag (bzw. innerhalb von 2 Tagen), gegen die sofortige Zahlung des vereinbarten Preises geliefert wird, liegt der Kauf- oder Verkaufszeitpunkt, also der Zeitpunkt des Eigentumsübergangs vom Verkäufer auf den Käufer, bei einem Termingeschäft in der Zukunft. Den Kassahandel untergliedert man noch weiter in den *Geldmarkt*, in dem Zinsprodukte mit einer Restlaufzeit von bis zu einem Jahr gehandelt werden, und den *Kapitalmarkt*, an dem Zinsprodukte mit einer Restlaufzeit von mehr als einem Jahr gehandelt werden.

Am Terminmarkt unterscheiden wir dann weiter danach, ob es sich um ein *unbedingtes* oder *bedingtes Termingeschäft* handelt. Ein unbedingtes Termingeschäft stellt eine für beide Vertragspartner verbindliche Vereinbarung dar, den Vertragsgegenstand, den so genannten *Basiswert* oder auch das *Underlying*, zu einem zum Abschlusszeitpunkt vereinbarten Preis in der Zukunft zu liefern bzw. abzunehmen. Dies ist hingegen bei einem bedingten Termingeschäft nicht zwingend der Fall. Bei bedingten Termingeschäften hat man stets die Wahl, ob man von dem vertragsmäßig erworbenen Recht Gebrauch machen, d.h. dieses *ausüben*, möchte oder nicht, den Basiswert zu erwerben bzw. zu veräußern.

Die eigentlich interessante Fragestellung bei Termingeschäften besteht nun darin, wie der bei Vertragsabschluss festgelegte Preis für das Zinsinstrument zu ermitteln ist. Denn der zukünftige Marktwert des Basiswertes ist zum Zeitpunkt des Vertragsabschlusses unbekannt und unterliegt von diesem Zeitpunkt bis zum Ausübungs- oder Fälligkeitszeitpunkt des Termingeschäftes den Zinsschwankungen des Marktes. So kann bei Fälligkeit der vereinbarte Preis unter Umständen stark von dem dann festgestellten

Marktpreis des Basiswerts (beispielsweise einer Bundesanleihe) abweichen. Die somit mit einem Termingeschäft verbundenen **Risiken** werden insbesondere bei der Preisgestaltung zu berücksichtigen sein.

Und an dieser Stelle kommen nun insbesondere **Zinsderivate** ins Spiel, da mit deren Hilfe diese Risiken sozusagen "pur" handelbar gemacht werden können. Zinsderivate dienen nämlich

- der **spekulativen Ausnutzung** von Zins- bzw. Preisänderungen,

- der weitgehend risikofreien Ausnutzung von Preis- bzw. Zinsdifferenzen an unterschiedlichen Märkten zur gleichen Zeit (z.B. an Kassa- und Terminmärkten) zur Gewinnerzielung, was auch als **Arbitrage** bezeichnet wird, oder

- dem so genannten **Hedging**, also der Absicherung gegen Risiken aus erwarteten Zins- bzw. Preisänderungen.

Derivate erfordern einen geringeren Kapitaleinsatz als eine Anlage in den entsprechenden Basiswerten. Unter Umständen führen Preisänderungen des Underlyings zu erheblich stärkeren Preisänderungen beim zugehörigen Derivat, so dass Derivate sowohl höhere Chancen als auch höhere Risiken (Hebelwirkung oder Leverage-Effekt) bieten. Mit Derivaten kann man komparative Kostenvorteile nutzen und Geschäfte gegen Preisschwankungen absichern, so dass verlässliche Kalkulationen unabhängig von der Entwicklung der Märkte dadurch ermöglicht werden.

Dabei spielt die angenommene Arbitragefreiheit des Marktes für die Bewertung von Finanzinstrumenten **die** zentrale Rolle, wie wir in diesem Abschnitt für elementare Produkte und theoretisch fundiert für komplexere im nächsten und übernächsten Kapitel sehen werden. Dahinter steckt die implizite Annahme, dass die Märkte *informationseffizient* genug sind, dass sich bildende Arbitragemöglichkeiten sofort ausgenutzt und umgehend geschlossen werden. Mit anderen Worten: "There is no free lunch in the universe".

1.2.2 Bonds, Zerosätze und Renditen

Ein **Bond** ist ein Zinsgeschäft mit anfänglicher Kapitalanlage und gegebenenfalls einem periodischen Rückfluss von Zinszahlungen, so genannten *Kupons*, bereits während der Laufzeit sowie des Nominalbetrages zum Ende der Laufzeit.

Zahlt ein Bond während seiner Laufzeit keine Kupons sondern am Ende einen festen Betrag (also den anfänglichen Anlagebetrag samt aufgelaufener Zinsen in einem) zurück, so spricht man von einer Nullkuponanleihe oder einem **Zerobond**, wohingegen wir fortan jeden kuponzahlenden Bond als **Anleihe** bezeichnen wollen. Das wohl bekannteste Beispiel für Anleihen stellen Bundesanleihen dar, welche jährlich Kupons verschiedener Höhe unter Verwendung der diskreten Zinsmethode und einer *act/act* Daycount-Convention zahlen. Hingegen zahlen amerikanische Staatsanleihen (U.S. Treasuries) ebenfalls unter Verwendung der diskreten Verzinsung auf *act/act*-Basis halbjährlich jeweils die Hälfte des angegebenen Kupons.

Zerobonds bilden gewissermaßen die Elementarbausteine des gesamten Zinsmarktes, wie wir im Folgenden sehen werden. Den fairen Preis $P(t,T)$ eines Zerobonds mit Nominal $N = 1$ und Endfälligkeit in $T \in (t; T^*]$ erhalten wir daher zum Zeitpunkt t direkt aus der Definition des Barwertes (1.1) zu

$$P(t,T) = 1 \cdot e^{-R(t,T) \cdot (T-t)} \, , \tag{1.5}$$

wobei $R(t,T)$ der zum Zeitpunkt t gültige stetige **Zerozinssatz** zur Daycount-Convention *act/act* und Fälligkeit in $T \in (t; T^*]$ ist.

Für ein Nominal von $N = 1$ fällt der Preis eines Zerobonds also mit dem stetigen Diskontierungsfaktor zusammen, d.h. es ist

$$\mathrm{df}(R_{act/act,\mathrm{ste}}; t,T) = \mathrm{df}(R; t,T) = P(t,T) \, , \tag{1.6}$$

und dieser kann dazu verwendet werden, den Zerozinssatz $R(t,T)$ zu ermitteln:

$$R(t,T) = -\frac{1}{T-t} \cdot \log P(t,T) \, .$$

Der Zerozins $R(t,T)$ ermöglicht uns, den Wert jeder beliebigen Zahlung, die in T erfolgt, zum Zeitpunkt t durch Diskontieren mit diesem Zinssatz zu bestimmen.

BEMERKUNG 1.1 *Wir gehen für den gesamten zweiten Abschnitt dieses Kapitels mit Ausnahme des letzten Abschnittes stets von der vereinfachenden Annahme aus, dass die aktuellen Zerobondpreise $P(t,U)$, $U \in (t; T^*]$, vom Markt vorgegeben und uns bekannt sind, so dass wir alle Instrumente in diesem Abschnitt auf diese als Elementarbausteine zurückführen werden (vgl. allerdings auch Abschnitt 1.2.10). Äquivalent dazu sehen wir die aktuell in t (am 01.09.2003) bekannte EUR-Zerozinskurve als gegeben an, welche auf act/365-Basis mit stetiger Verzinsung in nachfolgender Tabelle festgehalten ist.*

Tage	Datum U_j	$R(t,U_j)$
1	02.09.03	2,1697%
2	03.09.03	2,1679%
7	08.09.03	2,1537%
30	01.10.03	2,1610%
61	01.11.03	2,1674%
91	01.12.03	2,1694%
122	01.01.04	2,1753%
152	31.01.04	2,1830%
182	01.03.04	2,1877%
213	01.04.04	2,2013%
243	01.05.04	2,2200%
273	31.05.04	2,2350%
304	01.07.04	2,2585%
335	01.08.04	2,2895%

Tage	Datum U_j	$R(t,U_j)$
365	31.08.04	2,3152%
730	31.08.05	2,7450%
1095	31.08.06	3,1035%
1460	31.08.07	3,3897%
1825	30.08.08	3,6080%
2190	30.08.09	3,7978%
2555	30.08.10	3,9642%
2920	30.08.11	4,1083%
3285	29.08.12	4,2273%
3650	29.08.13	4,3292%
5475	28.08.18	4,7044%
7300	27.08.23	4,9317%
10950	24.08.33	5,0716%

Für eine Anleihe mit den Kuponzahlungen C gemäß (1.3), wobei beispielsweise bei festem Kupon c die Cashflows durch

$$C_j = C(T_j) := \begin{cases} c & , \quad j \in \{1,...,n-1\}, \\ c + N & , \quad j = n \end{cases}$$

gegeben sind, und Zahlungsterminen $T \subset (t;T^*]$ nach (1.4) folgt unmittelbar aus der Barwertformel (1.2)

$$B(t,C,T) = \sum_{j=1}^{n} C_j \cdot \mathrm{df}(R_{DC,\mathrm{meth}};t,T_j) \qquad (1.7)$$

bzw. unter GRUNDANNAHME 1.1 (mit einer *act/act* Daycount-Convention und stetigen Zerozinssätzen)

$$B(t,C,T) = \sum_{j=1}^{n} C_j \cdot P(t,T_j). \qquad (1.8)$$

Diese Größe wird auch als **Dirty Price** der Anleihe bezeichnet, der üblicherweise *nicht* an der Börse quotiert wird. Er beinhaltet nämlich noch die bereits bis zum Bewertungszeitpunkt $t \in [T_0;T_1]$ aufgelaufenen **Stückzinsen**, wenn T_0 der letzte Kupontermin vor t oder der Emissionstag der Anleihe war (falls noch überhaupt kein Kupon gezahlt wurde):

$$\text{Stückzinsen}(t,T_0,T_1) = C(T_1) \cdot \frac{(t-T_0)_{DC}}{(T_1-T_0)_{DC}} \cdot \qquad (1.9)$$

Die Stückzinsen stellen also denjenigen Teil des nächsten Kupons $C(T_1)$ dar, der dem Verkäufer der Anleihe noch als Ausgleich dafür zusteht, dass wir an seiner Stelle diesen Kupon erhalten. Der unter Abzug der Stückzinsen von (1.7) erhaltene Preis

$$B_{\text{clean}}(t,\mathcal{C},\mathcal{T}) \;=\; B(t,\mathcal{C},\mathcal{T}) - \text{Stückzinsen}(t,T_0,T_1) =$$

$$= \sum_{j=1}^{n} C_j \cdot \text{df}(R_{DC,\text{meth}}; t,T_j) - C(T_1) \cdot \frac{(t-T_0)_{DC}}{(T_1-T_0)_{DC}} \tag{1.10}$$

heißt dann auch **_Clean Price_** der Anleihe und stellt den tatsächlich an der Börse notierten Preis dar, wenngleich wir den Dirty Price (1.8) bei Erwerb der Anleihe zu bezahlen haben.

BEISPIEL 1.1 *Betrachten wir die am 04.07.2009 endfällige 10-jährige Bundesanleihe DE0001135127 mit Kupon 4,5% p.a., zahlbar jeweils am 04.07. des Jahres.*

(a) *Am aktuellen Zeitpunkt* t, *dem 01.09.2003, erhalten wir durch lineare Interpolation (auf act/365-Basis)*

$$R(t,T_j) = \frac{R(t,U_j) - R(t,U_{j-1})}{U_j - U_{j-1}} (T_j - U_{j-1}) + R(t,U_{j-1})$$

aus den in BEMERKUNG 1.1 *gegebenen Zerozinssätzen* $R(t,U_j)$ *beispielsweise mit MS EXCEL® die folgende Zinsstruktur bzw. Zerobondpreise für die Kuponzahlungstermine* $T_j \in [U_{j-1}; U_j]$, $j \in \{1,...,n\}$:

T_j	$R(t,T_j)$	$P(t,T_j)$
04.07.04	2,2615%	0,981158
04.07.05	2,6767%	0,951914
04.07.06	3,0465%	0,917085
04.07.07	3,3442%	0,879453
04.07.08	3,5739%	0,841041
04.07.09	3,7682%	0,802354

(b) *Daraus errechnet sich der Dirty Preis der Bundesanleihe zu*

$$B(t,\mathcal{C},\mathcal{T}) \;=\; 4,50 \cdot 5,373007 + 100 \cdot 0,802354 = 104,413953.$$

Für den Clean Price müssen wir die bis heute aufgelaufenen Stückzinsen ausgehend vom letzten Kupontermin T_0 *am 04.07.2003, welcher 59 Tage zurückliegt, bestimmen. Aus (1.9) erhalten wir mit der bei Eurobonds i.A. üblichen act/act-Konvention (unter Beachtung der Schaltjahrproblematik für 2004)*

$$\text{Stückzinsen}(t,T_0,T_1) = 4{,}50 \cdot \frac{\frac{59}{365}}{\frac{180}{365} + \frac{186}{366}} = 4{,}50 \cdot 0{,}161868 = 0{,}726418 \ ,$$

so dass wir aus (1.10) den quotierten Preis

$$B_{\text{clean}}(t,T,C) = 104{,}413953 - 0{,}726418 = 103{,}687535$$

ermitteln können.

Eine zum Vergleich von Anleihen gleicher Laufzeit gern verwendete Grö-
ße stellt deren *Effektivzins* dar. Der Effektivzins oder die **Rendite** $y_B := y_{T_B}$
(für *yield(-to-maturity)*) einer Anleihe mit Laufzeit $T_B := T_n$, Zahlungsterminen T, Nominal N und dem festen Kupon c stellt die Verzinsung auf das
noch gebundene Kapital dar: Sie lässt sich aus dem fairen Preis (1.8) der
Anleihe durch Lösen der Gleichung

$$B(t,C,T) \overset{!}{=} \sum_{j=1}^{n} C_j \cdot \text{df}(y_{B;DC,\text{meth}}; t,T_j) \tag{1.11}$$

bestimmen, wobei meist eine diskrete Verzinsung verwendet wird.

BEISPIEL 1.2 *Die in* BEISPIEL *1.1 betrachtete Bundesanleihe hat bei diskreter Verzinsung eine Rendite von* $y_B = y = 3{,}77857$ *% p.a. auf act/365-
Basis, die sich als numerische Lösung der aus (1.11) resultierenden Gleichung beispielsweise mit Hilfe der Mathematica®-Funktion*

$$\texttt{FindRoot}\,[\texttt{f}[y]\texttt{==}\ 104{,}413953, \{y, 0.045\}]$$

ermittelt, worin zur Abkürzung

$$\texttt{f}[y] \ := \ \frac{4{,}50}{(1+y)^{\frac{307}{365}}} + \frac{4{,}50}{(1+y)^{\frac{672}{365}}} + \frac{4{,}50}{(1+y)^{\frac{1037}{365}}} + \frac{4{,}50}{(1+y)^{\frac{1402}{365}}}$$
$$+ \frac{4{,}50}{(1+y)^{\frac{1768}{365}}} + \frac{4{,}50}{(1+y)^{\frac{2133}{365}}} + \frac{100{,}00}{(1+y)^{\frac{2133}{365}}}$$

gesetzt wird.

Im Vergleich zu Staatsanleihen zeigen Unternehmensanleihen höhere
Renditen für dieselben Laufzeiten. Dieser Unterschied, der so genannte **Credit Spread**, quantifiziert (u. a.) das höhere Risiko, welches eine Unterneh-
mensanleihe gegenüber der als kreditrisikolos betrachteten Staatsanleihe besitzt (vgl. Kapitel 4).

1.2.3 FRAs und Forward-Rates

Bei einem **F**orward **R**ate **A**greement (***FRA***) handelt es sich um ein unbedingtes Zinstermingeschäft, bei dem der Zinssatz einer künftigen Geldaufnahme schon heute festgelegt wird, was eine sichere Kalkulationsbasis bei künftigen Finanzierungen erlaubt.

Dabei geht es um das Problem, bereits heute (zum Zeitpunkt t) einen *fairen* Zinssatz $F(t; S,T)$ festzuschreiben, zu dem man das Nominalvolumen N in einer gewissen Währung ab einem zukünftigen Zeitpunkt $S \geq t$ bis zum Zeitpunkt $T \geq S$ aufnehmen kann. Die Erfüllung des FRA-Kontraktes erfolgt dann an S durch Barausgleich (engl. *cash settlement*), d.h. es wird dann der Differenzbetrag des zur Zeit S tatsächlich am Markt gültigen Zinssatzes und des ursprünglich vereinbarten Satzes $F(t; S,T)$, bezogen auf das Nominal, ausgetauscht.

Ein heute fairer Zinssatz $F(t; S,T)$ liegt sicher dann vor, wenn wir sicherstellen können, dass heute (in t) der Barwert der zu leistenden Rückzahlung in T,

$$PV(t) = (N \cdot \operatorname{af}(F_{DC,\mathrm{meth}}; S,T)) \cdot \operatorname{df}(R_{DC,\mathrm{meth}}; t,T) \ ,$$

genau mit dem Barwert des Nominals an S,

$$PV(t) = N \cdot \operatorname{df}(R_{DC,\mathrm{meth}}; t,S) \ ,$$

übereinstimmt, woraus wir

$$\operatorname{af}(F_{DC,\mathrm{meth}}; S,T) = \frac{\operatorname{df}(R_{DC,\mathrm{meth}}; t,S)}{\operatorname{df}(R_{DC,\mathrm{meth}}; t,T)} \tag{1.12}$$

erhalten, was den Aufzinsungsfaktor der FRA-Rate $F_{DC,\mathrm{meth}} = F(t; S,T)$ und damit diese selbst (nach Wahl der Daycount-Convention und der Zinsmethode) festlegt.

BEISPIEL 1.3 *Für die sehr häufig benötigten unterjährigen Finanzierungen (also* meth=lin*) verwendet man eine act/360 Daycount-Convention, wonach sich aus (1.12),*

$$1 + \frac{T-S}{360} \cdot F_{\mathrm{lin}}(t; S,T) = \frac{1 + \frac{S-t}{360} \cdot R_{\mathrm{lin}}(t,S)}{1 + \frac{T-t}{360} \cdot R_{\mathrm{lin}}(t,T)} \ ,$$

die FRA-Rate

$$F_{\mathrm{lin}}(t; S,T) = \left(\frac{1 + \frac{S-t}{360} \cdot R_{\mathrm{lin}}(t,S)}{1 + \frac{T-t}{360} \cdot R_{\mathrm{lin}}(t,T)} - 1 \right) \cdot \frac{360}{T-S}$$

ergibt.

Für die für Interbankzinsen typische *act*/360 Daycount-Convention und diskrete Verzinsung folgt aus (1.12) und (1.6) die **Forward-Rate** zur Zeit t für den Zeitraum von S bis T mit der Year Fraction $\tau := (T - S)_{act/360}$ zu

$$F(t; S,T) = \frac{1}{\tau} \cdot \frac{P(t,S) - P(t,T)}{P(t,T)} = \frac{1}{\tau} \cdot \left(\frac{P(t,S)}{P(t,T)} - 1 \right) , \qquad (1.13)$$

worin $P(t,U)$ der Preis eines Zerobonds mit Endfälligkeit $U \in \{T,S\}$ zum Zeitpunkt t ist, und das Fixing der Forward-Rate an T stattfindet.

Diese Beziehung zwischen Zerobondsätzen einerseits und Interbankensätzen wie dem LIBOR oder EURIBOR andererseits ist der Ausgangspunkt für die Theorie der *Market-Models*, da hierdurch die Forward-Rate in geeigneter Form (wie wir in Kapitel 2 und 3 sehen werden) als Funktion der Zerobondpreise dargestellt werden werden können.

BEISPIEL 1.4 *Die Kenntnis der Zerozinskurve aus* BEMERKUNG *1.1 erlaubt uns die Berechnung der Forward-Rates auf act/360-Basis mit* (1.13)*:*

Datum U_j	$P(t,U_j)$	$F(t; U_{j-1},U_j)$
02.09.03	0,999941	
03.09.03	0,999881	2,1365%
08.09.03	0,999587	2,1189%
01.10.03	0,998225	2,1350%
01.11.03	0,996384	2,1458%
01.12.03	0,994606	2,1456%
01.01.04	0,992756	2,1646%
31.01.04	0,990950	2,1860%
01.03.04	0,989151	2,1832%

Eine denkbare Motivation zum Abschluss eines FRAs liegt in der Möglichkeit, diesen zur Absicherung gegen Zinsänderungen einzusetzen: Man sagt nämlich auch, dass der Käufer eines FRAs das *Geld kauft*, denn er sichert sich durch den Kauf eines FRAs den Zinssatz, zu dem er in der Zukunft (in T) Geld aufnehmen kann. Dadurch gewinnt er, wenn die Zinsen steigen, da er dann billiger als zu den dann aktuellen Marktzinsen Gelder aufnehmen kann. Andererseits verliert er, wenn die Zinsen fallen. — Der Kauf eines FRAs stellt somit eine Sicherung gegen steigende, der Verkauf eines FRAs eine Absicherung gegen fallende Zinsen dar. Allerdings besteht auch das Risiko eines Verlustes, nämlich dann, wenn eine jeweils konträre Zinsentwicklung eintritt.

Einen zusätzlichen Anreiz zu der Tatsache, dass bei Abschluss eines FRAs keine Gebühren oder sonstigen Kosten anfallen, stellt die Bilanzneutralität eines FRAs im Gegensatz zu fristenkongruenten Mittelaufnahmen bzw. -anlagen dar.

1.2.4   Forwards auf Bonds

Ein Forward-Kontrakt oder kürzer, ***Forward auf einen Bond,*** ist ein unbedingtes Termingeschäft über den Kauf oder Verkauf eines Bonds zu einem bestimmten zukünftigen Zeitpunkt $T \in (t; T_B]$ zu einem festgelegten Preis, dem Termin- oder ***Forward-Preis $Fwd(t,T)$*** des Bonds.

Forwards sind außerbörsliche Termingeschäfte, die direkt zwischen den Vertragspartnern geschlossen werden, was auch als OTC-Handel (für engl. *over-the-counter*) bezeichnet wird. Der Käufer des Bonds geht dabei eine so genannte ***Long Position*** ein, wohingegen der Verkäufer eine ***Short Position*** hält. Zum Fälligkeitstermin T des Kontraktes hat also der Halter der Short Position das Underlying, also den Bond, zu liefern, und erhält dafür vom Halter der Long Position den vereinbarten Terminpreis $Fwd(t,T)$.

Wie bestimmen wir nun aber den fairen Forward-Preis eines Bonds ? Wie bereits bei den FRAs, lassen wir uns auch hier von der Idee leiten, dass der Forward-Preis $Fwd(t,T)$ dann fair ist, wenn sein Barwert

$$PV(t) = P(t,T) \cdot Fwd(t,T)$$

dem Barwert des Dirty Prices des Bondes zur Zeit T entspricht. Diesen ermitteln wir im Folgenden: Bezeichnet $B(t,\mathcal{T},\mathcal{C})$ den aktuellen Dirty Price eines Bondes mit Kuponzahlungen C_j an den Terminen T_j, $j \in \{1,...,n\}$, so bestimmen wir zuerst einmal den Barwert der von t bis zum Zeitpunkt T ausgezahlten Kupons. Setzen wir dazu

$$k := k(T,\mathcal{T}) := \min\{l \in \{1,...,n\} \ : \ T_l > T\} , \tag{1.14}$$

so beläuft sich dieser auf

$$I(t,T) := I(t,T,\mathcal{T},\mathcal{C}) = \sum_{j=1}^{k-1} C_j \cdot P(t,T_j) . \tag{1.15}$$

Der Barwert des Dirty Prices des Bondes zum Lieferzeitpunkt T ergibt sich daher als Differenz des heutigen Dirty Prices des Bonds und dem heutigen Wert aller im Zeitraum $[t;T]$ fälligen Kuponzahlungen zu

$$PV(t) = B(t,\mathcal{T},\mathcal{C}) - I(t,T) = \sum_{j=k}^{n} C_j P(t,T) , \tag{1.16}$$

was wegen $PV(t) = P(t,T) \cdot Fwd(t,T)$ auf

$$Fwd(t,T) := P(t,T)^{-1} \cdot (B(t,\mathcal{T},\mathcal{C}) - I(t,T)) \tag{1.17}$$

führt. Man beachte, dass es sich hierbei auch wieder um einen Dirty Price handelt, der die aufgelaufenen Stückzinsen vom letzten Kuponzahlungstermin T_{k-1} bis zum Ausübungszeitpunkt T beinhaltet.

BEISPIEL 1.5 *Für einen am 01.09.2003 abgeschlossenen Forward-Kontrakt auf die Bundesanleihe aus* BEISPIEL 1.1 *mit Ausübungszeitpunkt T am 31.08.2006 erhalten wir sofort $k := k(T,\mathcal{T}) = 4$, da wir bis T noch die Kuponzahlungen für 2004, 2005 und 2006 erhalten, welche heute einen Barwert von*

$$I(t,T) = 4{,}50 \cdot (0{,}981158 + 0{,}951914 + 0{,}917085) = 12{,}825709$$

besitzen. Damit erhalten wir aus (1.17) *mit dem aus* BEISPIEL 1.1 *bekannten Dirty Price*

$$Fwd(t,T) = \frac{104{,}413953 - 12{,}825709}{0{,}911098} = 100{,}525148 \ .$$

Zum Abschluss dieses Abschnitts weisen wir noch einmal ausdrücklich darauf hin, dass der Wert V eines Forward-Kontraktes von dem in diesem vereinbarten Preis $Fwd(t,T)$ selbst zu unterscheiden ist. Ersterer ergibt sich an $u \in [t,T]$ als Differenz aus dem Barwerten der beiden Seiten, die das Geschäft nachbilden:

$$V(u) = B(u,\mathcal{T},\mathcal{C}) - I(u) - P(u,T) \cdot Fwd(t,T),$$

so dass $Fwd(t,T)$ derjenige Preis ist, für den der Wert des Forward-Kontraktes bei Abschluss $u = t$ gerade null ist.

1.2.5 Futures

Unter **Futures** versteht man an Terminbörsen wie der Frankfurter EU-REX oder der Chicago Board of Trade (CBOT) gehandelte, standardisierte Forward-Geschäfte. So haben Futures beispielsweise die festgeschriebenen Liefermonate März, Juni, September und Dezember und der Kauf oder Verkauf des Futures erfolgt von einem für die Börse zugelassenen Händler über diese bzw. deren Clearing House. Zusätzlich muss ein Händler bei Eingehen einer Futures-Position einen gewissen Betrag, den *Initial Margin*, als Sicherheit auf seinem sogenannten *Margin-Konto* hinterlegen, welcher den Änderungen des Futures-Preises ständig anzupassen ist: Fällt der Kurs des Futures, den ein Händler gekauft hat und der sich daher in einer Long Position befindet, so erfolgt ein *Margin Call* und der Händler hat die sich aus der Kursveränderung ergebende Differenz (den *Variation Margin*) auf seinem Margin-Konto einzuzahlen. Zur gleichen Zeit erhält der Verkäufer des Futures, der damit eine Short Position bezogen hat, denselben Betrag bar auf seinem Margin-Konto gutgeschrieben, wie exemplarisch die folgende Tabelle veranschaulicht:

Datum	Käufer (Long Position)	Kurs des BUND-Futures	Verkäufer (Short Position)
t	Initial Margin	96,75%	Initial Margin
$t+1$	-950,00	95,80%	+950,00
$t+2$	+500,00	96,30%	-500,00
$t+3$	+750,00	97,05%	-750,00

In der Regel werden Finanz-Futures nicht durch Lieferung und Abnahme des Basiswertes erfüllt, sondern vor Fälligkeit durch Gegengeschäfte glattgestellt, wobei Differenzen durch Barausgleich abgedeckt werden.

Die Transaktionskosten sind für Teilnehmer an den Börsen im Vergleich zu den Kassamärkten wesentlich niedriger, was insbesondere auf die starke Standardisierung der Verträge und auf die Elimination des Konkursrisikos des Vertragspartners durch das tägliche Marking-to-Market zurückzuführen ist.

1.2.6 Kapitalmarkt-Futures

Den an der EUREX gehandelten BOBL- und BUND-Futures liegen *fiktive* mittel- bzw. langfristige Schuldverschreibungen des Bundes, also Bundesobligationen bzw. Bundesanleihen, mit einem jährlichen Kupon von 6%, einem Nominal von 100 000 EUR (vor 1999: 250 000 DEM) und einer Laufzeit zwischen einerseits 4,5 und 5,5 bzw. andererseits 8,5 und 10,5 Jahren zu Grunde. Die Preisangabe erfolgt dabei in Prozent des Nominalwertes auf zwei Dezimalen genau. Die minimale Preisänderung beläuft sich daher auf 0,01 % des Nominals, einen so genannten *Tick*, was einem Wert von 10 EUR entspricht.

Die Lieferung erfolgt physisch in einer Staatsanleihe der Bundesrepublik Deutschland mit einer dem Future entsprechenden Restlaufzeit und zwar gemäß Bestimmungen der EUREX innerhalb von zwei Tagen nach dem zehnten Tag des Liefermonats. Als Liefermonate kommen jeweils die nächsten drei Quartalsmonate des Zyklus März, Juni, September und Dezember in Frage. Am letzten Handelstag haben die Clearing-Mitglieder mit offenen Short Positionen anzuzeigen, welche Bundesanleihe geliefert wird. Dabei ist Handelsschluss für den fälligen Kontrakt 12:30 MEZ, und als **Schlussabrechnungspreis EDSP** (**E**xchange **D**elivery **S**ettlement **P**rice) ergibt sich der volumengewichtete Durchschnitt der letzten 10 gehandelten Preise, sofern diese nicht älter als 30 Minuten sind, oder der entsprechende Durchschnitt aller Preise der letzten Handelsminute, falls in diesem Zeitraum mehr als zehn Geschäfte zustande gekommen sind.

Da auch die Quotierung auf eine fiktive Staatsanleihe erfolgt, ist es nötig, eine Umrechnung des Futures-Preises in den Preis einer tatsächlich physisch lieferbaren Schuldverschreibung des Bundes vorzunehmen. Hierzu bedient man sich des so genannten **Preisfaktors** (engl. *conversion factor*) $\mathrm{PF} = \mathrm{PF}(\mathcal{T},\mathcal{C})$, bei dem es sich um den Clean Price einer Staatsanleihe mit Nominal 1, Kupon c (in Prozent) und Rendite von 6 % (entsprechend dem Kupon des fiktiven Underlyings) zum ersten Tag des Liefermonats handelt. Der Preisfaktor wird mit dem EDSP multipliziert, und hat die Funktion, die im Rahmen des Future-Kontraktes lieferbaren Anleihen bzgl. ihres Kupons und ihrer Restlaufzeit vergleichbar zu machen.

LEMMA 1.1 *Bezeichnen wir mit f die Anzahl der Monate zwischen dem Futures-Liefertag und dem nächsten Kupontermin, mit c den Kupon der betrachteten Bundesanleihe (in Prozent) und mit n die Anzahl der ganzen Jahren bis zur Endfälligkeit der Anleihe, so gilt*

$$\mathrm{PF} = \frac{1}{1{,}06^{\frac{f}{12}}} \left(\frac{c}{0{,}06} \left(1{,}06 - \frac{1}{1{,}06^n} \right) + \frac{1}{1{,}06^n} \right) - c \cdot \left(1 - \frac{f}{12} \right) .$$

*Man beachte, dass der Preisfaktor für eine gegebene Bundesanleihe (mit deren Kupon c und Restlaufzeit $n + \frac{f}{12}$) eindeutig festgelegt ist und durch Preisänderungen der jeweiligen Anleihe **nicht** beeinflusst wird.*

BEWEIS: Der Dirty Price einer Anleihe mit Nominal 1, Kupon c, Rendite $y_B = 6\%$ und Kuponzahlungen in $T_j := j + \frac{f}{12}$, $j \in \{1,...,n\}$, ergibt sich bei diskreter Verzinsung nach Formel (1.11) und geometrischer Summenformel zu

$$B(t,\mathcal{T},\mathcal{C}) = \sum_{j=1}^{n} \frac{c}{1{,}06^{j+\frac{f}{12}}} + \frac{1}{1{,}06^{n+\frac{f}{12}}} = \frac{1}{1{,}06^{\frac{f}{12}}} \cdot \left(c \cdot \frac{1 - \frac{1}{1{,}06^{n+1}}}{1 - \frac{1}{1{,}06}} + \frac{1}{1{,}06^n} \right) =$$

$$= \frac{1}{1{,}06^{\frac{f}{12}}} \cdot \left(\frac{c}{0{,}06} \cdot \left(1{,}06 - \frac{1}{1{,}06^n} \right) + \frac{1}{1{,}06^n} \right) ,$$

woraus nach Abzug der Stückzinsen $c \cdot \left(1 - \frac{f}{12} \right)$ der Clean Price und damit die Behauptung folgt.

$\square$

BEISPIEL 1.6 *Nach* LEMMA 1.1 *erhielt man am 12. Juni 2003 für eine Bundesanleihe mit mit Kupon 3,75% und Endfälligkeit am 04.01.2012, welche somit eine verbleibende Laufzeit von 8 Jahren und 7 Monaten besaß, den Preisfaktor* $\mathrm{PF} = \frac{1}{1{,}06^{\frac{7}{12}}} \left(\frac{0{,}0375}{0{,}06} \left(1{,}06 - \frac{1}{1{,}06^8} \right) + \frac{1}{1{,}06^8} \right) - 0{,}0375 \cdot \left(1 - \frac{7}{12} \right) \approx$ *0,852152. Entsprechend hatte am selben Tag eine Bundesanleihe mit Endfälligkeit am 07.07.2012 und Kupon 4,00% einen Preisfaktor* $\mathrm{PF} \approx 0{,}862921$.

Damit bleiben noch zwei Fragen zu klären: Erstens, wie man überhaupt den fairen Preis eines BUND- oder BOBL-Futures ermittelt, und zweitens, welche am Markt vorhandenen Bundesschuldverschreibungen bei Lieferung sinnvollerweise zu verwenden sind.

Die Preisermittlung eines BUND- oder BOBL-Futures erfolgt basierend auf der Idee des *Cash-&-Carry*, worunter man das "Nachbilden" des Futures durch Kauf und Halten des zugrundeliegenden Kassainstruments versteht. Wenn wir zunächst einmal präjudizieren, dass wir wüssten, welche Bundesanleihe (bzw. Bundesobligation) wir zu liefern hätten, würden wir als Verkäufer des Futures nach dem Cash-&-Carry-Ansatz diese zum Dirty Price von $B(t,\mathcal{T},\mathcal{C})$ erwerben. Berücksichtigen müssen wir dabei aber noch, dass wir im Zeitraum von heute t bis zum Liefertag T noch Erträge in Form von Kuponzahlungen aus der Bundesanleihe erhalten haben, so dass sich der tatsächliche Barwert des Bonds für uns auf (1.16) beläuft, also vom Dirty Price noch die Erträge $I(t,T)$ nach Formel (1.15) mit Index k gemäß (1.14) abzuziehen sind. Diesen Betrag müssten wir bis zum Lieferzeitpunkt des Futures refinanzieren, was beispielsweise mit einer entsprechenden Geldmarkt-Rate $R(t,T)$ (wie dem EURIBOR) zu erfolgen hätte und somit auf $act/360$-Basis unterjährig linear zu verzinsen wäre:

$$\text{Refi} = (B(t,\mathcal{T},\mathcal{C}) - I(t,T)) \cdot \left(1 + R(t,T) \cdot (T - t)_{DC(R)}\right) \ .$$

Zugleich verkaufen wir nun einen BUND-Futures-Kontrakt auf diese Anleihe zu einem (Clean) Futures Preis von $f := f(t,T,\mathcal{T},\mathcal{C})$, was in T dazu führt, dass wir durch Lieferung des Futures Einnahmen in Höhe von

$$\text{Einnahmen} = f(t,T,\mathcal{T},\mathcal{C}) \cdot \text{PF}(\mathcal{T},\mathcal{C}) + \text{Stückzinsen}(t,T_k,T)$$

erhalten würden. Um Arbitragemöglichkeiten auszuschließen, muss sichergestellt sein, dass die Einnahmen genau die Refinanzierungskosten aufwiegen, also

$$\text{Refi} = \text{Einnahmen}$$

gilt, woraus wir den Futures-Preis (für die gewählte Anleihe mit Zahlungsterminen $\mathcal{T}$ der Kupons $\mathcal{C}$)

$$f(t,T,\mathcal{T},\mathcal{C}) = \frac{\text{Refi} - \text{Stückzinsen}(t,T_k,T)}{PF(\mathcal{T},\mathcal{C})}$$

erhalten.

Um aber diesen Preis zu berechnen, benötigen wir die diesem Preis zu Grunde liegende Bundesanleihe, welche so aus der Menge M aller Bundesanleihen mit Laufzeiten zwischen 8,5 und 10,5 Jahren auszuwählen ist, dass diese jede Arbitragemöglichkeit zu einer der anderen lieferbaren Anleihen unterbindet. Dies wird insbesondere dann der Fall sein, wenn die betreffende Anleihe, die wie alle Anleihen aus M durch ihr Laufzeitspektrum $\mathcal{T}_{CtD}$ (mit $T_n \in [8{,}5; 10{,}5]$) und ihre Kupons $\mathcal{C}_{CtD}$ eindeutig charakterisiert ist, den Futures-Preis minimiert. Diese Bundesanleihe bezeichnet man dann auch als **Cheapest-to-Deliver-** oder kürzer **CtD-Anleihe** und

$$f(t,T) := f(t,T,\mathcal{T}_{CtD},\mathcal{C}_{CtD}) = \min_{(\mathcal{T},\mathcal{C})\in M} f(t,T,\mathcal{T},\mathcal{C})$$

als (quotierten) **Futures-Preis**, welcher im Gegensatz zum Forward-Preis $Fwd(t,T)$ ein Clean Price ist, also keinerlei Stückzinsen beinhaltet! Die CtD-Bundesanleihe ist dann diejenige, bei der die Differenz zwischen dem Rechnungsbetrag,

$$\text{Rechnungsbetrag} = \text{EDSP} \cdot \text{PF}(\mathcal{T}_{CtD},\mathcal{C}_{CtD}) + \text{Stückzinsen}(t,T_k,T) \, ,$$

und dem Marktpreis der Bundesanleihe (ihrem Dirty Price $B(t,\mathcal{T}_{CtD},\mathcal{C}_{CtD})$) am höchsten ist. Da auch im Dirty Price noch die Stückzinsen enthalten sind, maximiert die CtD-Anleihe also gerade den Ausdruck

$$\text{EDSP} \cdot \text{PF}(\mathcal{T}_{CtD},\mathcal{C}_{CtD}) - B_{\text{clean}}(t,\mathcal{T}_{CtD},\mathcal{C}_{CtD}) \, ,$$

in den nun nur noch der quotierte Clean Price eingeht. In der Praxis zeigt sich, dass es in der Regel nur eine CtD-Anleihe gibt.

BEISPIEL 1.7 *Der Schlussabrechnungskurs des BUND-Futures Juni 2003 lag am 12. Juni 2003 bei 106,15. Für die beiden in* BEISPIEL 1.6 *betrachteten Bundesanleihen betrug der Kassakurs 90,50 bzw. 91,80, so dass wir wegen*

$$106{,}15 \cdot 0{,}852152 - 90{,}50 = -0{,}044 > -0{,}201 = 106{,}15 \cdot 0{,}862921 - 91{,}80$$

die Bundesanleihe mit Endfälligkeit am 04.01.2012 und Kupon von 3,75% geliefert hätten.

1.2.7   Repos und Implied Repo-Rate

Eng verwandt mit den behandelten Anleihe-Futures sind die so genannten *Repurchase Agreements* oder **Repos**, bei denen der Besitzer eines Finanzinstruments dieses zunächst (in t) verkauft, aber zugleich vereinbart, es zu einem entsprechend höheren Preis in der Zukunft (zum Zeitpunkt T) zurückzukaufen. Es handelt sich bei einem Repo im Prinzip um einen Kredit, bei dem das Finanzinstrument als Sicherheit fungiert. Der durch ein Repo erzielte Zinssatz wird auch als **Repo-Rate** $R(t,T)$ bezeichnet.

Wir haben implizit genau solch eine Situation bei der Cash-&-Carry-Preisbildung des Futures im letzten Abschnitt geschaffen. Denn der Kauf einer Bundesanleihe in t und gleichzeitige Verkauf derselben über einen BUND-Futures-Kontrakt in T ist aus dem Blickwinkel der Börse betrachtet nichts anderes als ein Repo-Geschäft: Diese verkauft die Bundesanleihe in t und stimmt zu, sie zum Futures-Preis $f(t,T)$ in T zurückzukaufen. Die mit diesem Repo verbundene Repo-Rate wird auch ***Implied Repo-Rate*** $\boldsymbol{R_{impl}(t,T)}$ genannt und errechnet sich unmittelbar aus dem Preis $f(t,T)$ des Futures zu

$$R_{impl}(t,T) = \frac{1}{(T-t)_{DC(R)}} \left[\frac{f(t,T) \cdot \mathrm{PF}(\mathcal{T},\mathcal{C}) + \text{Stückzinsen}(t,T_k,T)}{B(t,\mathcal{T},\mathcal{C}) - I(t,T)} - 1 \right].$$

Genau für die CtD-Bundesanleihe $(\mathcal{T}_{CtD},\mathcal{C}_{CtD}) \in M$ stimmt diese mit der Refinanzierungsrate $R(t,T)$ überein, während für jede andere Bundesanleihe $(\mathcal{T},\mathcal{C}) \in M$ stets $R_{impl}(t,T) < R(t,T)$ gilt. Dieser Zusammenhang liefert eine weitere Methode zur Bestimmung der Cheapest-to-Deliver, indem aus der gegebenen Menge M der möglichen lieferbaren Anleihen stets diejenige mit maximaler Implied Repo-Rate als CtD-Bundesanleihe zu wählen ist, da diese uns die höchsten Zinsen unter allen Bundesanleihen verspricht, die wir jetzt erwerben und über den BUND-Futures-Kontrakt verkaufen können.

Eine im Zusammenhang mit Repos zu erwähnende, häufig verwendete Handelsstrategie besteht darin, sich ein Finanzinstrument zu leihen, um dieses dann am Markt zu verkaufen: Man spricht dann von einem ***Leerverkauf*** oder davon, dass man das jeweilige Instrument *short geht*. Der Leerverkauf geschieht dabei natürlich in der Hoffnung, dasselbe Instrument später zu einem niedrigeren Preis zurückkaufen zu können.

Beauftragt ein Investor beispielsweise seinen Broker, eine gewisse Zahl von Bundesanleihen short zu gehen (leer zu verkaufen), wird dieser genau diese Zahl Bundesanleihen von einem anderen Kunden ausleihen und am Markt verkaufen. Diese Position kann im Prinzip so lange aufrecht erhalten werden, wie sich der Broker Bundesanleihen leihen darf. Dabei muss während der Zeit, in der ein Investor das Finanzinstrument short ist, dieser dem Broker sämtliche Zahlungszuflüsse aus dem leer verkauften Instrument (wie in unserem Beispiel die Kuponzahlungen bei den Bundesanleihen) zukommen lassen. Die Short Position im betreffenden Instrument wird schließlich durch den Kauf desselben wieder aufgelöst.

Leerverkäufe spielen für die Preisbildungs- und somit Arbitragebetrachtungen eine wichtige Rolle, worauf wir in Kapitel 2 zurückkommen werden.

1.2.8 Geldmarkt-Futures

Als ein Beispiel für Zinsfutures, welche ein aus Geldmarktzinssätzen abgeleitetes fiktives Underlying verwenden, wollen wir die an der EUREX gehandelten EURIBOR-Futures besprechen. EURIBOR-Futures werden darüber hinaus auch an der LIFFE, der London International Financial Futures and Options Exchange, gehandelt.

Für $l \in \{1,3\}$ ist der Basiswert eines l-Monats-EURIBOR-Futures der von 100% subtrahierte EURIBOR für l-Monats-Termingelder, welcher in Prozent des Nominals auf drei Dezimalen quotiert wird und eine minimale Preisänderung von 0,005% (was beispielsweise bei 3-Monats-EURIBOR-Futures einem Wert von 12,50 EUR entspricht) erlaubt. Das Nominal N des Kontraktes beträgt eine Million EUR für $l = 3$ bzw. 3 Millionen EUR für $l = 1$ und die Erfüllung geschieht am ersten Börsentag nach dem letzten Handelstag des Futures durch Barausgleich. Dabei liegt der letzte Handelstag zwei Börsentage vor dem dritten Mittwoch des jeweiligen Erfüllungsmonats mit Handelsschluss für den fälligen Kontrakt um 11:00 Uhr MEZ. An diesem wird von der EUREX der Schlussabrechnungspreis auf Grundlage des von der FBE/ACI ermittelten Referenzzinssatzes um 11:00 Uhr MEZ festgelegt, wobei eine Rundung auf das nächstmögliche Preisintervall erfolgt.

Bezeichnen wir mit $F(t; T_{j-1}, T_j)$ die in t quotierte annualisierte l-Monats-EURIBOR-Rate für die Periode von T_{j-1} bis

$$T_j := T_{j-1} + l \, \text{Monate} \, ,$$

so ergibt sich hieraus der Schlussabrechnungspreis des entsprechenden EURIBOR-Futures mit Settlement in T_{j-1} nach (1.13) (wegen $P(T_{j-1}, T_{j-1}) = 1$) zu

$$
\begin{aligned}
f_{\text{EUR}}(T_{j-1}; T_{j-1}, T_j) &= 1 - F(T_{j-1}; T_{j-1}, T_j) = \\
&= 1 - \frac{1}{\tau_j}\left(\frac{1}{P(T_{j-1}, T_j)} - 1 \right)
\end{aligned}
\tag{1.18}
$$

mit $\tau_j := (T_j - T_{j-1})_{act/360} = \frac{l}{12}$. Für $t \in [T_0; T_{j-1}]$ errechnet sich somit ein Cash-Preis

$$f_{\text{EUR,cash}}(t, T_{j-1}) = 1 - \tau_j \cdot [1 - f_{\text{EUR}}(t; T_{j-1}, T_j)] = 1 - \tau_j \cdot F(t; T_{j-1}, T_j) \, ,$$

der auch für die Berechnung der täglichen Variation Margins herangezogen wird.

Man beachte, dass wir daher mit (1.13) den Cash-Preis des Geldmarkt-Futures bei gegebener Zerobondkurve zum Zeitpunkt t berechnen können.

Offenbar sichert der Kauf eines Geldmarkt-Futures gegen fallende Zinsen ab. Hingegen profitiert der Verkäufer eines Geldmarkt-Futures von steigenden Zinsen. Insgesamt kann man also festhalten, dass sich Geldmarkt-Futures im Prinzip genau umgekehrt wie ein FRA verhalten, jedoch im Gegensatz zum OTC-Geschäftes FRA während der gesamten Laufzeit Marginzahlungen zu leisten sind. Diese Komponente des Geldmarkt-Futures, dass Marginzahlungen bei Änderungen des dem Kontrakt zugrundeliegenden Zinssätzes zu leisten und somit zu refinanzieren sind, muss eingerechnet werden, so dass wir also das "Zusammenspiel" von Refinanzierungssatz r und dem Kontrakt zugrundeliegenden Zinssatz $F(\cdot; T_{j-1}, T_j)$ (genauer die *Korrelation* dieser beiden Zinssätze) berücksichtigen müssen.

Hat man zum Beispiel einen Geldmarkt-Futures verkauft, so bedeutet das Ansteigen des Refinanzierungssatzes, dass man Marginzahlungen erhält, welche man nun "teuer" (zum angestiegenen Zinssatz) kurzfristig anlegen kann, wohingegen Fallen des Refinanzierungssatzes impliziert, dass man Marginzahlungen zu leisten hat, die man sich jedoch "billiger" (zum niederigeren Zinssatz) kurzfristig aufnehmen kann. Folglich ist eine hohe Volatilität σ_r des kurzen Refinanzierungssatzes r immer gut für den Verkäufer eines Geldmarkt-Futures. Während man beim Kauf des FRA also nur die Differenzpunkte zum Settlementzeitpunkt T gewinnen kann, hat man beim Verkauf des Geldmarkt-Futures noch zusätzlich die aus den Variation Margins erzielten Überschüsse, so dass *die FRA-Rate stets kleiner als die EURIBOR-Futures-Rate ist*. Auf dieses Phänomen werden wir in Abschnitt 1.2.10 noch einmal zurückkommen.

1.2.9　FRNs und Zinsswaps

Neben den bislang behandelten festverzinslichen Wertpapieren, also den Anleihen mit festem Kupon c, spielen variabel verzinsliche Anleihen, die so genannten **Floating Rate Notes** (***FRN**s) oder auch ***Floater*** eine wichtige Rolle bei der Steuerung von Zinsrisiken. Dabei ermittelt sich die Höhe der Kuponzahlung $C(T_j) \in \mathcal{C}$ an den Zahlungsterminen $T_j \in \mathcal{T}$, $j \in \{1,...,n\}$, durch den an den Zinsfixings T_{j-1}, $j \in \{1,...,n\}$, quotierten Referenzzinssatz $L(T_{j-1}, T_j)$ für die Periode $[T_{j-1}; T_j]$ bei einem Nominal N zu

$$C(T_j) = \begin{cases} N \cdot (L(T_{j-1},T_j) + s) & , \quad j \in \{1,...,n-1\} \\ N \cdot (L(T_{j-1},T_j) + s + 1) & , \quad j = n \end{cases},$$

d.h. in T_n erfolgt auch die Rückzahlung des Nominals. Als Referenzzinssatz $L(T_{j-1},T_j)$ tritt meist ein entsprechender Geldmarktsatz wie der LIBOR oder EURIBOR mit einer *act*/360 Daycount-Convention auf, dessen Laufzeit

der Fixingperiode entspricht, und der bisweilen auch um einen festen Zinsauf-
oder -abschlag, einen so genannten **Floating Spread** s vergrößert oder verkleinert wird.

Um den aktuellen Barwert einer FRN berechnen zu können, benötigen
wir nach der Barwertformel aber noch die erst zu den Zinsfixingterminen
T_{j-1}, $j \in \{1,...,n\}$, in der Zukunft festgelegten Zinssätze $L(T_{j-1},T_j)$, also die
in T_{j-1} gefixten Forward-Rates für die jeweilige Periode $[T_{j-1};T_j]$,

$$L(T_{j-1},T_j) = F(T_{j-1};T_{j-1},T_j) \, , \qquad (1.19)$$

welche zum aktuellen Zeitpunkt t nicht bekannt sind und der zukünftigen
Entwicklung des Referenzzinssatzes unterliegen. An dieser Stelle müsste nun
eine stochastische Modellierung dieses Zinssatzes (in mathematischer Dik-
tion: der Zufallsvariablen $F(T_{j-1};T_{j-1},T_j)$) erfolgen, so wie wir in Kapitel
2 nach Schaffung der entsprechenden Grundlagen dafür auch vorgehen werden. Der aus aktueller Sicht faire Zinssatz für die Periode $[T_{j-1};T_j]$ ist nach
Abschnitt 1.2.3 aber gerade die Forward-Rate $F(t;T_{j-1},T_j)$. Und tatsächlich
werden wir auch nach exakter Modellierung des Zinsmarktes (vgl. SATZ 2.9)
sehen, dass der erwartete Wert des variablen Zinssatzes gegeben den Infor-
mationsstand in t bereits durch den aktuell bekannten Forward-Zins für die
Periode $[T_{j-1};T_j]$ gegeben und somit aus der bekannten Zinsstrukturkurve
bzw. den Zerobondpreisen ablesbar ist. Daher erhalten wir mit

$$L(T_{j-1},T_j) \overset{!}{=} F(t;T_{j-1},T_j)$$

und $\tau_j := (T_j - T_{j-1})_{act/360}$, $j \in \{1,...,n\}$, den Barwert einer FRN für $t \leq T_0$
zu

$$PV^{FRN}(t) \;=\; N \cdot \sum_{j=1}^{n} \tau_j \cdot P(t,T_j) \cdot (F(t;T_{j-1},T_j) + s) + N \cdot \tau_n \cdot P(t,T_n).$$

Da $F(t;T_{j-1},T_j) = \frac{1}{\tau_j} \cdot \left(\frac{P(t,T_{j-1})}{P(t,T_j)} - 1 \right)$ nach (1.13) gilt, vereinfacht sich dieser
Ausdruck wegen der dadurch entstehenden Teleskopsumme zu

$$PV^{FRN}(t) = N \cdot \left(P(t,T_0) + s \cdot \sum_{j=1}^{n} \tau_j \cdot P(t,T_j) \right) . \qquad (1.20)$$

Die darin verbliebene Summe bezeichnen wir abkürzend als **Present Value
of a Basis Point**,

$$PVBP(t,\mathcal{T}) := \sum_{j=1}^{n} \tau_j \cdot P(t,T_j) \, ,$$

weil diese gerade angibt, um welchen Wert sich die FRN (prozentual) ändert, wenn sich der Referenzzinssatz um genau einen **_Basispunkt_**, $1BP :=$ **0,01%**, ändert.

Die variablen Zahlungen, die wir bei einer FRN erhalten, lassen sich durch gestrichelte Balken in einem Cashflow-Diagramm wie folgt veranschaulichen:

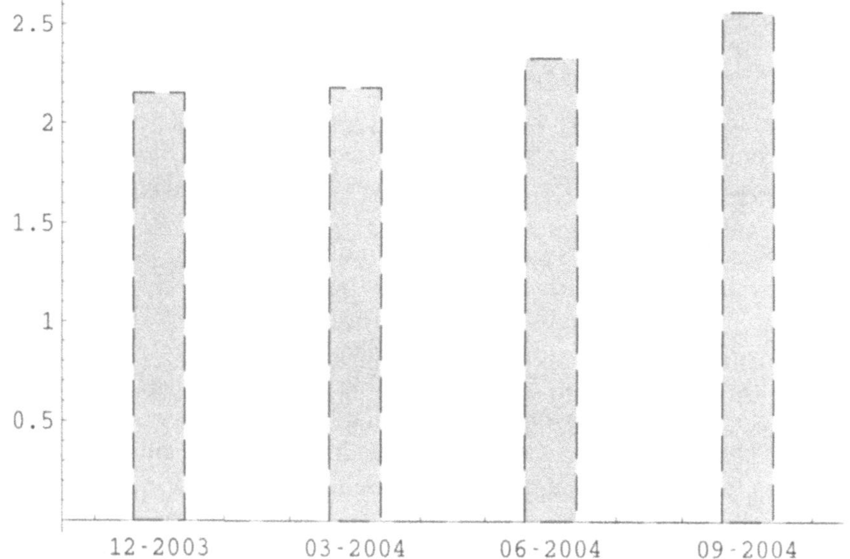

Genau wie bei Anleihen mit festem Kupon wird auch bei einer FRN nicht deren Barwert (Dirty Price), sondern deren Clean Price quotiert, den wir aus $PV^{FRN}(t)$ nach Abzug der Stückzinsen

$$\text{Stückzinsen}^{FRN}(T_0,t,T_1) = [F(T_0;T_0,T_1) + s] \cdot \frac{(t - T_0)_{act/360}}{\tau_1}$$

für $t \in [T_0; T_1]$ zu

$$PV^{FRN}_{\text{clean}}(t) = PV^{FRN}(t) - \left[\frac{1}{P(T_0;T_1)} - 1 + s\right] \cdot \frac{(t - T_0)_{act/360}}{\tau_1}$$

erhalten. Da erst in T_0 das erste Fixing stattfindet, erfolgte in $[0; T_0)$ noch keine Kuponzahlung, so dass in diesem Zeitraum keine Stückzinsen anfallen und folglich darin der Barwert zugleich auch der Clean Price der FRN ist.

BEISPIEL 1.8 *Eine Floating Rate Note mit Floating Spread $s = 0$ auf den 3-Monats-EURIBOR zum Nominal N hat nach (1.20) den Wert*

$$PV^{FRN}(t) = N \cdot P(t,T_0) \, ,$$

d.h. eine Floating Rate Note notiert zum nächsten Fixing T_0 des Referenzzinssatzes wegen $P(T_0,T_0) = 1$ stets zu pari, d.h. zum Nominalwert.

Eine Produktvariante der Klasse der Floater sind die **Reverse Floater**, bei denen sich der Kupon aus der Differenz eines festen Zinses abzüglich eines variablen Zinssatzes wie des EURIBOR berechnet. Ein solches Produkt kann man zerlegen in eine Long Position in zwei Anleihen, deren Kupons zusammen den festen Zinssatz ergeben, und eine Short Position in einer FRN allesamt gleicher Laufzeit, was umgehend die Bewertung ermöglicht. Die Zerlegung von Produkten in einfachere Bestandteile, auch **Stripping** genannt, werden wir gleich noch einmal auf eines der wichtigsten Produkte im gesamten Zinshandel anwenden.

Ein (Plain Vanilla) **Zinsswap** ist eine Vereinbarung, bei der zwei Parteien übereinkommen, eine Reihe fixer Zinszahlungen an den Terminen $T_j^* \in \mathcal{T}^*$, $j \in \{1,...,n_*\}$, gegen variable Zinszahlungen in $T_j \in \mathcal{T}$, welche für einen entsprechenden variablen Referenzzinssatz (ggf. zuzüglich eines Floating Spreads s) an den Zinsfixingterminen T_{j-1}, $j \in \{1,...,n\}$, festgelegt werden, auszutauschen, jeweils bezogen auf einen vereinbarten Nominalbetrag N. Des weiteren nennen wir das *erste Fixing* $T_0 = T_0^*$ auch den **Starttermin**, $T_S := \max\{T_n, T_{n_*}^*\}$ die **Endfälligkeit** und $T_S - T_0$ den **Tenor** des Swaps.

Die Festsatzseite oder kürzer **feste Seite** des Swaps (engl. fixed leg) kann offenbar als eine festverzinsliche Anleihe und die **variable Seite** (engl. floating leg) als eine FRN angesehen werden:

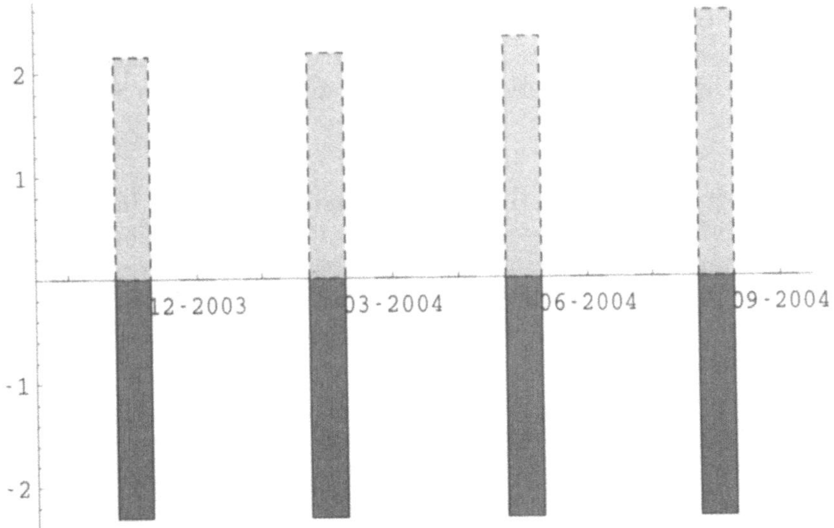

Folglich erhalten wir leicht als Barwert (Dirty Price) eines **Payer-Swaps**, bei dem man die feste Seite K an den Terminen in $\mathcal{T}^*$ zahlt und an den Terminen $\mathcal{T}$ die variable erhält,

$$\mathrm{PS}(t) = \mathrm{PS}(t,\mathcal{T},\mathcal{T}^*,N,K) = PV^{FRN}(t,\mathcal{T}) - B(t,\mathcal{T}^*,\mathcal{C}) \, ,$$

wohingegen man für einen **Receiver-Swap**, also einem Swap, bei dem man an den Terminen in $\mathcal{T}^*$ die feste Seite K erhält und die variable an den Terminen $\mathcal{T}$ zahlt, den Dirty Price

$$\mathrm{RS}(t) = \mathrm{RS}(t,\mathcal{T},\mathcal{T}^*,N,K) = B(t,\mathcal{T}^*,\mathcal{C}) - PV^{FRN}(t,\mathcal{T}) = -\mathrm{PS}(t)$$

mit (1.20) und (1.8) erhält, wenn man darin noch $\mathcal{C} := \{C_j : j \in \{1,...,n_*\}\}$ mit

$$C_j = C(T_j^*) := \left\{ \begin{array}{ll} K \cdot \tau_j^* & , \quad j \in \{1,...,n_* - 1\}, \\ K \cdot \tau_j^* + N & , \quad j = n_* \end{array} \right. \tag{1.21}$$

und $\tau_j^* := (T_j^* - T_{j-1}^*)_{DC}$, $j \in \{1,...,n_*\}$, setzt.

Entsprechend erhält man den Clean Price eines Payer- bzw. Receiver-Swaps, indem man jeweils zum Clean Price der im Swap eingebetteten Anleihe bzw. FRN übergeht.

Üblicherweise erfolgen die Zinszahlungen der variablen Seite viertel- oder halbjährlich und die der festen Seite halb- bzw. ganzjährig, so dass $n \neq n_*$ und $\mathcal{T} \neq \mathcal{T}^*$ gilt. Zudem wird auf der festen Seite eines Swaps in der Regel mit einer anderen Daycount-Convention gearbeitet als auf der der FRN, auf welcher die $act/360$-Basis der Geldmarktsätze zum Einsatz kommt: Meist findet man auf der festen Seite eine 30/360 oder bisweilen sogar eine act/act Daycount-Convention.

Zur *Vereinfachung* der Darstellung verwenden wir jedoch von nun an dieselbe Daycount-Convention für die variable wie die feste Seite sowie $n = n_*$ und

$$\mathcal{T} = \mathcal{T}^* \, ,$$

so dass wir im Folgenden $\mathrm{RS}(t,\mathcal{T},N,K)$ und $\mathrm{PS}(t,\mathcal{T},N,K)$ für den Barwert eines Receiver- bzw. Payer-Swaps zum Zeitpunkt t schreiben können. Es sei betont, dass diese Vereinfachung rein methodisch-didaktischer Natur ist: Wie eine Bewertung der typischerweise am Markt vorzufindenden Swaps zu geschehen hat, ist aus den vorstehenden Bemerkungen und den nachfolgenden Erklärungen leicht zu konstruieren.

Ist $t < T_0$, so sprechen wir auch von einem **Forward-Swap** und suchen für den Spezialfall $s = 0$ diejenige feste Seite K, zu der der Swap in t den Wert Null hat, es also nichts kostet, in einen Swap mit Starttermin T_0 und Zahlungsaustausch an den Terminen $T_j \in \mathcal{T}$, $j \in \{1,...,n\}$, einzutreten. Aus (1.20) (mit $s = 0$) und (1.8) (mit C_j wie oben definiert) erhalten wir

$$0 = \mathrm{PS}(t) = -\mathrm{RS}(t) = N \cdot P(t,T_0) - N \cdot \left(\sum_{j=1}^{n} K \cdot \tau_j \cdot P(t,T_j) + P(t,T_n) \right) ,$$

woraus sich der gesuchte Zinssatz für die feste Seite des Swaps, die **Forward-Swap-Rate** $K := S_{1,n}(t)$, zu

$$S_{1,n}(t) = \frac{P(t,T_0) - P(t,T_n)}{\sum_{j=1}^{n} \tau_j \cdot P(t,T_j)} = \frac{P(t,T_0) - P(t,T_n)}{PVBP(t,\mathcal{T})} \tag{1.22}$$

ergibt, welche genau die am Markt quotierte Information zu einem Forward-Swap darstellt.

BEISPIEL 1.9 *Für einen einjährigen Swap mit Starttermin am 02.09.2003 und vierteljährigem Zinsaustausch erhält man am 01.09.2003 den*

$$PVBP(t,\mathcal{T}) = \frac{0,994606 + 0,989151 + 0,983422 + 0,977114}{4} = 0,986073258$$

und somit die Swap-Rate

$$S_{1,4}(t) = \frac{0,999941 - 0,977114}{0,986073258} = 2,3149\% ,$$

wie in den obigen Abbildungen dargestellt.

Alternativ zu der Darstellung (1.22) der Forward-Swap-Rate $S_{1,n}(t)$ mit Hilfe der Zerobondpreise $P(t,T_j)$, $j \in \{0,...,n\}$, kann man diese auch ausgehend von (1.13), also $P(t,T_j) = P(t,T_{j-1}) \cdot (1+\tau_j \cdot F(t;T_{j-1},T_j))$, bzw. damit induktiv

$$P(t,T_j) = P(t,T_0) \cdot \prod_{k=1}^{j} (1 + \tau_k \cdot F(t;T_{k-1},T_k))$$

für $j \in \{1,...,n\}$ als eine Art gewichtetes Mittel der Forward-Rates

$$S_{1,n}(t) = \frac{1 - \prod_{j=1}^{n} (1 + \tau_j \cdot F(t;T_{j-1},T_j))^{-1}}{\sum_{k=1}^{n} \tau_k \prod_{j=1}^{k} (1 + \tau_j \cdot F(t;T_{j-1},T_j))^{-1}} = \tag{1.23}$$

$$= \sum_{j=1}^{n} w_j(t) F(t;T_{j-1},T_j) \tag{1.24}$$

mit den von den $F(t;T_{j-1},T_j)$ abhängigen Gewichten

$$w_j(t) = \frac{\tau_j \cdot \prod_{k=1}^{j} (1 + \tau_k \cdot F(t;T_{k-1},T_k))^{-1}}{\sum_{k=1}^{n} \tau_k \cdot \prod_{l=1}^{k} (1 + \tau_l \cdot F(t;T_{l-1},T_l))^{-1}} \qquad (1.25)$$

ausdrücken. Diese Darstellungen werden für uns große Wichtigkeit erlangen, wenn wir (wie oben schon angedeutet) die Forward-Rate $F(\cdot;T_{j-1},T_j)$ stochastisch modellieren und darüber die Zerobondpreise $P(\cdot,T_j)$ und die Swap-Rates $S_{1,n}(\cdot)$ berechnen wollen.

Neben dem hier ausführlich behandelten Plain Vanilla Zinsswap gibt es eine Vielzahl von Zinsswap-Variationen, von denen wir nur die Wichtigsten kursorisch erwähnen können. —

Bei einem ***In-Advance-*** oder ***LIBOR-In-Arrears-Swap*** werden die variablen Zahlungen nicht schon in T_{j-1} gefixt, sondern es erfolgt in T_j die auf das feste Nominal N bezogene Zinszahlung des am selben Tag gefixten Referenzzinssatzes $L(T_j,T_{j+1})$ für die kommende Periode. Im Gegensatz zum Plain Vanilla Zinsswap liegt somit in T_{j-1} nicht schon die variable Zinszahlung fest, so dass nach jeder Zinszahlung bis zum nächsten Fixingtermin, welcher gleichzeitig Zahlungstermin ist, Unsicherheit über die Höhe der variablen Zahlung besteht. Wir kommen hierauf in Kapitel 3 nochmalig zurück.

Bei einem *Amortizing-Swap* nimmt der Nominalbetrag (zum Beispiel dem Tilgungsplan eines Kredites angepasst) während der Laufzeit ab, ist also eine fallende Funktion der Zahlungszeitpunkte $T_j \in \mathcal{T}$, $j \in \{1,...,n\}$. Er ähnelt diesbezüglich dem *Roller-Coaster-Swap*, dessen Nominalbetrag während der gesamten Laufzeit sowohl steigend als auch fallend sein kann.

Ferner gibt es die große Klasse der so genannten *Floating-for-Floating-Swaps*, bei denen zwei variable Zinssätze gegeneinander getauscht werden. So erfolgt bei einem *Basis-Swap* der Austausch zweier kurzer variabler Zinssätze, beispielsweise eines 3-Monats- gegen einen 12-Monats-EURIBOR. Bei einem *Differential-Swap* beziehen sich die beiden variablen Zinssätze auf verschiedene Währungen, werden aber auf ein und dasselbe Nominal (und zwar in der Heimatwährung) angewandt.

Bei einem *Constant-Maturity-Swap* zahlen ebenfalls beide Parteien einen variablen Zinssatz, jedoch besteht eine Inkongruenz in den Laufzeiten der Zinssätze: So wird typischer Weise ein kurzfristiger Geldmarktsatz wie der 3-Monats-EURIBOR in einem Constant-Maturity-Swap gegen einen langfristigen Kapitalmarktsatz wie eine 10-Jahres-Swap-Rate geswapped, wobei zu den Fixingterminen jeweils beide Zinssätze an die dann gültigen Marktzinssätze angepasst werden.

Schließlich erwähnen wir noch den *Trigger-Swap*, der nur dann aktiviert wird, wenn ein vereinbarter Zinssatz eine gewisse Höhe erreicht hat oder einen gewissen Minimalzins nicht unterschritten hat (was eine Analogie zu den in 1.3 beschriebenen Barrier-Optionen darstellt). Es handelt sich hierbei also bereits um einen Swap in Verbindung mit einem optionalen Element, dessen Bewertung sich nicht mehr elementar bewerkstelligen lässt.

Plain Vanilla Zinsswaps sind **das** klassische Instrument zur periodenweisen Absicherung gegen Zinsänderungsrisiken, was einerseits die rasante Entwicklung des Swapmarktes seit den siebziger Jahren des 20. Jahrhunderts und andererseits die nahezu unüberschaubare Zahl verschiedenster Ausprägungen und Variationen von Zinsswaps begründet. So profitiert ein Festzinszahler offenbar stets von steigenden Zinsen, ein Festzinsempfänger von fallenden. Ein Payer-Swap kann dadurch als eine Absicherung gegen steigende Zinsen eingesetzt werden, da mit diesem die variable Refinanzierung in eine festverzinsliche Refinanzierung umgewandelt werden kann.

Zusätzlich ermöglichen Zinsswaps die Trennung der Zinssteuerung von der Liquiditätsbeschaffung. Zur Diskussion der komparativen Kostenvorteile, die zum Abschluss von Zinsswaps führen können, vergleiche man HULL [36].

1.2.10 Zinskurven und Bootstrap-Algorithmen

Alle bisherigen Bewertungen der Plain Vanilla Zinsprodukte gingen von der Annahme aus, dass uns zum Zeitpunkt t alle zur Bewertung benötigten Zerobondpreise $P(t,U_j)$ (bzw. äquivalent dazu die zugehörige Zerozinskurve $[U_j \mapsto R(t,U_j)]$, wie sie in BEMERKUNG 1.1 tabelliert ist) bekannt sind.

Tatsächlich stehen uns jedoch nicht die Zerobondpreise direkt ablesbar am Markt zur Verfügung, sondern drücken sich vielmehr in den Quotierungen für Termingelder, FRAs, Futures, Bonds und Swaps aus. Um aber diese Elementarbausteine des Zinsmarktes einer stochastischen Modellierung zugänglich zu machen, müssen wir sie aus den vorhandenen Daten extrahieren bzw. *bootstrappen.*

Der erste Schritt auf diesem Weg besteht darin, die vorhandenen Instrumente nach Endfälligkeit, Starttermin und Typ zu sortieren, mit denen wir die drei Abschnitte der Zerobondpreiskurve (oder auch Diskontkurve) konstruieren wollen: nämlich den Bereich kurz-, mittel- und längerfristig laufender Zinsinstrumente bzw. Zerobondpreise. Insbesondere muss man dabei auch überlegen, wie die durch die verschiedenen Instrumente und deren Spezifikationen entstehenden "Lücken" und "Überlappungen" der Laufzeitbereiche behandelt werden sollen. Dabei sollte man sich ebenso wie bei der

Wahl der Stütztstellen U_j natürlich vom betrachteten Portfolio und dessen Laufzeitstruktur leiten lassen.

Man konstruiert das **kurze Ende** der Zerobondkurve, also die Zerobondpreise für Laufzeiten bis zu einem Jahr, üblicherweise rekursiv aus den bekannten **EURIBOR-Termingeldraten** $F(t; U_{j-1}, U_j)$ ausgehend von (1.13) zu

$$P(t,U_j) = P(t,U_{j-1}) \cdot (1 + \tau_j \cdot F(t; U_{j-1}, U_j))$$

mit $\tau_j := (U_j - U_{j-1})_{act/360}$. Dabei wählt man beispielsweise $P(t,U_0)$ als den aus der Tagesgeldanlage resultierenden Zins und extrahiert rekursiv mit der angegebenen Formel aus den bekannten Termingeldraten die weiteren Zerobondpreise.

Die Zinssätze des **mittleren Laufzeitbereichs** zwischen ca. drei Monaten und einem bis zwei Jahren werden aus den aktuell quotierten Geldmarkt-Futures abgeleitet. Bezeichnen wir die Endfälligkeiten der zur Zeit gehandelten EURIBOR-Futures mit U_j, $j \in \{1,...,n\}$, so folgt induktiv aus (1.18) zunächst unter der vereinfachenden *Annahme*, dass der erwartete Schlussabrechnungspreis $f_{\text{EUR}}(U_{l-1}; U_{l-1}, U_l)$ eines Geldmarkt-Futures gegeben die Informationen bis zum Zeitpunkt t mit dem dann aktuellen Futures-Preis $f_{\text{EUR}}(t; U_{l-1}, U_l)$ zusammenfällt,

$$P(t,U_j) = \left(\prod_{l=1}^{j} [1 + (1 - \tau_l \cdot f_{\text{EUR}}(t; U_{l-1}, U_l))] \right)^{-1} .$$

Hierbei verwenden wir als Year Fraction $\tau_l := (U_l - U_{l-1})_{act/360}$ mit der Geldmarktkonvention $act/360$, welche jeweils die Anzahl der Tage von U_{l-1} bis zum letzten Handelstag des Futures an U_l bezeichnen möge, und wir setzen $U_0 := t$.

BEISPIEL 1.10 *Waren am* 01.09.2003 *die* EURIBOR-*Futures für* Dezember 2003 *zu* 97,85 *(mit* $\tau_2 := \frac{91}{360}$*) bzw. für* März 2004 *zu* 97,81 *(mit* $\tau_3 := \frac{29}{360}$*) an der* EUREX *quotiert, so erhalten wir mit der 2-Monats-Forward-Rate von* 2,14% *(mit* $\tau_1 := \frac{61}{360}$*) sofort den 182-Tage-Zerobondpreis* $P(t,U_9)$ *zu*

$$P(t,U_9) = \frac{1}{\left(1 + \frac{0,0214 \cdot 61}{360}\right) \cdot \left(1 + \frac{0,0215 \cdot 91}{360}\right) \cdot \left(1 + \frac{0,0219 \cdot 29}{360}\right)} = 0,989256 \ ,$$

was sich unwesentlich von $P(t,U_9) = 0,989151$ *unterscheidet, welche durch* BEMERKUNG 1.1 *gegeben ist.*

Wie wir am Ende von Abschnitt 1.2.8 bereits angemerkt haben, ist die Forward-Rate stets kleiner als die erwartete EURIBOR-Futures-Rate, so dass unsere oben gemachte Annahme, die implizit von der Gleichheit beider Sätze ausging, nur eine erste Näherung darstellt. Es bedarf hier eines sog. *Convexity Adjustments* für die erwartete Futures-Rate, welche jedoch erst nach der Wahl eines Zinsstrukturmodells eingepflegt werden kann.

Da sich die Laufzeiten der betrachteten Instrumente täglich ändern, man jedoch stets daran interessiert ist, ein möglichst einheitliches Set an Stützstellen bzw. Zerobond-Endfälligkeiten $\{U_j : j \in \{1,...,n\}\}$ verwenden zu können, bedarf es des Öfteren der *Interpolation* zwischen den Zerobondpreisen. Der Fall der *linearen Interpolation*, bei dem die Zerobondkurve als stückweise lineare Kurve entsteht, indem die Zerobondpreise durch eine Gerade verbunden werden, ergibt sich (analog zu den Zerozinssätzen in BEISPIEL 1.1(a)) zu

$$P(t,T_j) = \lambda \cdot P(t,U_j) + (1 - \lambda) \cdot P(t,U_{j-1})$$

mit $\lambda := \frac{T_j - U_{j-1}}{U_j - U_{j-1}} \in [0;1]$.

Eine weitere, für Zerobondpreise adäquatere Interpolationsmethode ist die *log-lineare*, welche aus der dort dargestellten Methode durch Übergang von den Zinssätzen zu den Zerobondpreisen mit (1.5) entsteht: Wollen wir den Zerobondpreis $P(t,T_j)$ für ein $T_j \in [U_{j-1};U_j]$ bestimmen, so liefert die log-lineare Interpolation

$$P(t,T_j) = P(t,U_j)^\lambda \cdot P(t,U_{j-1})^{1-\lambda}$$

mit $\lambda := \frac{T_j - U_{j-1}}{U_j - U_{j-1}} \in [0;1]$ wie oben.

Für den *langen Laufzeitbereich* ab ca. einem bis zwei Jahren unterscheidet man zwischen einer *Government-Zerokurve* und einer *Swap-Zerokurve*, je nachdem, ob die Zerobondpreise für diese Laufzeiten aus Staatsanleihepreisen oder Swap-Sätzen erzeugt wurden.

Für die Konstruktion einer (glatten) Government-Zerobondkurve aus den Staatsanleihepreisen gibt es inzwischen ein großes Repertoire an Ansätzen wie den mit exponentiellen Splines

$$P(t,T) = \sum_{l=0}^{v} \beta_l \psi_l (e^{-\alpha T}) + \varepsilon_T \tag{1.26}$$

von VASICEK & FONG [82], worin die ψ_l die Basis eines polynomialen Spline-Raumes vom Grad $v \in \mathbb{N}$ darstellen, oder die parametrischen Ansätze für die gesamte Kurve

$$P(t,T) = \beta_0 + (\beta_1 + \beta_2 T) \cdot e^{-\beta_3 T} + \beta_4 T e^{-\beta_5 T} + \varepsilon_T$$

von NELSON & SIEGEL [64] und SVENSSON [80], welche auch von verschiedenen Zentralbanken verwendet werden. Ein kurzer Überblick darüber findet sich in JANKOWITSCH & PICHLER [47], worin die gleichzeitige Konstruktion von Zerobond- und Credit-Spread-Kurven aus beispielsweise Unternehmensanleihen (Corporate Bonds) mit multivariaten Verallgemeinerungen der genannten Ansätze besprochen wird.

Hier werden wir eine vereinfachte Bestimmung der Government-Zerokurve $[T \mapsto P(t,T)]$ skizzieren: Aus aus den m quotierten, aufsteigend nach Restlaufzeiten geordneten Clean Preisen $B_{\text{clean},p} := B_{\text{clean}}(t,\mathcal{T},\mathcal{C}_p)$, $p \in \{1,...,m\}$, von Bundesanleihen wird die EUR-Zerokurve extrahiert, wobei wir davon ausgehen, dass die Zahlungen für alle Bonds einheitlich nur an den n Terminen $T_j \in \mathcal{T}$, $j \in \{1,...,n\}$, mit $n \leq m$ erfolgen können. Nach Addition der Stückzinsen (1.9) haben wir bekanntlich den Dirty Price $B_p := B(t,\mathcal{T},\mathcal{C}_p)$ der Bundesanleihe, der sich nach (1.8) zu

$$B_p = \sum_{j=1}^{n} C_j^{(p)} \cdot P(t,T_j) + \varepsilon_p$$

ergibt, wenn wir darin nur $C_j^{(p)} := 0$ setzen, sofern die Endfälligkeit der Anleihe Nummer p vor dem Zeitpunkt T_j liegt. Dies führt auf das multivariate Regressionsproblem

$$B = X \cdot \beta + \varepsilon$$

mit $B := (B_p)_{p \in \{1,...,m\}} \in \mathbb{R}^{m \times 1}$, $\beta := (P(t,T_j))_{j \in \{1,...,n\}} \in \mathbb{R}^{n \times 1}$, $\varepsilon := (\varepsilon_p)_{p \in \{1,...,m\}} \in \mathbb{R}^{m \times 1}$ und

$$X := \left(C_j^{(p)} \right)_{\substack{p \in \{1,...,m\} \\ j \in \{1,...,n\}}} \in \mathbb{R}^{m \times n} \ .$$

Die Lösung dieses Regressionsproblems, die wir im folgenden Lemma angeben werden, liefert den Datenvektor β der Zerobondpreise, mit dem man im Anschluss mit einer Interpolationsmethode eine Zerobondkurve generiert.

LEMMA 1.2 *Der Parameter $\widehat{\beta}$ mit dem kleinsten quadratischen Fehler ist*

$$\widehat{\beta} := B^T X (X^T X)^{-1} \ .$$

BEWEIS: Der kleinste quadratische Fehler ist durch die Funktion

$$F(\beta) := \|\varepsilon\|^2 = \varepsilon^T \cdot \varepsilon = (B - X \cdot \beta)^T \cdot (B - X \cdot \beta)$$

gegeben, deren Gradient $F'(\beta) = (B - X \cdot \beta)^T \cdot (-X) = -B^T \cdot X + \beta^T \cdot X^T \cdot X$ ist. Am Minimum ist notwendig $F'(\widehat{\beta}) = 0$, woraus sofort die Behauptung folgt.

□

BEISPIEL 1.11 *Aus den folgenden $m = 4$ Bonds mit den Merkmalen*

Laufzeit	jährlicher Kupon	Dirty Price
1 Jahr	$C^{(1)} = 4,25$	101,16
2 Jahre	$C^{(2)} = 3,00$	100,28
2 Jahre	$C^{(3)} = 3,25$	100,75
3 Jahre	$C^{(4)} = 4,75$	104,75

erhalten wir $B = X \cdot \beta + \varepsilon$ bzw.

$$\begin{pmatrix} 101,16 \\ 100,28 \\ 100,75 \\ 104,75 \end{pmatrix} = \begin{pmatrix} 104,25 & 0 & 0 \\ 3,00 & 103,00 & 0 \\ 3,25 & 103,25 & 0 \\ 4,75 & 4,75 & 104,85 \end{pmatrix} \cdot \begin{pmatrix} P(t,T_1) \\ P(t,T_2) \\ P(t,T_3) \end{pmatrix} + \begin{pmatrix} \varepsilon_1 \\ \varepsilon_2 \\ \varepsilon_3 \\ \varepsilon_4 \end{pmatrix}$$

mit $T_j := t + j$ Jahr(e), so dass LEMMA 1.2 *mit Hilfe von Mathematica®*

$$\widehat{\beta} = \texttt{Transpose}[B].X.\texttt{Inverse}[\texttt{Transpose}[X].X] = \begin{pmatrix} 0,97035961 \\ 0,94528602 \\ 0,91313301 \end{pmatrix}$$

mit mittlerem quadratischen Fehler $\|\varepsilon\| = 0.00630133$ liefert. Der Plot-*Befehl von Mathematica® angewandt auf die Interpolante*

```
Interpolation[{{0,1},{1,0.97035961},{2,0.94528602},{3,0.91313301}}]
```

ergibt so die Zerobondpreisfunktion von 0 bis $n = 3$ Jahren:

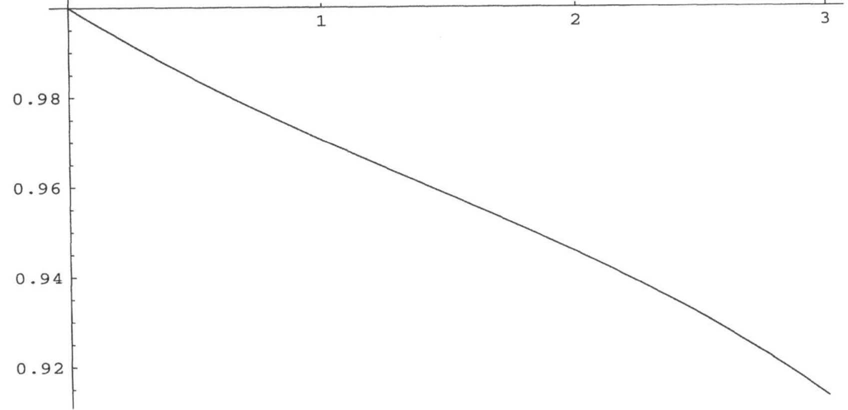

Setzt man in (1.26) zunächst α als bekannt voraus, so führt dies eingesetzt in die Barwertformel (1.8) für den Dirty Price der Anleihen ebenfalls
auf ein lineares Regressionsproblem $B = X \cdot \beta + \varepsilon$ für den Parametervektor
$\beta := (\beta_l)_{l \in \{0,...,v\}}$ mit

$$\varepsilon := \left(\sum_{j=1}^{n} C_j^{(p)} \cdot \varepsilon_{T_j} \right)_{p \in \{1,...,m\}} , \quad X := \left(\sum_{j=1}^{n} C_j^{(p)} \cdot \psi_l(e^{-\alpha T_j}) \right)_{\substack{p \in \{1,...,m\} \\ l \in \{0,...,v\}}}$$

und B wie oben, welches ebenfalls mit LEMMA 1.2 gelöst werden kann. Die
Ansätze von NELSON & SIEGEL [64] und SVENSSON [80] erfordern hingegen
ein nichtlineares Fitten der Parameter β_j, $j \in \{0,...,5\}$.

Bei der hier beschriebenen Methode der Bestimmung des Parametervek-
tors ist im Falle $m > n$ jedoch zu beachten, dass die so erhaltene Kurve die
zur Konstruktion verwendeten Bonds nicht mehr exakt repliziert, d.h. der
mit der generierten Kurve nach (1.8) ermittelte Barwert nicht mehr mit dem
Dirty Price der Bonds am Markt übereinstimmt. Hier muss also gegebenenfalls erst für die jeweilige Bewertung die erhaltene Government-Zerokurve so
lange um einen bondspezifischen Spread verschoben werden, bis der Dirty
Price des Bonds exakt getroffen wird, bevor man diesen beispielsweise zu
Hedging-Zwecken oder auch zur Risikoberechnung berücksichtigen kann.

Für die Bestimmung einer Swap-Zerokurve verwendet man den "klassischen" Bootstrapping-Algorithmus, bei dem ausgehend von den am Markt
quotierten Swap-Rates $S_{1,n}(t)$ die Zerobondpreise rekursiv gewonnen werden: Kennen wir die Swap-Rates $S_{1,n}(t)$ für alle $n \in \{1,...,m\}$ sowie die
Zerobondpreise $P(t,T_j)$ für $j \in \{0,...,m-1\}$, so folgt unmittelbar aus (1.22)

$$P(t,T_m) = \frac{1}{1 + \tau_m \cdot S_{1,m}(t)} \left(P(t,T_0) - S_{1,m}(t) \cdot \sum_{j=1}^{m-1} \tau_j \cdot P(t,T_j) \right) .$$

Damit können wir rekursiv unter Verwendung des am längsten laufenden
Zerobondpreises des mittleren Laufzeitbandes (als Preis $P(t,T_0)$) aus den
Swap-Quotierungen alle längerlaufenden Zerobondpreise ableiten.

BEISPIEL 1.12 *Für einen Swap mit einjähriger Laufzeit, Starttermin am*
02.09.2003, Swap-Rate $S_{1,4} = 2{,}3149\%$ und vierteljährigen Zinsaustausch,
wie er im Abschnitt 1.2.9 auch graphisch dargestellt ist, erhalten wir:

$$P(t,U_{15}) = \frac{0{,}999941 - 0{,}023149 \cdot 0{,}74179}{1 + 0{,}25 \cdot 0{,}021349} = 0{,}977114 .$$

Inwieweit die konstruierte Zerobondkurve überhaupt mit der vom eingesetzten Zinsstrukturmodell erzeugten Dynamik **konsistent** ist, also als mögliche Zinsstruktur (engl. Term Structure) von dem verwendeten Modell erzeugt werden kann, ist Gegenstand weiterer Untersuchungen (vgl. [23] und [7]), auf die wir hier nicht weiter eingehen können.

1.3   Zinsoptionen und exotische Produkte

Nachdem wir im vorangegangenen Abschnitt die wichtigsten unbedingten Zinstermingeschäfte behandelt haben, werden wir nun unsere Aufmerksamkeit den bedingten Termingeschäften, den Optionen, widmen. Ein Optionsgeschäft oder kurz eine **Option** ist eine Vereinbarung, die der Käuferin das *Recht* (aber nicht die Pflicht) begründet,

- eine bestimmte Menge eines Basiswertes, des **Underlyings** der Option,

- zu einem bei Vertragsabschluss festgelegten Preis, dem **Strike** oder **Ausübungspreis**,

- innerhalb eines festgelegten Zeitraumes (Ausübungszeitraum) oder zu einem in der Zukunft liegenden Zeitpunkt (Ausübungszeitpunkt)

- zu kaufen (Kaufoption oder **Call**) oder zu verkaufen (Verkaufsoption oder **Put**).

Bei Ausübung der Option durch die Käuferin muss der Verkäufer, der auch Stillhalter der Option genannt wird, den Basiswert zum vereinbarten Basispreis kaufen oder verkaufen. Bei Nichtausübung verfällt das Optionsrecht.

Da man nun eine Option selbst entweder kaufen (long gehen) oder verkaufen (short gehen) kann, können die folgenden vier Fälle eintreten: Den Kauf einer Kaufoption bezeichnet man als **Long Call-**, den Verkauf einer Kaufoption als **Short Call**-Position. Die durch Kauf einer Verkaufsoption entstehende Position bezeichnet man als **Long Put-**, die durch Verkauf einer Verkaufsoption entstehende Position als **Short Put**-Position.

Eine erste Klassifikation von Optionen kann anhand der vereinbarten Ausübungsmodalitäten erfolgen: Kann das Optionsrecht nach Abschluss

- an *jedem beliebigen* Zeitpunkt des vereinbarten Ausübungszeitraums ausgeübt werden, so spricht man von einer **Amerikanischen Option**;

- *nur an einzelnen*, festgelegten Zeitpunkten des Ausübungszeitraums ausgeübt werden, spricht man von einer **Bermudan Option**;

- *ausschließlich am Ende* des Ausübungsraums (am Ausübungszeitpunkt also) ausgeübt werden, so heißt diese ***Europäische Option.***

Die Bermudan Options liegen also "zwischen" den Europäischen und den Amerikanischen Optionen, in Analogie zur geografischen Lage der Bermuda-Inseln. Die bei Ausübung des Rechtes sich ergebende Auszahlung lässt sich nun für jeden der Fälle leicht wie folgt bestimmen: Ist S_T der Wert des Underlyings zum Zeitpunkt T, so wird eine Käuferin einer Call-Option diese sicher dann verfallen lassen, wenn der Wert des Underlyings unter dem Strike liegt, also $S_T < X$ gilt, und ausüben, sofern $S_T \geq X$ ist. In letzterer Situation kauft sie das Underlying zum Ausübungspreis X und kann sie sofort zu S_T am Markt wieder verkaufen und damit einen Gewinn von $S_T - X$ erzielen, welcher dem Wert des Optionsrechtes in T entspricht und als ***Auszahlungsfunktion*** (engl. *payoff*) durch

$$\phi(S_T) = [S_T - X]^+ := \max\{S_T - X, 0\} = \begin{cases} 0 & , \quad \text{falls } S_T < X \\ S_T - X & , \quad \text{falls } S_T \geq X \end{cases}$$

formalisiert wird. Völlig analog lautet die Auszahlungsfunktion eines gekauften Puts

$$\phi(S_T) = [X - S_T]^+ := \max\{X - S_T, 0\} = \begin{cases} X - S_T & , \quad \text{falls } S_T \leq X \\ 0 & , \quad \text{falls } S_T > X \end{cases},$$

und die Short Positionen ergeben sich jeweils als die Negativen dieser Auszahlungsfunktionen. Die Graphen der Auszahlungsfunktionen ϕ heißen auch ***Auszahlungsprofile*** und nehmen am Ausübungszeitpunkt für $X = 100$ die folgende Gestalt an:

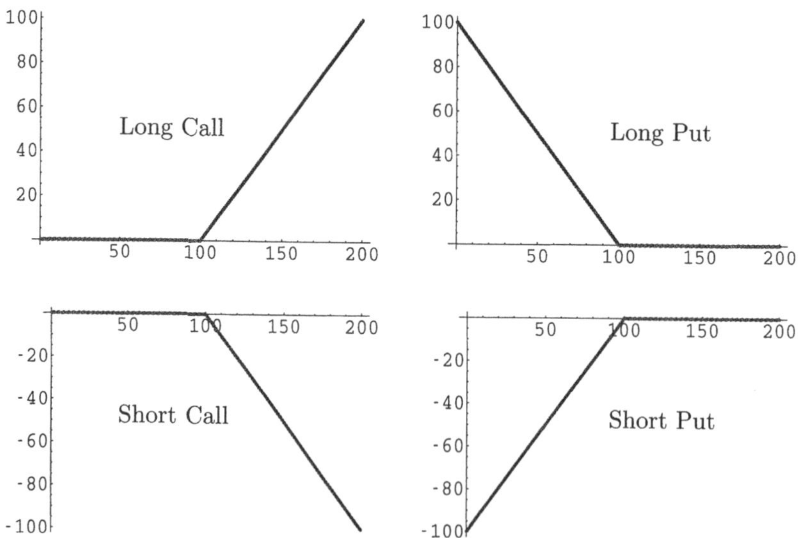

Je nach Kurs S_t des Underlyings zur Zeit $t \in [0; T]$ nennen wir einen Long Call folglich

- *im Geld* oder ***ITM*** (für *in-the-money*), falls $S_t > X$ ist,

- *aus dem Geld* oder ***OTM*** (für *out-of-the-money*), falls $S_t < X$ ist, und

- *am Geld* oder ***ATM*** (für *at-the-money*), falls $S_t = X$ ist.

Der Ausdruck $\max\{S_t - X, 0\}$ heißt ***innerer Wert*** des Calls zur Zeit t. Die entsprechenden Definitionen für Short Calls, Long und Short Puts sind dann selbsterklärend.

In diesem Kontext spricht man auch der sog. *Moneyness* der Option, also dem Quotienten aus dem Kurs des Underlyings (bzw. der Forward-Rate bei Optionen auf Zinssätze) und dem Strike.

Der Wert einer Option wird auch als *Optionsprämie* bezeichnet und vom Käufer der Option an den Verkäufer für den Erwerb des Rechtes auf Ausübung der Option gezahlt.

Neben diesen einfachen, auch als ***Plain Vanilla*** bezeichneten Optionstypen gibt es eine Vielzahl weiterer Optionen, so genannter *exotischer Optionen*, die durch Modifikation der eine Option bestimmenden Parameter entstehen (vgl. auch [77]). Darunter fallen die in die große Klasse der *pfadabhängigen Optionen*, zu denen auch die Amerikanischen und Bermudan Optionen zu zählen sind, gehörenden sog. *Asiatischen Optionen*, bei denen das Auszahlungsprofil vom Durchschnittspreis des Underlyings über eine gewisse Periode abhängt. Entsprechend kann das Optionsrecht an eine Vereinbarung gekoppelt sein, nach der der Kurs des Basiswertes erst eine gewisse Schranke (engl. *barrier*) über- oder unterschritten haben muss. Solche Optionen nennt man daher auch *Barrier Optionen*. Schließlich seien noch *Chooser Optionen* erwähnt, bei denen der Käufer ein Wahlrecht hat, ob er die Option als Put oder als Call ausüben möchte.

In diesem Abschnitt werden wir uns nun speziell den (Plain Vanilla) Zinsoptionen widmen, also Optionen auf ein Zinsinstrument oder einen Zinssatz. Wir behandeln hier nur die essenziellen Merkmale dieser Geschäfte, ihre Bewertung müssen wir jedoch bis zum nächsten bzw. übernächsten Kapitel zurückstellen.

1.3.1 Bondoptionen

Eine ***Bondoption*** ist das Recht, einen gewissen Bond mit Endfälligkeit T_B an oder bis zum Ausübungszeitpunkt $T \leq T_B$ für den festgelegten

Strike X zu kaufen oder zu verkaufen. Je nachdem, ob es sich beim Underlying um einen Zerobond (mit $S_t := P(t,T_B)$) oder eine Anleihe (mit $S_t := B(t,\mathcal{T},\mathcal{C}) - I(t,T)$ für $t \in [0;T]$) handelt, werden wir auch konkreter von **Zerobondoptionen** bzw. **Anleiheoptionen** sprechen.

Bei Anleiheoptionen müssen wir speziell berücksichtigen, dass für die Anleihe der Clean Price $B_{\text{clean}}(t,\mathcal{T},\mathcal{C})$ quotiert wird und der Strike sich üblicherweise auf genau diesen quotierten Preis bezieht, also ein sog. **Clean Strike X_{clean}** (ohne Stückzinsen) ist. Da wir jedoch gesehen haben, dass sich eine Anleihe im Prinzip als ein Portfolio von Zerobonds $P(t,T_j)$ mit den Nominalwerten C_j interpretieren lässt und uns diese als Grundbausteine bei der stochastischen Modellierung des Zinsmarktes dienen sollen, müssen wir diesen Clean Strike in einen **Dirty Strike X** durch einfache Addition der jeweils aufgelaufenen Stückzinsen verwandeln und können dann wie oben bereits angedeutet den Dirty Price der Anleihe zur Bewertung der Option verwenden (vgl. auch BEMERKUNG 3.9).

Man beachte aber, dass eine Bondoption im bzw. aus dem Geld (ITM bzw. OTM) genannt wird, wenn der Forward-Bondpreis $Fwd(t,T)$ aus (1.17) ober- bzw. unterhalb des Dirty Strikes X liegt.

Häufig sind Bondoptionen bereits in eine Anleihe *eingebettet*, um diese für Käufer oder Verkäufer attraktiver zu gestalten. Ein Beispiel hierfür stellt ein **Callable Bond** dar, bei dem der Emittent die Anleihe zu einem festgelegten Preis zurückkaufen kann, jedoch erst nach Ablauf einer gewissen Zeitspanne ab Emission, welche auch als *lock out period* bezeichnet wird. Der Käufer eines Callable Bonds hat also mit der Anleihe zugleich auch eine Short Call-Position auf diese Anleihe erworben. Der Wert dieses Optionsrechtes spiegelt sich dann aber auch in der höheren Rendite wieder, die einen solchen Callable Bond gegenüber der "nackten" Anleihe renditemäßig attraktiver macht.

Des weiteren treten eingebettete Bondoptionen auch in Einlage- und Darlehensgeschäften auf. Eine Geldeinlage bei einem Kreditinstitut kann nämlich als eine von diesem aufgelegte Anleihe interpretiert werden, deren Kupons die Zinszahlungen auf den angelegten Betrag sind. Besteht nun für eine solche Einlage die Möglichkeit der jederzeitigen vorzeitigen Kündigung, so kann dieses Recht als Amerikanischer Put auf die zu Grunde liegende Anleihe betrachtet werden. In gleicher Weise kann man die bei vielen Hypothekenkrediten üblichen Optionen auf eine vorzeitige Rückzahlung (Prepayment) der Hypothek als eine Call Option auf den als Anleihe interpretierten Kredit verstehen. Hierunter fällt auch das nach §609a BGB eingeräumte Kündigungsrecht festverzinslicher Darlehen nach zehn Jahre für Privatpersonen.

1.3.2 Optionen auf Kapitalmarkt-Futures

Bei den an der EUREX gehandelten Optionen auf Kapitalmarkt-Futures ist das Underlying der Option ein BUND-Futures- bzw. BOBL-Futures-Kontrakt. Sie sind ein klassisches Beispiel für Optionen Amerikanischen Typs und können an jedem Tag bis zum Verfalltermin (Ausübungszeitpunkt), welcher vor dem letzten Handelstag des Futures liegt, ausgeübt werden. Die Ausübung führt für den Käufer bzw. Verkäufer zur Eröffnung einer entsprechenden Futures-Position, so führen ein Long Call oder ein Short Put auf einen Kapitalmarkt-Futures-Kontrakt gleichermaßen auf eine Long Futures-Position, wohingegen die Long Put- und die Short Call-Option eine Short Futures-Position bei Ausübung begründen.

Eine weitere Besonderheit bei den Kapitalmarkt-Futures stellt die Prämienzahlung dar, welche erst bei Ausübung oder Verfall der Optionsposition gezahlt wird und nicht wie bei den anderen hier behandelten Zinsoptionen bereits nach Abschluss der Optionskontraktes, wobei die Preisänderungen des Kontraktes während der Laufzeit (wie bei den Futures) als Variation Margin gebucht werden.

Der Markt für Optionen auf Geld- oder Kapitalmarkt-Futures ist einer der aktivsten überhaupt, was daran liegt, dass die Underlyings, also die BUND- und BOBL-Futures, wesentlich liquider als die diesen zugrunde liegenden Bundesanleihen beziehungsweise Bundesobligationen selbst sind. Zudem führt die Ausübung der Futures-Option nicht notwendigerweise auf eine Lieferung des Underlyings des Futures-Kontraktes, weil dieser häufig bereits vor dem Lieferdatum geschlossen wird.

Die Tatsache, dass sowohl die Futures als auch die Optionen auf die Futures beispielsweise an der EUREX standardisiert gehandelt werden, vereinfacht zusätzlich die Handhabung dieser Geschäfte und führt zu einer höheren Effizienz dieser Märkte.

Da der Preis für einen Kapitalmarkt-Future mit steigenden Anleihepreisen (also fallenden Zinssätzen) ebenfalls steigt, kann sich ein Investor durch den Kauf eines Puts auf BUND- oder BOBL-Futures gegen das Steigen der längerfristigen Zinssätze absichern. Entsprechend sichert er sich durch den Kauf eines Calls auf einen BUND-Futures-Kontrakt gegen ein Fallen der Kapitalmarktzinsen ab.

1.3.3 Caps und Floors

Klassische Instrumente zur Zinsrisikoabsicherung stellen *Caps* (Zinsobergrenzen) und *Floors* (Zinsuntergrenzen) dar: Der Halter eines Caps schützt sich damit gegen das Überschreiten eines vorgegebenen Zinsniveaus, der so genannten *Cap-Rate R_C* , durch variable Referenzzinsen ab, während der Halter eines Floors sich entsprechend gegen das Unterschreiten der so genannten *Floor-Rate R_F* absichert.

Dies wird zum Beispiel bei einem Cap wie folgt gewährleistet: Für den Fall, dass der variable Zinssatz $L(T_{j-1},T_j)$ zu einem der *Fixingzeitpunkte*

$$T_{j-1}, \quad j \in \{1,...,n\},$$

die Cap-Rate R_C doch übersteigen sollte, wird die positive Differenz aus Referenzzins und der Cap-Rate, mulitpliziert mit dem Nominal N des Caps, vom Stillhalter an den Inhaber der Option am darauffolgenden Zeitpunkt

$$T_j \in \mathcal{T}, \quad j \in \{1,...,n\},$$

dem *Zahlungszeitpunkt*, (nachschüssig) gezahlt:

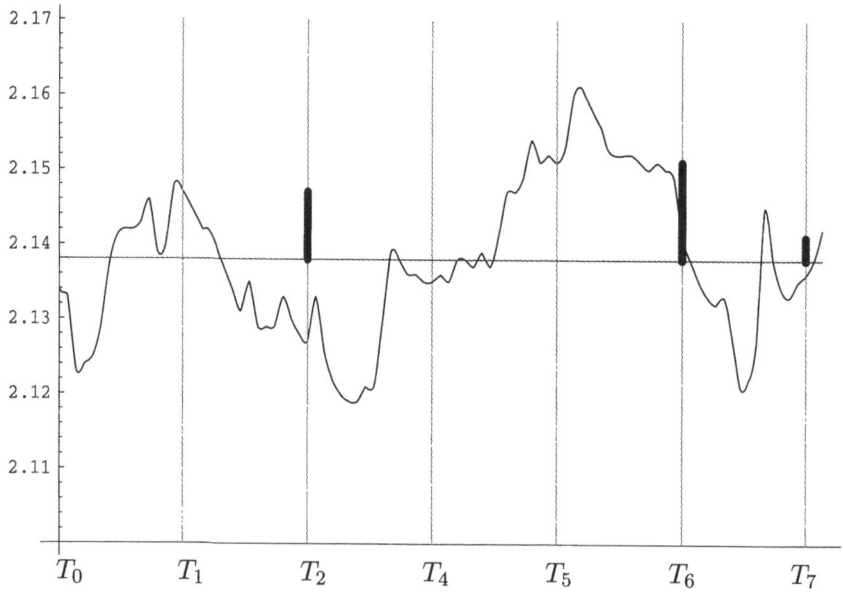

Betrachtet man im ersten Schritt jede Periode $[T_{j-1};T_j]$, $j \in \{1,...,n\}$, für sich, so hat man eine Call-Option auf den an T_{j-1} gefixten Referenzzinssatz $L(T_{j-1},T_j)$ zum Strike $X = R_C$ abgeschlossen und erhält folglich in T_j die Auszahlung

$$\phi(L(T_{j-1},T_j)) = N \cdot \tau_j \cdot [L(T_{j-1},T_j) - R_C]^+$$

mit $\tau_j := (T_j - T_{j-1})_{DC(L)}$. Diese Call-Option nennt man auch ein **Caplet** (oder T_j-Caplet) und bezeichnet ihren Wert (also die Höhe der zu zahlenden Optionsprämie) mit $\mathbf{Cap}(t,\{T_j\},N,R_C)$. Ein Cap ist daher nichts anderes als das Portfolio seiner T_j-Caplets, so dass sich der Wert eines Caps mit Nominal N, Cap-Rate R_C und Auszahlungszeitpunkten $\mathcal{T}$ zu

$$\text{Cap}(t,\mathcal{T},N,R_C) = \sum_{j=1}^{n} \text{Cap}(t,\{T_j\},N,R_C)$$

ergibt.

In analoger Weise sieht man, dass ein Floor als Portfolio seiner **Floorlets**, also Put-Optionen auf den Referenzzinssatz $L(T_{j-1},T_j)$ mit Strike $X = R_F$, Auszahlung

$$\phi(L(T_{j-1},T_j)) = N \cdot \tau_j \cdot [R_F - L(T_{j-1},T_j)]^+$$

in T_j und Prämie des T_j-Floorlet gegeben zu $\mathbf{Flr}(t,\{T_j\},N,R_F)$, beschrieben werden kann. Daher errechnet sich der Wert eines Floors mit Nominal N, Floor-Rate R_F und Auszahlungszeitpunkten $\mathcal{T} := \{T_j \ : \ j \in \{1,...,n\}\}$ zu

$$\text{Flr}(t,\mathcal{T},N,R_F) = \sum_{j=1}^{n} \text{Flr}(t,\{T_j\},N,R_F) \ .$$

Wie bei FRNs und der variablen Seite eines Swaps steht also bei einem Plain Vanilla Cap (oder Floor) auch das Fixing am Beginn der Periode, auf die der Referenzzins sich bezieht, und die Auszahlung an deren Ende. Diese Konvention wird auch als *natürliches Zinsfixing* bezeichnet. Den Fall *unnatürlicher Zinsfixings*, wie wir sie bei In-Advance-Swaps bereits angesprochen haben, werden wir erst im dritten Kapitel bei der Behandlung von **In-Advance-Caps** wieder aufgreifen und behandeln mit Ausnahme des Abschnittes 3.2.4 immer natürliche Zinsfixings.

Setzen wir wiederum in Vorgriff auf Kapitel 2 voraus, dass der Referenzzinssatz durch die in T_{j-1} gefixte Forward-Rate bestimmt ist, also

$$L(T_{j-1},T_j) = F(T_{j-1};T_{j-1},T_j)$$

gilt, so kann man die Auszahlung eines T_j-Caplets zum Zeitpunkt T_j als Funktion der Forward-Rate (mit $\tau_j := (T_{j-1} - T_j)_{act/360}$) schreiben:

$$\phi(F(T_{j-1};T_{j-1},T_j)) = N \cdot \tau_j \cdot [F(T_{j-1};T_{j-1},T_j) - R_C]^+ \ . \tag{1.27}$$

Den Wert dieses Cashflows *zum Zeitpunkt T_{j-1}* (!) erhält man somit durch Abzinsen mit dem für diese Periode geltenden Zinssatz $F(T_{j-1};T_{j-1},T_j)$ zu

$$\frac{\phi(F(T_{j-1};T_{j-1},T_j))}{1+\tau_j F(T_{j-1};T_{j-1},T_j)} = P(T_{j-1},T_j)\cdot\phi(F(T_{j-1};T_{j-1},T_j))\,,$$

worin wir noch (1.13) zur Vereinfachung verwendet haben. Weiter gilt nun $F(T_{j-1};T_{j-1},T_j) = \frac{1}{\tau_j}\cdot\left(\frac{1}{P(T_{j-1},T_j)}-1\right)$ nach (1.13), so dass die Auszahlung des T_j-Caplets wegen $\tau_j\cdot(F(T_{j-1};T_{j-1},T_j)+R_C) = \frac{1}{P(T_{j-1},T_j)}-1+R_C\cdot\tau_j$ zum Zeitpunkt T_{j-1} auch dargestellt werden kann als

$$\phi(P(T_{j-1},T_j)) = \frac{N}{X}\cdot[X-P(T_{j-1},T_j)]^+ \qquad (1.28)$$

mit

$$X := \frac{1}{1+R_C\cdot\tau_j}.$$

Dies kann auch als eine Europäische Put-Option auf einen Zerobond mit Ausübungszeitpunkt T_{j-1} und Laufzeit des Zerobonds bis T_j interpretiert werden. In analoger Weise erhält man, dass sich die Auszahlung eines Floorlets zum Zeitpunkt T_{j-1} entsprechend durch

$$\phi(P(T_{j-1},T_j)) = \frac{N}{X}\cdot[P(T_{j-1},T_j)-X]^+ \qquad (1.29)$$

mit

$$X := \frac{1}{1+R_F\cdot\tau_j}\,,$$

schreiben lässt und dieses als Europäischer Call auf einen Zerobond mit Bondlaufzeit bis T_j, Ausübungszeitpunkt T_{j-1} und Strike X interpretiert werden kann. Damit haben wir sowohl für Caps als auch für Floors gezeigt, dass auch sie sich auf die Elementarbausteine des Zinsmarktes zurückführen lassen.

Ein T_j-Caplet ist offenbar genau dann im Geld, wenn $F(t;T_{j-1},T_j) > R_C$ gilt. Doch wann bezeichnen wir einen Cap als im Geld (ITM)? Hierzu bedient man sich der in (1.22) erklärten Forward-Swap-Rate $S_{1,n}(t)$ und nennt einen Cap im Geld (ITM), falls $S_{1,n}(t) > R_C$ gilt. Man beachte, dass $S_{1,1}(t) = F(t;T_{j-1},T_j)$ gilt, so dass der Spezialfall des Caplets dadurch ebenfalls abgedeckt wird. – Entsprechend definiert man, wann ein Cap aus oder am Geld (OTM bzw. ATM) ist bzw. wann ein Floor im/am/aus dem Geld genannt wird.

Dieser Zusammenhang ist nicht allzu verwunderlich, wenn man bedenkt, dass eine Long Position in einem Cap und eine Short Position in einem Floor, wobei $R_C = R_F$ gewählt wurde, gerade einem Payer-Swap mit fester Seite $K := R_C = R_F$ entspricht.

Der Cap/Floor-Markt stellt einen der beiden großen und liquiden Teilmärkte des gesamten Zinsderivate-Handels dar. Bei den üblicherweise am Markt quotierten Plain Vanilla Caps handelt es sich entweder um Caps mit erstem Zinsfixing nach drei Monaten und allen übrigen Fixingterminen ebenfalls in Dreimonatsabständen, oder aber um Caps mit erstem Zinsfixing in drei Monaten und allen Fixings bis zu einem Jahr in Dreimonatsabständen, bei denen aber ab einem Jahr nur noch alle sechs Monate ein Fixing erfolgt.

Weit verbreitet ist die Kombination des gleichzeitigen Kaufs eines Caps mit Cap-Rate R_C und Verkaufs eines Floors mit Floor-Rate $R_F > R_C$, was als *Collar* bezeichnet wird. Wenn dabei R_C und R_F so gewählt werden, dass sich der Kauf- und Verkaufspreis aufheben, spricht man auch von einem *Zero-Cost Collar*.

Neben den bereits erwähnten In-Advance-Caps gibt es auch hier wieder eine Reihe von Cap-Variationen, die maßgeschneidert auf die Bedürfnisse und Wünsche der Marktteilnehmer sind. Darunter fallen u.a. die *Digital Caps*, bei denen das Auszahlungsprofil eines T_j-Digital-Caplets durch

$$
\phi(F(T_{j-1};T_{j-1},T_j)) = \left\{ \begin{array}{lll} \tau_j \cdot N & , & F(T_{j-1};T_{j-1},T_j) \geq R_C \\ 0 & , & F(T_{j-1};T_{j-1},T_j) < R_C \end{array} \right.
$$

gegeben ist, und die extrem sensitiv gegenüber Änderungen der *Cap-Volatilität* (zu diesem Begriff vgl. Kapitel 2 und 3) sind.

Des Weiteren trifft man häufig auf *Flexi Caps* (auch unter der Bezeichnung *Chooser Caps*), bei denen der Käufer von allen möglichen Caplets des zu Grunde liegenden Caps nur eine bestimmte Maximalzahl ausüben darf. Weitere Variationen beziehen sich auf die Cap-Rate R_C der einzelnen Caplets: Bei *Ratchet Caps* ist diese jeweils pro Caplet durch den EURIBOR oder LIBOR des vorangegangenen Fixings zuzüglich eines Spreads gegeben und bei *Sticky Caps* durch die vorangegangene Cap-Rate zuzüglich eines Spreads. Erwähnt sei schließlich noch der *Quanto Cap*, wobei es sich um einen Cap auf ein Nominal N in der Heimatwährung, z.B. EUR, handelt, auf welches die Differenz zwischen einer ausländischen Forward-Rate $F^a(\cdot;T_{j-1},T_j)$, beispielsweise dem 3M-GBP-LIBOR, und der vereinbarten Cap-Rate R_C^a in gewohnter Weise bezogen wird. Ein solcher wird durch das Auszahlungsprofil

$$
\phi(F^a(T_{j-1};T_{j-1},T_j)) = N \cdot \tau_j \cdot [F^a(T_{j-1};T_{j-1},T_j) - R_C^a]^+
$$

beschrieben und wie bei Quantoprodukten üblich geht auch hier die Korrelation zwischen dem Terminwechselkurs der beiden Währungen und der ausländischen Forward-Rate in die Bewertung ein.

1.3.4 Swaptions

Der zweite große liquide Teilmarkt für Zinsoptionen ist der für Europäische Optionen auf Swaps, die so genannten *Europäischen Swaptions*. Dabei erlangt der Käufer durch eine *Europäische Payer-Swaption* das Recht, zum Starttermin T_0, dem Ausübungszeitpunkt der Option, in einen Payer-Swap einzutreten, während eine *Europäische Receiver-Swaption* dem Käufer das Recht begründet, zum Ausübungszeitpunkt, dem Starttermin T_0, in einen Receiver-Swap einzusteigen.

Bei Ausübung der Swaption kann dabei entweder der zu Grunde liegende Swap physisch geliefert werden, oder es erfolgt ein Barausgleich (Cash Settlement), bei dem der aktuelle Barwert des Swaps ausgezahlt wird.

Zum Zeitpunkt $T = T_0$ kann man also entweder durch Ausüben der Option in einen Swap mit fester Seite K eintreten oder aber am Markt einen Swap zur dann aktuellen Swap-Rate $S_{1,n}(T_0)$ abschließen. Die Auszahlungsfunktion einer Europäischen Payer-Swaption ist folglich durch

$$\phi(S_{1,n}(T_0)) = [S_{1,n}(T_0) - K]^+ \cdot \sum_{j=1}^{n} \tau_j \cdot P(T_0,T_j) \,, \qquad (1.30)$$

das einer Europäischen Receiver-Swaption durch

$$\phi(S_{1,n}(T_0)) = [K - S_{1,n}(T_0)]^+ \cdot \sum_{j=1}^{n} \tau_j \cdot P(T_0,T_j) \,, \qquad (1.31)$$

gegeben, worin $S_{1,n}(\cdot)$ die Forward-Swap-Rate (1.22) und ebenfalls wie oben $\tau_j := (T_j - T_{j-1})_{DC(S)}$, $j \in \{1,...,n\}$, die vereinbarte Daycount-Convention für die Swap-Rate bezeichnet. Trivialerweise ist also eine Europäische Payer-Swaption in t im Geld (ITM), wenn für die Forward-Swap-Rate $S_{1,n}(t) > K$ gilt, oder aus dem Geld (OTM), sofern die Forward-Swap-Rate $S_{1,n}(t) < K$ erfüllt.

Somit kann jede Swaption ebenfalls auf elementare Weise aus Zerobonds aufgebaut werden, und es wird unser Ziel in den folgenden Kapiteln sein, den Wert $\mathrm{PSw}(t,T_0,\mathcal{T},K)$ (bzw. $\mathrm{RSw}(t,T_0,\mathcal{T},K)$) einer Swaption auf einen Payer-Swap (bzw. Receiver-Swap) mit Starttermin in T_0, fester Seite K und Zinsaustauschterminen $\mathcal{T} := \{T_j : j \in \{1,...,n\}\}$ zu bestimmen.

Eine Europäische Swaption kann auch als eine Option auf eine Anleihe interpretiert werden: Durch den Kauf einer Payer-Swaption erwirbt man das Recht, in $T = T_0$ in einen Payer-Swap einzutreten. Nach Abschnitt 1.2.9 ist ein Payer-Swap aber ein Portfolio aus einer Short-Position in einer Anleihe mit Kupons C_j gemäß (1.21) und einer Long Position in einer FRN, wobei wir bereits aus BEMERKUNG 1.8 wissen, dass die FRN zum Fixing T_0 stets zu pari notiert, also den Wert des Nominals N des Swaps besitzt.

Infolgedessen können wir die Payer-Swaption auch als eine Option verstehen, die uns das Recht einräumt, das Nominalvolumen N des Swaps gegen die entsprechende Anleihe zu tauschen. Dies werden wir natürlich nur dann tun, wenn der Wert der Anleihe in $T = T_0$ den Wert des Nominals überschreitet, so dass wir einen Put auf die Anleihe geschrieben haben:

BEMERKUNG 1.2 *Eine Europäische Payer-Swaption ist eine Europäische Put-Option auf eine Anleihe mit den Kupons aus (1.21), Ausübungszeitpunkt an $T = T_0$, Kuponzahlungsterminen $\mathcal{T}$ und Strike $X = N$.*

Dementsprechend ist eine Europäische Receiver-Swaption eine Europäische Call-Option auf die entsprechende Anleihe zum Strike N. — Da wir bereits gezeigt haben, dass Anleiheoptionen aus den Zerobonds abgeleitet werden können, haben wir hiermit zum zweiten Mal belegt, dass Swaptions im Rahmen des von uns angestrebten allgemeinen Bewertungsansatzes behandelt werden können.

Durch die oben beschriebene enge Beziehung zwischen Swaptions und Anleiheoptionen liegt bereits ein klassischer Einsatzbereich nahe, nämlich das Erfassen von (einfachen) Kündigungsrechten in Anleihen. Zudem kann eine Europäische Payer-Swaption dazu verwendet werden, eine zukünftige Verbindlichkeit, welche durch variable Zahlungen getilgt werden soll, mit der Option dadurch abzusichern, dass diese gegebenenfalls durch einen Payer-Swap in eine entsprechende feste Zinszahlung umgewandelt wird. Etwas allgemeiner gefasst, dienen Europäische Swaptions der Absicherung von in Zukunft fälligen Aktiva oder Passiva. Zudem können Swaptions bei Projektfinanzierungen in der Angebotsphase dazu eingesetzt werden, die das Projekt beeinflussenden Refinanzierungszinsen bereits bei Angebotslegung abzusichern.

Allzu häufig begegnet man in der Praxis jedoch nicht nur einfachen Kündigungsterminen für Anleihen, sondern so genannten *mehrfach kündbaren Anleihen*, bei denen zum Beispiel der Emittent der Anleihe zu *jedem* Kuponzahlungstermin $T_j \in \mathcal{T}$, $j \in \{1,...,n\}$, das Recht besitzt, die Anleihe zurückzukaufen. Auf diese Fragestellung zugeschnitten sind **Bermudan Swaptions**, bei denen der Halter zu jedem Fixingzeitpunkt T_{j-1}, $j \in \{1,...,n\}$, das Recht hat, in den zu Grunde liegenden (Rest-) Swap mit Starttermin T_{j-1} und Endfälligkeit in $T_S := T_n$ einzutreten. In diesem Fall spricht man auch von einer co-terminalen Bermudan Swaption, da alle in diese eingebetteten Europäischen Swaptions dieselbe Enfälligkeit besitzen. Man bezeichnet eine Bermudan Swaption, die auf einen Swap mit Endfälligkeit in x Perioden (meist Viertel- oder Halbjahre) ab Abschluss geschrieben wurde und zum ersten Mal nach y Perioden (am Starttermin T_0) ausgeübt werden kann, kurz als x-NC-y- bzw. x-Non-Call-y-Bermudan Swaption.

Der Einfachheit halber lassen wir hier die möglichen Ausübungstermine mit den Fixingdaten des Swaps zusammenfallen, was im Allgemeinen nicht der Marktpraxis entspricht. In der Praxis ist die Bermudan Swaption entweder zwei Bankarbeitstage oder bisweilen auch 20 bis 40 Tage vor dem nächsten Fixing auszuüben.

Kombiniert man nun einen Swap mit einer Bermudan Swaption, so kann man kündbare Swap-Strukturen erzeugen, welche beispielsweise zum Hedgen der Risiken aus der Emission einer mehrfach kündbaren Anleihe eingesetzt werden können.

Der Käufer einer Bermudan Payer-Swaption hat im Gegensatz zur Europäischen Variante das Recht zur so genannten vorzeitigen Ausübung (*early exercise*) der Option an einem der Fixingzeitpunkte T_{j-1}, $j \in \{1,...,n\}$. Von diesem wird er (rational handelnd) sicher dann auch Gebrauch machen, wenn der Wert $\mathrm{PS}(T_{j-1}) := \mathrm{PS}(T_{j-1},\{T_j,...,T_n\},N,K)$ des Swaps, in welchen er zum Zeitpunkt T_{j-1} als Starttermin eintreten kann und der stets bis T_n läuft, größer ist als der erwartete Wert bei Nichtausübung der Option. Das rationale Handeln vollzieht sich auf Grundlage der Informationen, die zu dem betreffenden Zeitpunkt zur Verfügung stehen.

Conclusio

Insbesondere mit den letzten Überlegungen sind wir bereits einen sehr großen Schritt in Richtung der Bewertung von Zinsderivaten gegangen: Es hat sich hierbei, aber auch schon im vorigen Abschnitt, deutlich gezeigt, dass wir dazu nicht nur für die wichtigsten Zinsderivate, Caps und Swaptions, sondern eigentlich schon für die mathematisch korrekte Fundierung der Bewertung von Swaps und Futures (vgl. (1.19)) eine stochastische Modellierung des Zinsmarktes bzw. der Zinsdynamik ist Gegenstand des nun folgenden Kapitels.

2 Modellierung des Zinsmarktes

Das Jahr 1973 markiert nicht nur den Beginn des Handels von Optionen an der Chicago Board of Trade, sondern es ist mit dem Erscheinen der epochalen Arbeit von F. BLACK und M. SCHOLES [9] quasi auch als das Geburtsjahr der modernen Finanzmathematik anzusehen. In dieser Arbeit wurden die grundlegenden Ansätze zur Bewertung von Optionen dargelegt, welche zur berühmten *Black-Scholes-Formel* führten. Das in diesem Kontext entscheidende Konzept zur Herleitung von analytischen Optionspreisformeln ist die Arbitragefreiheit des Marktes, d.h. die nicht vorhandene Möglichkeit, am Markt Gewinne zu erzielen, ohne dabei auch Verlustrisiken in Kauf zu nehmen. Während sich die Überlegungen in [9] und [59] zunächst noch nicht auf zinsabhängige Optionen bezogen, brachte die spätere Arbeit [10] von BLACK aus dem Jahre 1976 eine auch auf derartige Optionen anwendbare Bewertungsformel, die sog. *Black76-Formel*, mit der wir uns im ersten Abschnitt befassen werden.

Zunächst stellt sich die Frage, welchen Sinn überhaupt die Entwicklung von Bewertungsformeln für (Zins-)Optionen hat, zumal es ja einen aktiven Markt für Optionen an den einschlägigen Börsen und zwischen den Banken gibt, so dass die Preisbildung einfach durch Angebot und Nachfrage zustande kommt. Dennoch ist es erforderlich, den theoretischen Preis einer Option unter der idealisierten Annahme eines arbitragefreien Marktes, in dem jederzeitiger Handel in beliebigen Größenordnungen möglich ist, zu berechnen. Diese Erfordernis ergibt sich daraus, dass zum einen nicht für alle in der Realität gehandelten Produkte ein verlässlicher Marktpreis unmittelbar beobachtet werden kann, und zum anderen möchte man die Faktoren, welche den Preis eines Derivats beeinflussen, im Rahmen der Theorie exakt ermitteln, und auch das Verhalten des Derivate-Preises in Abhängigkeit von diesen Faktoren bestimmen. Nur auf diese Weise ist es möglich, potenzielle Wertänderungen des Derivats zu berechnen und sich gegen mögliche Verluste abzusichern. All dies erfordert eine Modellierung der Marktgegebenheiten, wie sie etwa innerhalb der BLACK-SCHOLES-Theorie vorgenommen wird. In diesem Zusammenhang ist stets zu beachten, dass die hergeleiteten Formeln für Finanzinstrumente selbstverständlich nur unter den getroffenen Modellannahmen gelten. Abweichungen zur Realität kommen etwa dadurch zustande, dass Finanzmärkte nie vollständig arbitragefrei sind und dass auch die Annahme der jederzeitigen Handelbarkeit aller Finanzinstrumente in beliebigen Größenordnungen eine Idealisierung darstellt, die in der realen Welt nur näherungsweise erfüllt ist.

Die Ideen von BLACK und SCHOLES wurden von VASICEK im Jahre 1977 ([81]) aufgegriffen, um ein Modell für die Entwicklung von Zinsstrukturkurven und die Bewertung von Zinsderivaten auszuarbeiten. Die mathematisch stringente Weiterentwicklung dieser Ideen erfolgte in den fundamentalen Arbeiten von HARRISON und KREPS ([28], 1979) und von HARRISON und PLISKA ([29], 1981 sowie [30], 1983), die eine allgemeine *Theorie der arbitragefreien Bewertung* von Derivaten aufstellten. Wir werden die Grundzüge dieser Theorie als Basis aller später folgenden Bewertungsansätze im zweiten Abschnitt ausführen, ohne dabei detailliertere Beweise anzugeben, da dies unseren Rahmen sprengen würde. Des weiteren beschränken wir uns hier auf Europäische Optionen. Die in diesem Zusammenhang benötigten technischen Begriffe sind in Anhang A erläutert. Eine ausführliche Behandlung dieser Konzepte ist u.a. in [63] oder [85] zu finden.

Im Jahre 1992 entwickelten HEATH, JARROW und MORTON ([32]) eine allgemeine Theorie der Dynamik von Zinskurven. Als Spezialfälle dieser Theorie lassen sich die im dritten und vierten Abschnitt behandelten sog. *Short-Rate Modelle* auffassen, welche die Dynamik der kompletten Zinsstrukturkurve anhand des kurzfristigen Zinssatzes (der sog. Short-Rate) beschreiben. Derartige Modelle sind sehr häufig im praktischen Einsatz bei Banken zu finden.

Der fünfte Abschnitt dient der Darstellung der heutzutage in der Praxis häufig angewendeten sog. *Market-Models*. Diese sehr vielversprechenden Modellansätze erlauben es, eine theoretisch fundierte Beschreibung der Zinsdynamik herzuleiten, die für die wichtigsten Zinsoptionsmärkte, nämlich Cap- (bzw. Floor)- und Swaptionmärkte, zu relativ einfachen analytischen Bewertungsformeln führt. Diese Formeln haben formal die gleiche Gestalt wie die in Abschnitt 2.1 betrachteten klassischen BLACK76-Formeln, können jedoch im Unterschied zu diesen mit einer expliziten Modellannahme der zeitlichen Dynamik von Zinssätzen in Einklang gebracht werden.

Wir verwenden in diesem Kapitel stets die in GRUNDANNAHME 1.1 enthaltenen Konventionen und schreiben meist abkürzend $T - t$ für die Länge einer Verzinsungsperiode.

2.1   Black-Scholes-Modell und Black76-Bewertungsformeln

2.1.1   Grundlegende Annahmen und die Black-Scholes-PDE

Die Black76-Bewertungsformeln stellen den Marktstandard zur Bewertung
einfacher Optionen auf Zinsinstumente dar. In der Praxis werden sie zur Bewertung von Bondoptionen, Optionen auf Futures sowie Caps, Floors und
Swaptions regelmäßig verwendet, sofern es sich um Europäische Optionen
handelt. Zur Bewertung komplexerer Optionen eignen sie sich nicht, da bei
ihrer Herleitung, wie wir gleich sehen werden, keine explizite Modellierung
der Zinsdynamik im Zeitablauf vorgenommen wird, sondern lediglich eine
ad-hoc Modellierung des jeweiligen Underlyings der Option. Wir weisen an
dieser Stelle darauf hin, dass die im Verlauf der folgenden Darstellung gelegentlich zitierten Schwächen des Black-Scholes-Modells im Rahmen wei-
terentwickelter theoretischer Konzepte (siehe Abschnitt 2.2 ff. und Kapitel
3) behoben werden können.

Das Ziel dieses Abschnitts ist eine Darstellung der klassischen Ergebnisse von Black und Scholes anhand der Bewertung von Bondoptionen
mit dem Black76-Modell. Im Folgenden sei stets S_t die in Abschnitt 1.3.1
eingeführte Größe, die wir zu Preismodellierung verwenden. Wir bemerken,
dass für gegebenes $\omega \in \Omega$ die Funktion $t \mapsto S_t(\omega)$, $t \in [0;T]$, stetig ist.

In der sog. **_Black-Scholes Welt_** geht man zunächst von der Grundannahme aus, dass sich die Preise aller am Markt gehandelten Instrumente
mittels einer *geometrischen* Brown*schen Bewegung* modellieren lassen. Zur
Modellierung von S_t betrachten wir einen vollständigen Wahrscheinlichkeits-
raum $(\Omega, \mathcal{F}, \mathbb{P})$ mit Filtration $\mathcal{F} := (\mathcal{F}_t)_{t \in [0;T]}$ und einen an $\mathcal{F}$ adaptierten
stochastischen Prozess $(S_t)_{t \in [0;T]}$, der durch die *stochastische Differenzial-*
gleichung

$$\frac{dS_t}{S_t} = \mu \, dt + \sigma \, dW_t$$

bzw.

$$dS_t = \mu \cdot S_t \, dt + \sigma \cdot S_t \, dW_t \tag{2.1}$$

mit einem Wiener Prozess $(W_t)_{t \in [0;T]}$ und positiven Konstanten μ und σ
beschrieben wird. Es handelt sich hierbei um die geometrische Brownsche
Bewegung. Zur Darstellung der hier verwendeten Begriffe aus der stochastischen Analysis verweisen wir auf Anhang A.1.

Die anschauliche Motivation dieses Ansatzes ist dadurch gegeben, dass
die relative Änderung $\Delta S_t / S_t$ der Preise in kurzen Zeitintervallen $\Delta t > 0$ em-
pirisch häufig approximiert werden können durch die Summe aus einer normalverteilten Zufallsvariable mit Verteilung $\mathcal{N}(0, \sigma \cdot \Delta t)$ und einer Driftkomponente $\mu \cdot \Delta t$. Durch Betrachtung eines "infinitesimalen" Zeitintervalles

der "Länge" dt gelangt man dann zum Modellansatz (2.1). Dabei ist σ der entscheidende Parameter, denn er misst die am Markt beobachtete **Volatilität** der relativen Änderungen der Preise. Statistisch gesehen ist dies nichts anderes als die Standardabweichung der Zufallsvariablen $\frac{1}{\Delta t} \cdot \Delta S_t / S_t$, also eine Maß für die Schwankungsintenistät der Preise.

Wie sieht nun die Lösung der stochastischen Differenzialgleichung (2.1) bei gegebener Anfangsbedingung $S_0 := s_0 \in (0; \infty)$ aus? Gemäß SATZ A.4, dessen Voraussetzungen hier erfüllt sind, ist die Lösung eindeutig bestimmt. Es genügt also, analog der Vorgehensweise bei der Lösung gewöhnlicher Differenzialgleichungen, eine Lösung zu "raten" und zu verifizieren, dass diese (2.1) erfüllt: Der durch

$$S_t := s_0 \cdot \exp((\mu - \frac{1}{2} \cdot \sigma^2) \cdot t + \sigma W_t) > 0 \qquad (2.2)$$

gegebene Prozess erfüllt (2.1), denn es gilt mit

$$Y_t := (\mu - \frac{1}{2} \cdot \sigma^2) \cdot t + \sigma W_t, \qquad Y_0 := 0,$$

und $S_t = s_0 \cdot \exp(Y_t)$ nach der ITÔ-Formel (A.18):

$$\begin{aligned} dS_t &= \left[s_0 \cdot \exp(Y_t) \cdot (\mu - \frac{\sigma^2}{2}) + \frac{1}{2} \cdot s_0 \cdot \exp(Y_t) \cdot \sigma^2 \right] dt \\ &\quad + s_0 \cdot \exp(Y_t) \cdot \sigma dW_t \\ &= \mu \cdot S_t \, dt + \sigma \cdot S_t \, dW_t. \end{aligned}$$

Somit ist der in (2.2) angegebene Prozess tatsächlich die Lösung von (2.1), und es folgt aus (2.2), dass die Zufallsvariable S_t für alle $t \in (0; T]$ lognormalverteilt mit Varianz $e^{2 \cdot \log s_0 + 2 \cdot \mu \cdot t} \cdot (e^{\sigma^2 \cdot t} - 1)$ ist. Welche Implikation hat dies für unseren Modellierungsansatz? Nun, wir müssen beachten, dass S_t ja den Bondpreis bezeichnet. Dieser Preis ist - wie sich aus empirischen Untersuchungen ergibt - annähernd lognormalverteilt, falls T vor dem Zeitpunkt T_B der Endfälligkeit des Bondes liegt. Aber er ist sicher nicht lognormalverteilt für $t \approx T \approx T_B$ - denn dann nähert sich der Wert S_t ja mit Sicherheit dem Rückzahlungsbetrag des Bondes, mit anderen Worten, die Zufallsvariable S_{T_B} ist gleich einer Konstanten! Die Folgerung aus dieser Betrachtung ist, dass die in der BLACK-SCHOLES Welt getroffenen Annahmen für Zinsinstrumente nur dann gelten, wenn wir fordern $T << T_B$, d.h. der Zeitraum, für den die Modellierung gilt, endet lange vor der Endfälligkeit des zu Grunde liegenden Bondes. Eine Beseitigung dieser recht unbefriedigenden ad-hoc Annahme ist erst im Rahmen der Zinsstrukturmodelle möglich.

Als grundlegend für die Bewertung von Finanzinstrumenten (insbesondere Derivaten) in der BLACK-SCHOLES Welt erweist sich die Tatsache,
dass wir die stochastische Differenzialgleichung (2.1) durch Einführung eines
neuen Wahrscheinlichkeitsmaßes in geeigneter Weise transformieren können:
Dazu ziehen wir den wichtigen SATZ B.2 (Satz von GIRSANOV) heran, und
zwar in der Weise, dass wir die Driftkomponente μ in (2.1) durch Übergang
zu einem neuen Wahrscheinlichkeitsmaß $\widetilde{\mathbb{P}}$ transformieren in eine neue Driftkomponente, die gleich dem Zinssatz r für *risikolose Geldanlagen* ist. Unter
einer risikolosen Geldanlage verstehen wir hier die Anlage eines gewissen
Geldbetrages zum Zeitpunkt 0, der im Zeitablauf völlig unabhängig von
jeglichen stochastischen Einflüssen mit dem Zinssatz r stetig verzinst wird.
Der Wert dieser Geldanlage ist dann zu einem späteren Zeitpunkt $t \in [0; T]$
gegeben durch

$$B_t := \exp(r \cdot t).$$

Man nennt seine solche Geldanlage auch *Bankkonto*. Doch nun zurück zur
beabsichtigten Maßtransformation: Wir setzen (mit den Bezeichnungen von
SATZ B.2) $g := \frac{r-\mu}{\sigma}$, und erhalten eine Maß $\widetilde{\mathbb{P}}$, unter dem gilt

$$dS_t = r \cdot S_t \, dt + \sigma \cdot S_t \, dW_t. \tag{2.3}$$

Im nächsten Schritt führen wir den *diskontierten Prozess*

$$Z_t = B_t^{-1} \cdot S_t = \exp(-r \cdot t) \cdot S_t$$

ein. Eine Anwendung der ITÔ-Formel (A.18) ergibt unmittelbar

$$dZ_t = \sigma \cdot Z_t \, dW_t. \tag{2.4}$$

Dies impliziert, dass der Prozess $(Z_t)_{t \in [0;T]}$ eine geometrische BROWNsche
Bewegung mit Drift 0 ist, weshalb es sich um ein *Martingal* handelt (vgl.
diesbezüglich Anhang A.1.6).

Wie wir gleich sehen werden, kann aus der Martingaleigenschaft zweier
stochastischer Prozesse bzgl. eines Wahrscheinlichkeitsmaßes geschlossen werden, dass die beiden Prozesse in einfacher Weise ineinader transformiert werden können. Dies ist die Aussage des fundamentalen **Martingal Darstel-
lungssatzes**:

SATZ 2.1 *(Martingal Darstellungssatz)*
*Es sei $(Z_t, \mathcal{F}_t)_{t \in [0;T]}$ ein Martingal, wobei Z_t die Gleichung (2.4) erfülle und
$\sigma > 0$ gelte. Ist $(M_t, \mathcal{F}_t)_{t \in [0;T]}$ dann ein quadrat-integrierbares Martingal
unter demselben Wahrscheinlichkeitsmaß, so existiert ein an $(\mathcal{F}_t)_{t \in [0;T]}$ adaptierter Prozess $(\delta_t)_{t \in [0;T]}$ mit $\int_0^T \delta_t^2 dt < \infty$ und eine Darstellung der Form*

$$M_t = M_0 + \int_0^t \delta_s dZ_s \quad \Longleftrightarrow \quad dM_t = \delta_t\, dZ_t.$$

Anschaulich gesprochen unterscheiden sich die "zeitlichen Änderungen" dM_t und dZ_t nur durch den "Skalierungsfaktor" δ_t. Eine ausführliche Darstellung (auch wesentlich allgemeinerer Versionen) dieses Satzes findet sich in [50].

Im Folgenden verwenden wir die bisher gewonnenen Erkenntnisse, um Informationen über den Wert eines (nahezu) beliebigen Derivates, dessen Underlying der Dynamik (2.1) folgt, zu gewinnen. Das Derivat habe zum Zeitpunkt T eine vom Underlying (stückweise) stetig abhängige Auszahlungsfunktion ϕ, weitere Auszahlungszeitpunkte gebe es nicht. Wir bezeichnen den Marktwert des Derivats zum Zeitpunkt $t \in [0;T]$ durch die Funktion

$$h : [0;T] \times [0;\infty) \to \mathbb{R}, \qquad (t,s) \mapsto h(t,s),$$

wobei s für einen Wert des Underlyings steht. Diese Funktion sei auf $[0;T) \times [0;\infty)$ bzgl. der Variablen t einmal stetig differenzierbar und bzgl. der Variablen s zweimal stetig differenzierbar. Es gilt $h(T,\cdot) = \phi(\cdot)$.

Unser Ziel besteht darin, die Funktion h als Lösung einer partiellen Differenzialgleichung darzustellen. Um dies zu erreichen, verwenden wir das zur Dynamik (2.3) gehörende Maß $\widetilde{\mathbb{P}}$ und betrachten zunächst den durch $E_t := \mathbb{E}^{\widetilde{\mathbb{P}}}(B_T^{-1} \cdot \phi | \mathcal{F}_t)$ gegebenen Prozess $(E_t)_{t \in [0;T]}$. Dieser Prozess ist ein quadrat-integrierbares $\widetilde{\mathbb{P}}$-Martingal, was sich unmittelbar aus den in Anhang A.1.4 zusammengestellten Eigenschaften bedingter Erwartungswerte ergibt. Da aber gemäß (2.4) auch $(Z_t)_{t \in [0;T]}$ ein $\widetilde{\mathbb{P}}$-Martingal ist, können wir nach SATZ 2.1 auf die Existenz eines Prozesses $(\delta_t)_{t \in [0;T]}$ schließen mit

$$dE_t = \delta_t\, dZ_t. \tag{2.5}$$

Wir stellen uns vor, zum Zeitpunkt t werden ein Portfolio gebildet, das eine Position der Größe δ_t im Underlying umfasse, und eine Position der Größe $\psi_t := E_t - \delta_t \cdot Z_t$ in dem durch B_t beschriebenen Instrument (Bankkonto). Dabei setzen wir stillschweigend voraus, dass die erwähnten Instrumente in beliebigen Größenordnungen zu den aktuellen Marktpreisen (ohne zusätzliche Gebühren) handelbar sind. Der Wert des erwähnten Portfolios beträgt zur Zeit t gerade

$$\delta_t \cdot S_t + \psi_t \cdot B_t = B_t \cdot E_t. \tag{2.6}$$

Man kann nun zeigen:

LEMMA 2.1 *Es gilt für* $V_t := \delta_t \cdot S_t + \psi_t \cdot B_t$:

$$dV_t = \delta_t \, dS_t + \psi_t \, dB_t. \tag{2.7}$$

BEWEIS: Wegen $V_t = B_t \cdot E_t$ und der Tatsache, dass $(B_t)_{t \in [0;T]}$ deterministisch ist, folgt aus (A.19)

$$dV_t = B_t dE_t + E_t \, dB_t.$$

Aus (2.5) und $E_t = \delta_t \cdot Z_t + \psi_t$ ergibt sich somit

$$dV_t = \delta_t \cdot B_t \, dZ_t + (\delta_t \cdot Z_t + \psi_t) \, dB_t = \delta_t \cdot (B_t \, dZ_t + Z_t \, dB_t) + \psi_t \, dB_t.$$

Eine erneute Anwendung von (A.19) zeigt $B_t \, dZ_t + Z_t \, dB_t = d(B_t \cdot Z_t)$ und wegen $S_t = B_t \cdot Z_t$ finden wir schließlich

$$dV_t = \delta_t \, dS_t + \psi_t \, dB_t.$$

$\square$

Nachdem die Dynamik von $(V_t)_{t \in [0;t]}$ im voranstehenden Lemma auf die Dynamik des Underlyings und des Bankkonto-Prozesses zurückgeführt wurde, setzen jetzt die uns bereits bekannte Dynamik (2.3) und die offensichtliche Beziehung $dB_t = r \cdot B_t dt$ in (2.7) ein, und erhalten

$$d(B_t \cdot E_t) = dV_t = (\delta_t \cdot r \cdot S_t + \psi_t \cdot r \cdot B_t) \, dt + \delta_t \cdot \sigma \cdot S_t \, dW_t. \tag{2.8}$$

Die nächste Überlegung besteht darin, zu zeigen, dass V_t gerade dem Marktwert unseres Derivats zum Zeitpunkt t entspricht, dass also gilt

$$V_t = h(t, S_t), \quad t \in [0; T].$$

Um dies einzusehen, benötigen wir den folgenden wichtigen Sachverhalt:

BEMERKUNG 2.1 *("Law of one Price")*
In einem arbitragefreien Markt haben zwei Portfolien P_1 und P_2, welche zu einem künftigen Zeitpunkt T ein identisches Auszahlungsprofil besitzen, zu jedem Zeitpunkt $t \in [0; T]$ immer den selben Wert. Denn wäre eines der Portfolien, etwa P_1, weniger wert als das andere, so ergäbe sich folgende Arbitragemöglichkeit: Kaufe P_1 zum Geldbetrag G_1, verkaufe P_2 zum Gelbetrag G_2, lege den Betrag $G_2 - G_1 > 0$ beiseite, warte bis zum Zeitpunkt T und führe dann die sich aus den Auszahlungsprofilen ergebenden Transaktionen durch. Damit ist eine Arbitragemöglichkeit gegeben, denn zum Zeitpunkt des Kaufes von P_1 bzw. Verkaufes von P_2 wird ein Betrag 0 im Markt investiert (es wird lediglich der aus dem Verkauf von P_2 erzielte Erlös in P_1 angelegt und zu einem Teil beseite gelegt), und zum Zeitpunkt T liegt folgende Situation vor: Die Auszahlungsprofile der beiden Positionen heben sich gerade auf (aufgrund der entgegengesetzten Positionierung), so dass aus der gesamten Transaktion der beiseite gelegte Betrag $G_2 - G_1$ übrig bleibt, ohne dass ein Verlustrisiko eingegangen wurde.

Wenden wir diese Bemerkung auf V_T an, so sehen wir wegen

$$V_T = B_T \cdot E_T = B_T \cdot B_T^{-1} \mathbb{E}^{\widetilde{\mathbb{P}}}(\phi|\mathcal{F}_T) = \phi(S_T) = h(T,S_T),$$

dass notwendigerweise $V_t = h(t,S_t)$ gelten muss, und damit V_t tatsächlich gleich dem Wert des Derivates in t ist. Diesen Sachverhalt, auf den wir in Abschnitt 2.2 noch einmal in allgemeinerem Rahmen zurückkommen, notieren wir in einem Satz:

SATZ 2.2 *Im* BLACK-SCHOLES-*Modell folgt der Marktwert eines Derivats mit Auszahlungsprofil ϕ und Auszahlungszeitpunkt T, dessen Underlying ein am Markt gehandeltes, durch (2.1) beschriebenes Instrument ist, dem durch*

$$V_t = B_t \cdot \mathbb{E}^{\widetilde{\mathbb{P}}}(B_T^{-1} \cdot \phi|\mathcal{F}_t).$$

gegebenen Prozess $(V_t)_{t\in[0;T]}$.

Um zur gewünschten partiellen Differenzialgleichung für $h(t,\cdot)$ zu gelangen, wenden wir die ITÔ-Formel (A.18) an, und erhalten daraus die Erkenntnis, dass $(h(t,S_t))_{t\in[0;T]}$ einen ITÔ Prozess darstellt, dessen Dynamik für $t \in (0;T)$ durch

$$dh(t,S_t) = \left[r \cdot S_t \cdot \frac{\partial h}{\partial s} + \frac{\partial h}{\partial t} + \sigma^2 \cdot S_t^2 \cdot \frac{1}{2} \cdot \frac{\partial^2 h}{\partial s^2}\right] dt + \frac{\partial h}{\partial s} \cdot \sigma \cdot S_t dW_t \quad (2.9)$$

gegeben ist. Die partiellen Ableitungen sind jeweils für (t,S_t) auszuwerten.

Wir befinden uns jetzt in der Situation, dass wir für den ITÔ Prozess $(V_t)_{t\in[0;T]} = (h(t,S_t))_{t\in[0;T]}$ zwei Darstellungen, nämlich (2.8) und (2.9) hergeleitet haben. Damit können wir BEMERKUNG A.2 des Anhangs bemühen, um einzusehen, dass einerseits

$$\frac{\partial h}{\partial s}(t,S_t) \cdot \sigma \cdot S_t = \delta_t \cdot \sigma \cdot S_t \quad \Longleftrightarrow \quad \frac{\partial h}{\partial s}(t,S_t) = \delta_t$$

gelten muss und andererseits

$$r \cdot S_t \cdot \frac{\partial h}{\partial s} + \frac{\partial h}{\partial t} + \sigma^2 \cdot S_t^2 \cdot \frac{1}{2} \cdot \frac{\partial^2 h}{\partial s^2} = \delta_t \cdot r \cdot S_t + \psi_t \cdot r \cdot B_t.$$

Die letztgenannte Beziehung liefert nach Einsetzen von $\frac{\partial h}{\partial s}(t,S_t) = \delta_t$ und von $B_t \cdot \psi_t = h(t,S_t) - \frac{\partial h}{\partial s}(t,S_t) \cdot S_t$ (vgl. (2.6)) schließlich

$$-r \cdot h(t,S_t) + r \cdot S_t \cdot \frac{\partial h}{\partial s}(t,S_t) + \frac{\partial h}{\partial t}(t,S_t) + \sigma^2 \cdot S_t^2 \cdot \frac{1}{2} \cdot \frac{\partial^2 h}{\partial s^2}(t,S_t) = 0.$$

Diese Gleichung ist sicher dann erfüllt, denn die Funktion $h : (t,s) \mapsto h(t,s)$ die partielle Differenzialgleichung

$$\frac{\partial h}{\partial t} + r \cdot s \cdot \frac{\partial h}{\partial s} + \frac{1}{2} \cdot \sigma^2 \cdot s^2 \cdot \frac{\partial^2 h}{\partial s^2} - r \cdot h = 0, \qquad (2.10)$$

für $(t,s) \in (0;T) \times (0;\infty)$ erfüllt. Man nennt diese Gleichung **Black-Scholes-Differenzialgleichung** oder kürzer **Black-Scholes-PDE**. Ihre Lösung mit vorgegebener Randbedingung $h(T,s) = \phi(s)$ ist der Marktwert des Derivats zur Zeit t.

BEMERKUNG 2.2 *Ein bemerkenswerter Aspekt des soeben erzielten Resultats liegt darin begründet, dass zur Bewertung eines jeden Derivats immer **dieselbe** partielle Differenzialgleichung, nämlich (2.10), zu lösen ist. Lediglich die Randbedingung ist an das jeweilige Auszahlungsprofil anzupassen.*

Als erste Anwendung fragen wir uns nach dem Preis des folgenden Termingeschäftes: Zum Zeitpunkt t wird der Kauf eines Bondes (modelliert durch S_t) zu einem späteren Zeitpunkt $T > t$ vereinbart, wobei der in T zu zahlende Kaufpreis X schon in t festgelegt wird. Um den Marktwert dieses Geschäfts zur Zeit t zu berechnen, verwenden wir für die Dynamik von S_t, wie eingangs erwähnt, den Ansatz

$$dS_t = S_t \cdot \mu dt + S_t \cdot \sigma dW_t. \qquad (2.11)$$

Der Terminkauf ist ein Derivat mit Auszahlungsprofil $\phi(S_T) = S_T - X$, und seine Wertentwicklung werde durch den Prozess $(h(t,S_t))_{t\in[0;T]}$ beschrieben. Wir erhalten den Marktwert für einen gegebenen Bondpreis $S_t = s$ damit als eindeutige Lösung der BLACK-SCHOLES-PDE (2.10) mit Randbedingung $h(T,s) = s - X$. Man rechnet sofort nach, dass sich die Lösung und damit der gesuchte Marktwert zu

$$h(t,s) = s - X \cdot \exp(-r \cdot (T-t))$$

ergibt. Entsprechend den Ausführungen in Abschnitt 1.2.4 ist somit der Forward-Preis $Fwd(t,T)$ des Bonds durch denjenigen Wert X gegeben, für den $h(t,S_t) = 0$ gilt, also folgt

$$Fwd(t,T) = \exp(r \cdot (T-t)) \cdot S_t.$$

Wir fassen an dieser Stelle noch einmal die in der BLACK-SCHOLES Welt gültigen Aussagen, die den bisherigen Überlegungen zu Grunde liegen, zusammen:

(a) Der stetige Zinssatz für risikolose Geldanlagen ist im Zeitablauf konstant und wird mit r bezeichnet.

(b) Der Markt ist arbitragefrei.

(c) Bondpreise folgen einer geometrischen BROWNschen Bewegung, und es gilt für Forward-Preise $Fwd(t,T) = \exp(r \cdot (T - t)) \cdot S_t$.

(d) Die im Rahmen von Käufen und Verkäufen von Finanzinstrumenten in der Realität anfallenden *Transaktionskosten* (d.h. zusätzlich zum Kaufpreis erhobene Gebühren) werden vernachlässigt.

(e) Die betrachteten Finanzinstrumente können jederzeit in jeder beliebigen Größenordnung gehandelt werden.

2.1.2   Die BLACK-SCHOLES-Formel und die Griechen

Wir betrachten nun eine Option auf einen Bond mit Preis S_t, und zwar eine Europäische Call- oder Put-Option mit Laufzeit T. Unser Ziel ist es, den Wert dieser Option für jeden Zeitpunkt $t \in [0;T]$ zu berechnen. Bevor wir zum Auszahlungsprofil der Option kommen, ist im Falle einer Option auf eine Kuponanleihe festzulegen, ob sich der Strike X der Option auf den Dirty Preis oder den Clean Preis bezieht. Für börsengehandelte Optionen verwendet man üblicherweise eine auf den Clean Preis bezogenen Strike X_{clean}. Ist nun X der auf den Dirty Preis bezogene Strike, so ergibt sich diese Größe durch Addition der seit dem letzten Kupontermin aufgelaufenen Stückzinsen zum Wert von X_{clean}.

Das Auszahlungsprofil der Bondoption ist nun definiert durch

$$\phi(S_T) = [\omega \cdot (S_T - X)]^+ = \max\{\omega \cdot (S_T - X),0\} \qquad (\omega \in \{-1,1\}), \quad (2.12)$$

wobei $\omega = 1$ den Fall einer Call-Option beschreibt und $\omega = -1$ den Fall einer Put-Option.

Der Marktwert der Option zum Zeitpunkt $t \in [0;T]$ sei durch die Funktion

$$h : [0;T] \times [0;\infty) \to \mathbb{R}, \qquad (t,s) \mapsto h(t,s)$$

gegeben. Diese Funktion sei wie bisher auf $[0;T) \times [0;\infty)$ bzgl. der Variablen t einmal stetig differenzierbar und bzgl. der Variablen s zweimal stetig differenzierbar. Es gilt $h(T,\cdot) = \phi(\cdot)$.

Als Resultat der Betrachtungen des vorigen Abschnitts ergibt sich nun die BLACK76-Formel für Europäische Call- bzw. Put-Optionen:

SATZ 2.3 *Gegeben sei eine Europäische Bondoption mit Endfälligkeit $T >$ 0 auf einen Bond mit Preis S_t unter Verwendung der in Abschnitt 1.3.1 angegebenen Konventionen für S_t. Das Auszahlungsprofil sei definiert durch* (2.12).
Dann gilt für den Preis PV^{B76} der Option

$$PV^{B76} = e^{-r \cdot (T-t)} \cdot (x \cdot \omega \cdot \Phi(\omega \cdot d_1^{B76}) - X \cdot \omega \cdot \Phi(\omega \cdot d_2^{B76})) \qquad (2.13)$$

mit

$$d_l^{B76} := d_l^{B76}(x,X,\sigma) = \frac{\log\left(\frac{x}{X}\right) + \frac{(-1)^{l+1}}{2} \cdot \widehat{\sigma}^2 \cdot (T-t)}{\widehat{\sigma} \cdot \sqrt{T-t}} \qquad (2.14)$$

für $l \in \{1,2\}$. Dabei ist x der zum Zeitpunkt t beobachtete Forward-Bond Preis $Fwd(t,T)$ und $\widehat{\sigma}$ der zur Zeit t gültige Marktwert für σ. Die Formel (2.13) *wird oft auch kurz als* **Black76-Formel** *bezeichnet.*

BEWEIS: Die Lösung der Differenzialgleichung (2.10) mit der Randbedingung (2.12) ist nach (B.6) für $s = S_t$ gegeben durch

$$\begin{aligned}
h(t,s) = \;& s \cdot \omega \cdot \Phi \left(\omega \cdot \frac{\log(\frac{s}{X}) + (r + \frac{\widehat{\sigma}^2}{2}) \cdot (T-t)}{\widehat{\sigma} \cdot \sqrt{T-t}} \right) \\
& - X \cdot e^{-r \cdot (T-t)} \cdot \omega \cdot \Phi \left(\omega \cdot \frac{\log(\frac{s}{X}) + (r - \frac{\widehat{\sigma}^2}{2}) \cdot (T-t)}{\widehat{\sigma} \cdot \sqrt{T-t}} \right).
\end{aligned}$$

Unter Beachtung von $s = e^{-r \cdot (T-t)} \cdot x$ folgt schließlich

$$PV^{B76} = e^{-r \cdot (T-t)} \cdot (x \cdot \omega \cdot \Phi(\omega \cdot d_1^{B76}) - X \cdot \omega \cdot \Phi(\omega \cdot d_2^{B76})).$$

$\square$

Wir notieren als einfache Folgerung aus diesem Satz:

COROLLAR 2.1 *Es seien $C_B^{B76}(t,T,X)$ bzw. $P_B^{B76}(t,T,X)$ die Barwerte einer Europäischen Call- bzw. Put-Option auf einen Bond gemäß BLACK76-Formel. Dann gilt für alle $t \in [0;T]$ die Gleichung*

$$P_B^{B76}(t,T,X) = C_B^{B76}(t,T,X) + e^{-r \cdot (T-t)} \cdot X - S_t, \qquad (2.15)$$

die als **Put-Call-Parität** *bezeichnet wird.*

BEWEIS: Durch eine Anwendung der BLACK76-Formel für die Call- bzw. Put-Option folgt zunächst

$$\mathrm{P}_B^{B76}(t,T,X) = \mathrm{C}_B^{B76}(t,T,X) + e^{-r\cdot(T-t)} \cdot (X - Fwd(t,T)), \tag{2.16}$$

und wegen $Fwd(t,T) = e^{r\cdot(T-t)} \cdot S_t$ liefert dies die Behauptung.

$\square$

An dieser Stelle bemerken wir, dass die Put-Call-Parität auch ohne den Rückgriff auf die BLACK76-Formel hergeleitet werden kann, und zwar unter der Annahme eines arbitragefreien Marktes, in dem jederzeitiger Handel in beliebigen Größenordnungen ohne Transaktionskosten möglich ist, und in dem der Barwert eines zum Zeitpunkt $T > 0$ anfallenden Cashflows $C(T)$ zum Zeitpunkt $t \leq T$ gegeben ist durch

$$P(t,T) \cdot C(T).$$

Da wir die Put-Call-Parität in Kapitel 3 unter diesen allgemeineren Annahmen verwenden werden, geben wir hier noch eine entsprechende Herleitung unter Verwendung von BEMERKUNG 2.1. Dazu betrachten die beiden folgenden Portfolien an, die zum Zeitpunkt $t \leq T$ gebildet werden:

- $P1$: Eine Long Position in einer Europäischen Call-Option und eine Short Position in einer Europäischen Put-Option auf einen Bond mit den Parametern des obigen Corollars. Es sei C_t der Wert des Calls, P_t der Wert des Puts.

- $P2$: Eine Long Position in S_t und eine Short Position in Bargeld mit Betrag $X \cdot P(t,T)$ (letzteres entspricht gerade einer Kreditaufnahme zur Zeit t mit Rückzahlungsbetrag X zum Zeitpunkt T).

Man überzeugt sich leicht, dass beide Portfolien zum Zeitpunkt T den Wert $S_T - X$ besitzen: Für $P2$ ist das klar, und für $P1$ führt die Fallunterscheidung $S_T \leq X$ bzw. $S_T > X$ zu dieser Erkenntnis (und zwar *unabhängig* von dem für die Optionsbewertung verwendeten Modell).

Gemäß BEMERKUNG 2.1 folgt nun, dass beide Portfolien zu jedem Zeitpunkt $t \leq T$ einen identischen Marktwert haben, d.h. es gilt die Gleichung

$$C_t - P_t = S_t - X \cdot P(t,T). \tag{2.17}$$

Dies ist gerade die Put-Call-Parität.

Wir betrachten das Resultat von SATZ 2.3 nun im Lichte des Satzes von FEYNMAN und KAC (SATZ B.1). Der Satz besagt, dass auf unserem Wahrscheinlichkeitsraum $(\Omega,\mathcal{F},\mathbb{P})$ ein Wahrscheinlichkeitsmaß $\widetilde{\mathbb{P}}$ existiert, unter dem die Lösung der partiellen Differenzialgleichung (2.10) mit Endwertbedingung (2.12) dargestellt werden kann in der Form

$$h(t,s) = e^{-r\cdot(T-t)} \cdot \mathbb{E}^{\widetilde{\mathbb{P}}}[\phi(S_T) \,|\, S_t = s],$$

wobei wir hier die Situation $r = r(s,X_s)$ haben, mit $r(s,X_s)$ aus SATZ B.1. Ferner gilt unter dem Maß $\widetilde{\mathbb{P}}$ die stochastische Dynamik

$$dS_t = S_t \cdot r dt + S_t \cdot \sigma dW_t. \qquad (2.18)$$

Diese Gleichung ist identisch mit der Gleichung (2.3), die wir mit der Maßtransformation unter Verwendung des Satzes von GIRSANOV gewonnen hatten.

Aus der Herleitung der BLACK76-Formel ergibt sich nun der Zusammenhang

$$\begin{aligned}
PV^{B76} &= e^{-r\cdot(T-t)} \cdot (s \cdot e^{r\cdot(T-t)} \cdot \omega \cdot \Phi(\omega \cdot d_1^{B76}) - X \cdot \omega \cdot \Phi(\omega \cdot d_2^{B76})) \\
&= e^{-r\cdot(T-t)} \cdot \mathbb{E}^{\widetilde{\mathbb{P}}}[\phi(S_T) \,|\, S_t = s], \qquad (2.19)
\end{aligned}$$

d.h. der Optionspreis lässt sich als risikolos abgezinster bedingter Erwartungswert des Auszahlungsprofils unter dem Wahrscheinlichkeitsmaß $\widetilde{\mathbb{P}}$ darstellen. Dies entspricht dem Resultat von SATZ 2.2, wenn man dort $B_t = e^{r\cdot t}$ einsetzt.

Die BLACK76-Formel ermöglicht die schnelle Berechnung des Wertes einer Europäischen Option auf ein Underlying, welches der Dynamik (2.11) folgt. Wir betrachten ein Beispiel.

BEISPIEL 2.1 *Gegeben sei eine Europäische Call-Option mit Laufzeit $T = 2$ Jahren und Strike $X = 101$ auf eine Anleihe. Die Anleihe mit Nominal 100 habe eine Restlaufzeit von $T_B = 4{,}5$ Jahren, und zahle einen Kupon in Höhe von 5% des Nominals zu den Zeitpunkten $T_1 = 0{,}5$ Jahre, $T_2 = 1{,}5$ Jahre, $T_3 = 2{,}5$ Jahre, $T_4 = 3{,}5$ Jahre und $T_5 = 4{,}5$ Jahre. Der zum aktuellen Zeitpunkt ($t := 0$) gültige Barwert der Anleihe sei 105, und es gelte $\widehat{\sigma} = 0{,}05$. Für den Zeitraum von $t = 0$ bis $T = 2$ Jahre liege eine flache Zinskurve vor, d.h. für alle Fälligkeiten in diesem Zeitraum gelte derselbe risikolose Zinssatz $r = 3\%$. In den Zeitraum der Optionslaufzeit fallen die Kuponzeitpunkte T_1 und T_2. Die Barwerte der Kuponzahlungen seien $4{,}93$ bzw. $4{,}78$. Der Forward-Preis $x := Fwd(0{,}2)$ errechnet sich damit zu*

$$Fwd(0{,}2) = e^{0{,}03\cdot 2} \cdot (105 - 4{,}93 - 4{,}78) = 101{,}18.$$

Um den aktuellen Optionspreis zu ermitteln, sind zunächst die Größen d_1^{B76} und d_2^{B76} zu bestimmen. Für diese gilt

$$d_1^{B76} = \frac{\log\left(\frac{101{,}18}{101}\right) + \frac{1}{2}\cdot 0{,}05^2 \cdot 2}{0{,}05 \cdot \sqrt{2}} \approx 0{,}06,$$

sowie

$$d_2^{B76} = \frac{\log\left(\frac{101,18}{101}\right) - \frac{1}{2} \cdot 0,05^2 \cdot 2}{0,05 \cdot \sqrt{2}} \approx -0,01.$$

Gemäß BLACK76-*Formel folgt nun für den Call*

$$PV^{B76} \approx e^{-0,03 \cdot 2} \cdot (x \cdot \Phi(0,06) - 101 \cdot \Phi(-0,01)) \approx 2,77.$$

Aus der Put-Call-Parität erhalten wir damit sogleich den Put-Preis, der gegeben ist durch

$$2,77 + e^{-0,03 \cdot 2} \cdot 101 - (105 - 4,93 - 4,78) \approx 2,60.$$

Die folgende Grafik zeigt den Wert der Call-Option in Abhängigkeit von der Restlaufzeit $T - t$ und vom Forward-Preis $Fwd(t,T)$ für $t \in [0; T]$:

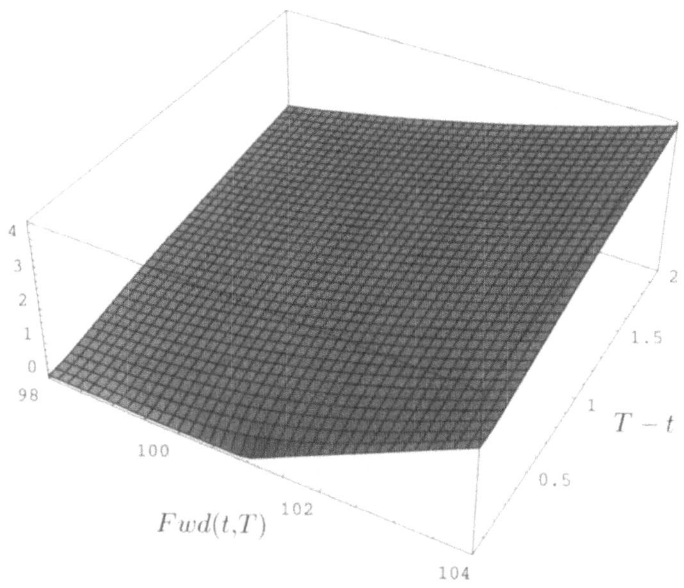

Anhand der Grafik ist die typische Charakteristik des Werteverlaufs einer Call-Option zu erkennen:

- Der Call-Preis ist eine monoton wachsende Funktion bzgl. der Variablen $x := Fwd(t,T)$, und diese Funktion nimmt nur nichtnegative Werte an.

- Bei gegebenem Wert $x = Fwd(t,T)$ ist die Funktion $\tau \mapsto PV^{B76}(x,\tau)$ (mit $\tau := T - t$) monoton fallend, d.h. der Call-Preis nimmt mit abnehmender Restlaufzeit ab (dies ist der sog. *Zeitwertverlust*).

- Für $\tau \to 0$ nähert sich der Werteverlauf der Option dem Auszahlungsprofil an. Die Funktion $x \mapsto PV^{B76}(x,T)$ ist stetig und stückweise linear, und an der Stelle $x = X$ ist sie nicht differenzierbar.

- Es gilt $PV^{B76}(x,T) = 0$ für $x \leq X$ und $PV^{B76}(x,T) \to \infty$ für $x \to \infty$.

- Es gilt $\partial PV^{B76}(x,t)/\partial x \to 1$ für $x > X$ und $t \to T$.

Analoge Aussagen gelten auch für Put-Optionen; man erhält sie aus den obigen Aussagen zusammen mit der Put-Call-Parität.

Neben der Bewertung von Optionen lassen sich mit der BLACK76-Formel aber auch bestehende Optionspositionen risikomäßig absichern, und zwar im folgenden Sinn: Da der Wert einer Option ja von verschiedenen, in die BLACK76-Formel einfließenden Marktparametern abhängt (S_t bzw. $X_t, \widehat{\sigma}, r$) und da diese Parameter sich im Laufe des Marktgeschehens natürlich permanent ändern, wird folglich auch der Wert der Option einer ständigen Änderung unterworfen sein. Nun ist es für einen Händler in einer Bank von allergrößter Wichtigkeit, diese Wertschwankungen innerhalb seines Optionsportfolios zu beobachten und bei Bedarf einzuschreiten. Letzteres bedeutet, dass er ggf. eine Optionsposition gegenüber Fluktuationen der Marktparameter risikomäßig absichert. Man nennt diesen Vorgang auch *Hedgen*. Wie geht dies vor sich ?

Nun, zunächst einmal muss der Einfluss von Marktdatenänderungen auf Änderungen des Optionspreises quantifiziert werden. Mathematisch ausgedrückt bedeutet dies, dass man die Ableitungen der BLACK76-Formel nach diversen Variablen bildet:

- Das *Delta* der Option,

$$\delta := \frac{\partial PV^{B76}}{\partial x},$$

- das *Gamma* der Option,

$$\Gamma := \frac{\partial^2 PV^{B76}}{\partial x^2},$$

- das *Vega* der Option,

$$\mathcal{V} := \frac{\partial PV^{B76}}{\partial \sigma},$$

- das **Rho** der Option,

$$\varrho := \frac{\partial PV^{B76}}{\partial r}.$$

Diese Ableitungen, sowie ergänzend dazu das **Theta** der Option,

$$\theta := \frac{\partial PV^{B76}}{\partial t}$$

nennt man üblicherweise **Sensitivitäten** und interpretiert sie als Risikomaße (vgl. diesbezüglich auch die Ausführungen in Kapitel 4). Sie werden gemeinhin auch als **Griechen** bezeichnet (obwohl das Vega $\mathcal{V}$ ein arabischer Buchstabe ist). Man kann explizite Formeln dafür angeben, beispielsweise gilt für eine Europäische Call-Option

$$\delta = e^{-r \cdot (T-t)} \cdot \Phi(d_1^{B76})$$

und für eine Europäische Put-Option

$$\delta = e^{-r \cdot (T-t)} \cdot \left(\Phi(d_1^{B76}) - 1 \right).$$

Es ist zu beachten, dass wir das Delta und das Gamma nicht bzgl. der Variablen s (die für den Bondpreis steht) definiert haben, sondern (entsprechend den üblichen Konventionen) bzgl. der Variablen x, die für den Forward-Preis des Bonds steht.

Stellen wir uns nun vor, im Portfolio einer Bank befindet sich eine Optionsposition, welche aus einem Geschäft mit einem Kunden resultiert. Der Wert dieser Position verändert sich laufend, und die Bank möchte sich gegen derartige Wertänderungen absichern. Zunächst besteht die Möglichkeit, eine exakt gegenläufige Optionsposition mit einem anderen Geschäftspartner einzugehen. In der Praxis ist diese Vorgehensweise jedoch häufig nicht möglich, da sich entweder niemand findet, mit dem die Bank die gegenläufige Option abschließen könnte oder auch an der Börse, wo natürlich nur gewisse standardisierte Optionen gehandelt werden, kein passendes Gegengeschäft getätigt werden kann. Hinzu kommt, dass die Bank im Falle des Abschlusses einer weiteren Option mit einem neuen Geschäftspartner zusätzlich zum fairen Marktpreis gewisse Gebühren bezahlen muss (ebenso wie sie von ihrem Kunden eine Gebühr erhoben hat), was sie natürlich vermeiden möchte.

Aus den erwähnten Gründen wird die Bank versuchen, einen sog. **dynamischen Hedge** aufzubauen, d.h. sie wird die Wertänderung der Option durch den Aufbau und das kontinuierliche Umschichten Position im Underlying in einem gewissen Sinne "auszugleichen" versuchen.

An dieser Stelle kommt nun die Delta-Sensitivität ins Spiel: Hat die Bank etwa eine Position der Größe 1 in einer Option, so berechnet sie, bei fixiertem Zeitpunkt t und zu diesem Zeitpunkt gegebenem Bondpreis s, zunächst die Größe

$$\delta_t(t,s) \;=\; \frac{\partial h}{\partial s}(t,s) \;=\; \delta \cdot e^{r \cdot (T-t)}.$$

Hier bezeichnet $\delta_t(t,s)$ die Ableitung nach der Variablen s, während δ als Ableitung nach x definiert wurde!

Im nächsten Schritt wird (zu jedem Zeitpunkt t) das folgende Portfolio gebildet:

- Eine Long Position in der Option mit Wert $h(t,s)$.

- Eine Short Position der Größe $\delta_t(t,s)$ im Underlying mit Wert $-\delta_t(t,s) \cdot s$.

- Eine (aus den beiden erstgenannten Positionen resultierende) Geldaufnahme/-anlage (Bankkonto) der Größe $-h(t,s) + \delta_t(t,s) \cdot s$.

Betrachten wir die zeitliche Entwicklung des Wertes dieses Portfolios als stochastischen Prozess $(d\Pi_t)_{t \in [0;T]}$, so erhalten wir mit den in Abschnitt 2.1.1 eingeführten Bezeichnungen δ_t und ψ_t die Beziehung

$$d\Pi_t \;=\; dh(t,S_t) - d(\delta_t \cdot S_t + \psi_t \cdot B_t) \;=\; dh(t,S_t) - dV_t \;=\; 0.$$

Dies ist gleichbedeutend mit der Aussage

$$\Pi_T - \Pi_0 \;=\; \int\limits_0^T d\Pi_t \;=\; 0 \qquad \text{fast sicher,} \tag{2.20}$$

und wegen $\Pi_0 = 0$ folgt $\Pi_T = 0$. Allerdings gilt das nur bei permanenter Anpassung des erwähnten Portfolios. In der Realität erfolgt die Anpassung zu diskreten Zeitpunkten $t_j \in [0;T]$, $j \in \{0,\dots,n\}$. Wählt man etwa $t_j = j \cdot \frac{T}{n}$, so kann man mittels der Definition des ITÔ-Integrals zeigen:

$$\lim_{n \to \infty} E\left(\sum_{j=1}^n (\Pi_{t_j} - \Pi_{t_{j-1}})^2 \right) \;=\; 0.$$

Die zufällige Wertänderung des gebildeten Portfolios über den Zeitraum 0 bis T hat also für den Grenzfall $n \to \infty$ im L^2-Mittel den Wert 0. In diesem Sinne ist die gelegentlich verwendete Sprechweise eines *risikolosen Portfolios* dann zu verstehen.

Man nennt das soeben gebildete Portfolio auch ein sog. *deltaneutrales Portfolio* und spricht in diesem Zusammenhang von einem *Delta-Hedge*. Die permanente Anpassung des Delta-Heges zu jeder Zeit t ist selbstverständlich nur eine idealisierte Annahme, die sich so nicht in die Praxis umsetzen lässt. Handelsabteilungen innerhalb einer Bank, welche auf den Optionshandel spezialisert sind, bauen in der Regel deltaneutrale Portfolien auf, d.h. sie ermitteln zunächst für die Menge aller im Bestand befindlichen Optionspositionen die jeweiligen Deltas bzgl. aller Underlyings und führen dann einen Delta-Hedge auf Portfolioebene durch. Man beachte, dass das Delta mehrerer verschiedener Optionen auf ein Underlying definiert werden kann als die Summe der Deltas aller Einzeloptionen, da das Delta ein linearer Operator ist!

Auf die Rolle der übrigen Sensitivitäten beim Hedgen gehen wir hier nicht näher ein. Wir verweisen in diesem Zusammenhang auf die Ausführungen in Kapitel 4 und geben hier lediglich noch die Formel für das zum Zeitpunkt t gültige Γ einer Europäischen Call- und Put-Optionen an:

$$\Gamma = \frac{e^{-r \cdot (T-t)} \cdot \varphi(d_1^{B76})}{x \cdot \widehat{\sigma} \cdot \sqrt{T-t}}.$$

In der Praxis kommt der Volatilität eine zentrale Bedeutung beim Handel mit Optionen zu: Beim Aushandeln des Optionspreises geht es nach Festlegung der Laufzeit und des Strike-Preises X letztlich nur noch darum, welche Volatilität die Händler dem Underlying zugestehen, da der risikolose Zinssatz und der aktuelle Kurs des Underlyings aus den Marktinformationen bekannt ist und da Kursveränderungen des Underlyings im deltaneutralen Portfolio keine Rolle spielen (im Sinne der Aussage (2.20)). Daher erfolgt häufig eine Quotierung von Optionen einzig und allein über die Volatilität anstelle des Preises, d.h. de facto werden also Volatilitäten gehandelt.

Die Bedeutung des Volatilitätsparameters kommt auch dadurch zum Ausdruck, dass bekannte Preise von börsengehandelten Optionen in der Praxis herangezogen werden, um diese dann in (2.13) für PV^{B76} einzusetzen, und die Gleichung dann nach σ aufzulösen. Die auf diese Weise gewonnenen *impliziten Volatilitäten* werden dann als Grundlage für komplexere Optionspreismodelle verwendet. Wir werden darauf in Kapitel 3 (im Zusammenhang mit Caps und Swaptions) zurück kommen.

Um die Abhängigkeit des Wertes einer Bondoption vom Parameter σ zu verdeutlichen, betrachten wir folgendes Beispiel.

BEISPIEL 2.2 *Gegeben sei die Call-Option aus* BEISPIEL *2.1. Der Werteverlauf dieser Option zum Zeitpunkt $t := 0$ (mit $Fwd(0,2) = 101{,}18$) in Abhängigkeit von σ wird durch die folgende Grafik veranschaulicht:*

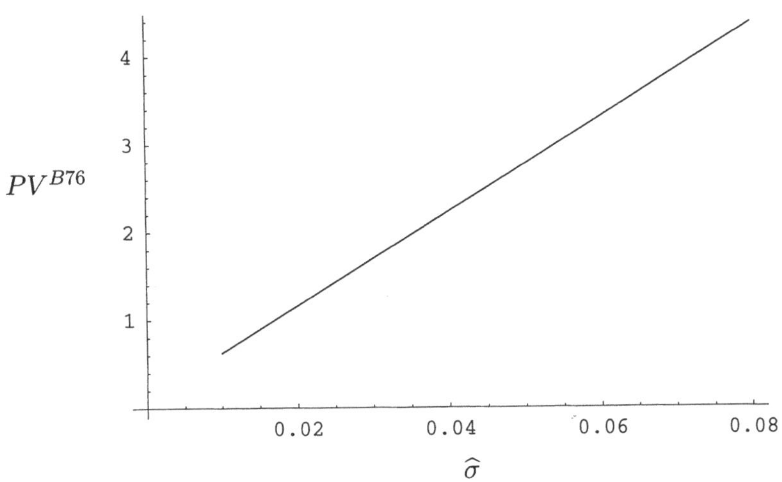

Es zeigt sich, dass der Wert der Option mit zunehmender Volatilität eben-falls zunimmt. Dies ist eine typisches Phänomen bei Call-Optionen, welches in derselben Weise auch für Put-Optionen gilt. Eine höhere Volatilität führt zu einer höheren erwarteten Auszahlung aus der Option und damit zu einem größeren Optionswert. Wir weisen allerdings darauf hin, dass die Aussagen zwar im BLACK-SCHOLES-*Modell gelten, jedoch nicht unbedingt auf alle an-deren Modellklassen ausgedehnt werden können.*

Die in diesem Abschnitt gewonnenen Erkenntnisse über den Zusammen-hang zwischen der Wertentwicklung einer Option und den relevanten Markt-parametern spielen eine wichtige Rolle bei der Entwicklung von Risikomo-dellen (vgl. Kapitel 4).

2.1.3 Die BLACK76-Formel für Caps und Floors

Caps und Floors gehören zu den Standardprodukten im Bereich der Zins-derivate. Die im Folgenden dargestellten Bewertungsformeln sind in der Praxis allgegenwärtig.

Wir betrachten ein Caplet mit Nominal N, Cap-Rate R_C, Auszahlungs-zeitpunkt T_j und Auszahlungsprofil

$$\phi(F(T_{j-1};T_{j-1},T_j)) = N \cdot (T_j - T_{j-1})_{DC(F)} \cdot \max\{F(T_{j-1};T_{j-1},T_j) - R_C, 0\}.$$

Um eine Formel für den Preis

$$Cap(t, \{T_j\}, N, R_C)$$

dieses Caplets herzuleiten, gehen wir wieder vom bisherigen Wahrscheinlichkeitsraum $(\Omega, \mathcal{F}, \mathbb{P})$ aus. Wir unterstellen nun, dass es auf Ω ein Wahrscheinlichkeitsmaß $\widetilde{\mathbb{P}}$ gibt, bzgl. dessen die Forward-Rates $F(t; T_{j-1}, T_j)$ für $t \in [0; T_{j-1}]$ die folgende Verteilungsannahme erfüllen:

Die bedingte Verteilung $\mathcal{L}(F(T_{j-1}; T_{j-1}, T_j) \mid F(t_0; T_{j-1}, T_j) = x)$ sei eine Lognormalverteilung mit Erwartungswert x, und die Standardabweichung der Zufallsvariablen $\log(F(T_{j-1}; T_{j-1}, T_j))$, gegeben $F(t_0; T_{j-1}, T_j) = x$, sei

$$\sigma \cdot \sqrt{T_{j-1} - t_0}. \tag{2.21}$$

Zur Motivation dieser Annahme dient die folgende Überlegung: Der Prozess $(S_t)_{t \in [0;T]}$ erfüllt die stochastische Differenzialgleichung (2.3) unter dem Maß $\widetilde{\mathbb{P}}$. Wegen $Fwd(t,T) = e^{r \cdot (T-t)} \cdot S_t$ liefert eine einfache Anwendung der der ITÔ-Formel (A.18):

$$dFwd(t,T) = e^{r \cdot (T-t)} \cdot \sigma \cdot S_t dW_t = \sigma \cdot Fwd(t,T) dW_t.$$

Die eindeutige Lösung dieser stochastischen Differenzialgleichung lautet

$$Fwd(t,T) = x \cdot \exp(-\frac{1}{2} \cdot \sigma^2 \cdot (t - t_0) + \sigma \cdot \sqrt{t - t_0} \cdot Z), \quad Fwd(t_0,T) := x > 0,$$

wobei $Z \sim \mathcal{N}(0,1)$. Daher ist die Verteilung der Zufallsvariablen $Fwd(T,T)$, gegeben der Wert $Fwd(t_0,T) = x$, eine Lognormalverteilung mit Erwartungswert x, und die Standardbweichung von $\log(Fwd(T,T))$ beträgt

$$\sigma \cdot \sqrt{T - t_0}.$$

Überträgt man nun die auf diese Weise erhaltene Verteilung des Forward-Preises $Fwd(T,T)$ auf die Forward-Rate $F(T_{j-1}; T_{j-1}, T_j)$, so gelangt man zur oben genannten Verteilungsannahme. Es handelt sich hierbei um eine ad-hoc Annahme, die näherungsweise mit empirischen Beobachtungen im Einklang steht. Wir verwenden nun diese Annahme, um mit der Formel (2.19) anhand des Auszahlungsprofils $\phi(F(T_{j-1}; T_{j-1}, T_j))$ den Barwert des Caplets zu berechnen.

BEMERKUNG 2.3

(1) An dieser Stelle sei darauf hingewiesen, dass die Formel (2.19) unter Verwendung von Satz *B.1 hergeleitet wurde, wobei die Differenzialgleichung (2.10) zu Grunde gelegt wurde. Diese Differenzialgleichung ergab sich wiederum aus den Überlegungen in* Abschnitt 2.1.1, *bei denen das Underlying der Option ein am Markt gehandelter Bond war. Im Zusammenhang mit der Caplet-Bewertung ist das Underlying jedoch ein Zinssatz und somit kein "handelbares" Instrument, das man am Markt unmittelbar kaufen und verkaufen kann. Wir verwenden dennoch das Resultat (2.19) und übertragen es direkt auf die hier vorliegende Situation. Dies entspricht der "klassischen" Vorgehensweise beim Beweis der* Black76-Formel *für Caplets. Eine umfassende theoretische Untermauerung dieser Vorgehensweise wird erst im Rahmen von* Kapitel 3 *erfolgen.*

(2) Einer der Kritikpunkte an der Black76-Formel *besteht darin, dass bei ihrer Herleitung zwar das jeweilige Underlying der Option (in diesem Fall die Forward-Rate) als stochastisch angenommen wird, dass jedoch der zum Abzinsen der Cashflows verwendete risikolose Zinssatz r gleichzeitig als nichtstochastisch angenommen wird. Diese Inkonsistenz gilt für alle Anwendungen der* Black76-Formel, *und wird erst im Rahmen der in den späteren Abschnitten diskutierten Zinsstrukturmodelle behoben.*

SATZ 2.4 *Ein Caplet mit Nominal N und Cap-Rate R_C hat zum Zeitpunkt $t \in [0; T_{j-1})$ den Wert*

$$\mathrm{Cap}^{B76}_{\sigma_j}(t, \{T_j\}, N, R_C) = N \cdot e^{-r \cdot (T_j - t)} \cdot \tau_j \cdot [x \cdot \Phi(d_1) - R_C \cdot \Phi(d_2)], \quad (2.22)$$

wobei $x := F(t; T_{j-1}, T_j)$ die in t beobachtete Realisation von $F(t; T_{j-1}, T_j)$ ist und $\tau_j := (T_j - T_{j-1})_{DC(F)}$. Es gilt

$$d_l = d_l(x, R_C, \widehat{\sigma}_j) = \frac{\log \frac{x}{R_C} + (-1)^{l+1} \cdot \frac{\widehat{\sigma}_j^2 \cdot (T_{j-1} - t)}{2}}{\widehat{\sigma}_j \cdot \sqrt{T_{j-1} - t}} \quad (2.23)$$

für $l \in \{1, 2\}$. Dabei sei $\widehat{\sigma}_j$ der am Markt zur Zeit t beobachtbare Wert für den Parameter σ, der in der Standardabweichung von $\log(F(T_{j-1}; T_{j-1}, T_j))$ auftritt (vgl. (2.21)). Die Formel (2.22) wird oft auch kurz als **Black76-Formel für Caplets** *bezeichnet.*

BEWEIS: Nach (2.19) gilt mit $\phi = \phi(F(T_{j-1}; T_{j-1}, T_j))$:

$$\mathrm{Cap}^{B76}_{\sigma_j}(t, \{T_j\}, N, R_C) = e^{-r \cdot (T_j - t)} \cdot \mathbb{E}^{\widetilde{\mathbb{P}}}[\phi \mid F(t; T_{j-1}, T_j) = x], \qquad (2.24)$$

wobei wir hier im Diskontierungsfaktor T_j statt T_{j-1} stehen haben, da die Auszahlung beim Caplet erst zum Zeitpunkt T_j erfolgt. Gemäß unserer Verteilungsannahme gilt folgende Aussage: $\mathcal{L}(F(T_{j-1}; T_{j-1}, T_j) \mid F(t; T_{j-1}, T_j) = x)$ ist eine Lognormalverteilung mit Erwartungswert x und mit der Varianz $x^2 \cdot (e^{\widehat{\sigma}_j^2 \cdot (T_{j-1} - t)^2} - 1)$. Die Dichte dieser Verteilung ist für $u > 0$ gegeben durch

$$f(u) = \frac{1}{\sqrt{2 \cdot \pi} \cdot \alpha_j \cdot u} \cdot \exp\left(-\frac{(\log(u/x) + \frac{1}{2} \cdot \alpha_j^2)^2}{2 \cdot \alpha_j^2} \right),$$

mit $\alpha_j := \widehat{\sigma}_j \cdot \sqrt{T_{j-1} - t}$.
Damit errechnet sich der Erwartungswert zu

$$\mathbb{E}^{\widetilde{\mathbb{P}}}[\phi(F(T_{j-1}; T_{j-1}, T_j)) \mid F(t; T_{j-1}, T_j) = x]$$

$$= N \cdot \tau_j \cdot \int_0^\infty \phi(F(T_{j-1}; T_{j-1}, T_j)) d\widetilde{\mathbb{P}}$$

$$= N \cdot \tau_j \cdot \int_{R_C}^\infty (u - R_C) \cdot \frac{1}{\sqrt{2 \cdot \pi} \cdot \alpha_j \cdot u} \cdot \exp\left(-\frac{(\log(u/x) + \frac{1}{2} \cdot \alpha_j^2)^2}{2 \cdot \alpha_j^2} \right) du$$

$$= N \cdot \tau_j \cdot \int_{\log(R_C/x)}^\infty (x \cdot e^z - R_C) \cdot \frac{1}{\sqrt{2 \cdot \pi} \cdot \alpha_j} \cdot \exp\left(-\frac{(z + \frac{1}{2} \cdot \alpha_j^2)^2}{2 \cdot \alpha_j^2} \right) dz,$$

mit der Substitution $z := \log(u/x)$ im letzten Schritt. Durch Anwenden der üblichen Integrationstechniken erhält man dann den Wert

$$N \cdot \tau_j \cdot [x \cdot \Phi(d_1) - R_C \cdot \Phi(d_2)]$$

für dieses Integral, und mit (2.24) folgt schließlich (2.22).

$\square$

Da ein Cap eine Serie von Caplets ist, erhalten wir sofort:

SATZ 2.5 *Der Wert eines Caps mit Nominal N, Cap-Rate R_C und Auszahlungszeitpunkten $\mathcal{T} := \{T_j : j \in \{1,...,n\}\}$ ist gegeben durch*

$$\mathrm{Cap}^{B76}_{\Sigma}(t, \mathcal{T}, N, R_C) = \sum_{j=1}^n \mathrm{Cap}^{B76}_{\sigma_j}(t, \{T_j\}, N, R_C) \qquad (2.25)$$

mit $\widehat{\Sigma} := \{\widehat{\sigma}_j : j \in \{1,...,n\}\}$.

Die hier dargestellten BLACK76-Formeln für Caplets bzw. Caps können völlig analog auch für Floorlets und Floors hergeleitet werden. Der Vollständigkeit halber notieren wir

SATZ 2.6 *Ein Floorlet mit Nominal N und Floor-Rate R_F hat zum Zeitpunkt $t \in [0; T_{j-1})$ den Wert*

$$\text{Flr}_{\sigma_j}^{B76}(t,\{T_j\},N,R_F) = N \cdot e^{-r \cdot (T_j - t)} \cdot \tau_j \cdot [R_F \cdot \Phi(-d_2) - x \cdot \Phi(-d_1)],$$

wobei wieder $x := F(t; T_{j-1},T_j)$ die zur Zeit t beobachtete Realisation von $F(t; T_{j-1},T_j)$ ist und $\tau_j := (T_j - T_{j-1})_{DC(F)}$. Diese Formel wird oft auch kurz als **Black76-Formel für Floorlets** *bezeichnet.*

Das folgende Beispiel illustriert die Bewertung eines Caplets bei gegebener Volatilität. Es sei darauf hingewiesen, dass für die Quotierung von Volatilitäten für Caps und Floors in der Praxis gewisse Konventionen gelten. Auf die diesbezüglichen Einzelheiten wird erst in Kapitel 3 näher eingegangen.

BEISPIEL 2.3 *Gegeben sei ein Caplet mit folgenden Daten: $N = 1.000.000$, $R_C = 3\%$, Fixing an $T_0 = 0{,}5$ Jahre, Zahlungszeitpunkt an $T_1 = 1$ Jahr, Volatilität $\hat{\sigma}_1 = 15\%$. Die Forward-Rate $F(0; T_0,T_1)$ habe zum aktuellen Zeitpunkt $(t = 0)$ den Wert 3%, und es gelte $r = 2\%$. Damit errechnen sich die Größen d_1 und d_2 zu*

$$d_{1,2} = \frac{\log\left(\frac{0{,}03}{0{,}03}\right) \pm \frac{1}{2} \cdot 0{,}15^2 \cdot 0{,}5}{0{,}15 \cdot \sqrt{0{,}5}} \approx \pm 0{,}053.$$

Aus der BLACK76-Formel folgt nun für den Wert des Caplets

$$Cap_{\sigma_1}^{B76}(t,\{T_1\},N,R_C) \approx$$
$$\approx 1.000.000 \cdot e^{-0{,}02 \cdot 0{,}5} \cdot 0{,}5 \cdot (0{,}03 \cdot \Phi(0{,}053) - 0{,}03 \cdot \Phi(-0{,}053))$$
$$\approx 627{,}71.$$

2.1.4 Die BLACK76-Formel für Europäische Swaptions

Swaptions gehören neben Caps und Floors zu den am weitesten verbreiteten Zinsoptionen. Für Europäische Swaptions werden üblicherweise die BLACK76-Formeln zur Bewertung herangezogen.

Wir betrachten eine Europäische Swaption auf einen Payer-Swap (Payer-Swaption) mit erstem Fixing an T_0, fester Seite K und Zinsaustauschterminen $\mathcal{T} := \{T_j : j \in \{1,...,n\}\}$. Das Auszahlungsprofil ist

$$\phi(S_{1,n}(T_0)) \; = \; N \cdot [S_{1,n}(T_0) - K]^+ \cdot \sum_{j=1}^{n} \tau_j P(T_0,T_j) \; , \qquad (2.26)$$

worin $S_{1,n}(\cdot)$ die Forward-Swap-Rate (1.22) bezeichnet.

Um eine Formel für den Preis

$$\mathrm{PSw}^{B76}(t,T_0,\mathcal{T},K)$$

der Swaption herzuleiten, gehen wir analog zur Vorgehensweise bei Caps bzw. Floors vor und treffen folgende Annahme:

Auf $(\Omega,\mathcal{F},\widetilde{\mathbb{P}})$ sei bedingte Verteilung $\mathcal{L}(S_{1,n}(T_0) \,|\, S_{1,n}(t_0) = x)$ eine Lognormalverteilung mit Erwartungswert x, und analog zu (2.21) sei die Standardabweichung der Zufallsvariablen $\log(S_{1,n}(T_0))$, gegeben $S_{1,n}(t_0) = x$,

$$\sigma_{1,n} \cdot \sqrt{T_0 - t_0}. \qquad (2.27)$$

Des weiteren treffen wir die in der BLACK-SCHOLES Welt übliche Annahme, dass die in der Summe $\sum_{j=1}^{n} \tau_j P(T_0,T_j)$ auftretenden Größen $P(T_0,T_j)$, welche hier die Rolle von Diskontierungsfaktoren spielen, nichtstochastisch sind, und dass gilt

$$P(t,T_j) \; = \; e^{-r \cdot (T_j - t)} \quad (t \le T_j)$$

mit dem risikolosen Zinssatz r.

Unter erneutem Rückgriff auf die Formel (2.19) können wir nun zeigen:

SATZ 2.7 *Eine Payer-Swaption mit Nominal N und fester Seite K hat zum Zeitpunkt $t \in [0;T_0)$ den Wert*

$$\mathrm{PSw}^{B76}(t,T_0,\mathcal{T},K) = N \cdot C_{1,n}(t) \cdot \left[x \cdot \Phi(d_1^S) - K \cdot \Phi(d_2^S) \right], \qquad (2.28)$$

wobei $x := S_{1,n}(t)$ die in t beobachtete Realisation von $S_{1,n}(t)$ ist und

$$C_{1,n}(t) \; := \; \sum_{j=1}^{n} \tau_j P(t,T_j),$$

mit $\tau_j := (T_j - T_{j-1})_{DC(S)}$. $C_{1,n}(t)$ entspricht der Größe $PVBP(t,\mathcal{T})$ aus Kapitel 1. Es gilt

$$
\begin{aligned}
d_1^S \;\; &:= \;\; d_1^S(x,K,\widehat{v}) \;\; = \;\; \frac{\log \frac{x}{K} + \frac{\widehat{v}^2}{2}}{\widehat{v}} \quad \textit{und} \\[2mm]
d_2^S \;\; &:= \;\; d_2^S(x,K,\widehat{v}) \;\; = \;\; d_1^S - \widehat{v}.
\end{aligned}
$$

Dabei sei $\widehat{v} := \widehat{v}_{1,n}(t,T_0) = \widehat{\sigma}_{1,n} \cdot \sqrt{T_0 - t}$ der am Markt zur Zeit t beobachtbare Wert für die Standardabweichung von $\log(S_{1,n}(T_0))$ (vgl. (2.27)). Die Formel (2.28) wird oft auch kurz als **Black76-Formel für Payer-Swaptions** *bezeichnet.*

BEWEIS: Nach (2.19) haben wir

$$\mathrm{PSw}^{B76}(t,T_0,T,K) \;=\; e^{-r\cdot(T_0-t)}\cdot\mathbb{E}^{\widetilde{\mathbb{P}}}[\phi(S_{1,n}(T_0))\,|\,S_{1,n}(t)=x]. \tag{2.29}$$

Gemäß unserer Verteilungsannahme gilt, dass $\mathcal{L}(S_{1,n}(T_0)\,|\,S_{1,n}(t)=x)$ eine Lognormalverteilung ist mit Erwartungswert x und mit Varianz $x^2\cdot(e^{\widehat{\sigma}_{1,n}^2\cdot(T_0-t)^2}-1)$. Die Dichte dieser Verteilung ist für $u>0$ gegeben durch

$$f(u) \;=\; \frac{1}{\sqrt{2\cdot\pi}\cdot\widehat{v}\cdot u}\cdot\exp\left(-\frac{(\log(u/x)+\tfrac{1}{2}\cdot\widehat{v}^2)^2}{2\cdot\widehat{v}^2}\right).$$

Damit errechnet sich der Erwartungswert zu

$$\begin{aligned}
\mathbb{E}^{\widetilde{\mathbb{P}}}[\phi(S_{1,n}(T_0))\,|\,S_{1,n}(t)=x] \;&=\; N\cdot C_{1,n}(T_0)\cdot\int_0^\infty \phi(S_{1,n}(T_0))\,d\widetilde{\mathbb{P}}\\[2mm]
&=\; N\cdot C_{1,n}(T_0)\cdot\int_K^\infty (u-K)\cdot f(u)\,du,
\end{aligned}$$

und völlig analog zur Vorgehensweise bei Caplets erhält man den Wert

$$N\cdot C_{1,n}(T_0)\cdot\left[x\cdot\Phi(d_1^S)-K\cdot\Phi(d_2^S)\right]$$

für dieses Integral. Mit (2.29) und $e^{-r\cdot(T_0-t)}\cdot C_{1,n}(T_0)=C_{1,n}(t)$ folgt schließlich (2.28).

$\square$

Die Bewertung Europäischer Receiver-Swaptions erfolgt ganz ähnlich zum Fall der Payer-Swaptions.

Das folgende BEISPIEL zeigt die am Markt übliche Vorgehensweise für die Quotierung von Swaption-Volatilitäten: Es werden für gängige Kombinationen der Options- und der Swaplaufzeit annualisierte Volatilitäten quotiert, und zwar solche, die sich jeweils auf ATM-Optionen beziehen.

BEISPIEL 2.4 *Wir betrachten die ATM-Swaption-Matrix vom 16.05.2000 der* BLACK76-*Volatilitäten (jeweils in %) von Europäischen $(x\times y)$-Swaptions, also Optionen auf einen Swap mit gegebenen Ausübungszeitpunkten in $x\in\{1,2,3,4,5,10\}$ Jahren und Swap-Laufzeiten von $y\in\{1,2,3,4,5,7,10\}$ Jahren*

x \ y	1	2	3	4	5	7	10
1	29,7	24,4	21,2	19,0	**17,1**	14,3	12,3
2	26,1	21,8	19,5	17,8	16,0	13,6	11,9
3	23,3	20,0	18,1	16,4	15,0	13,0	11,5
4	21,4	18,6	16,8	15,3	14,1	12,5	11,0
5	19,9	17,3	15,7	14,5	13,4	12,1	10,7
10	16,1	14,4	13,6	12,7	12,0	10,9	9,8

Zu bewerten sei eine Payer-Swaption mit Nominal $N = 1.000.000$, $K = 5\%$, erstes Fixing an $T_0 = 1$ Jahr, Zinsaustauschterminen

$$\mathcal{T} := \{T_j = j + 1 \, Jahre : j \in \{1, \ldots, 5\}\},$$

Volatilität $\hat{\sigma}_{1,5} = 17{,}1\%$. Die Forward-Swap-Rate $S_{1,5}(0)$ habe zum aktuellen Zeitpunkt $(t = 0)$ den Wert 5%, und es gelte $r = 2\%$. Damit errechnen sich die Größen d_1^S und d_2^S zu

$$d_{1,2}^S = \frac{\log\left(\frac{0{,}05}{0{,}05}\right) \pm \frac{1}{2} \cdot 0{,}171^2 \cdot 1}{0{,}171 \cdot 1} = \pm 0{,}0855.$$

Ferner gilt

$$C_{1,5}(0) = \sum_{j=1}^{5} e^{-0{,}02 \cdot (j+1)} \approx 4{,}62.$$

Aus der BLACK76-*Formel folgt nun für den Wert der Swaption*

$$\mathrm{PSw}^{B76}(t,T_0,\mathcal{T},K) \approx$$
$$\approx 1.000.000 \cdot e^{-0{,}02 \cdot 1} \cdot 4{,}62 \cdot (0{,}05 \cdot \Phi(0{,}0855) - 0{,}05 \cdot \Phi(-0{,}0855))$$
$$\approx 15427{,}81.$$

BEMERKUNG 2.4 *Man kann zeigen, dass für eine Europäische Swaption ein dynamischer Hedge gebildet werden kann, der ganz ähnlich wie im Falle der Bondoption zu konstruieren ist, und zwar mit Zerobonds. Wir gehen darauf in* Kapitel 3 *näher ein.*

2.2   Theoretische Grundlagen

In diesem Abschnitt geben wir eine kurze Einführung in die umfassende mathematische Theorie zur Beschreibung von Finanzmärkten, für die folgende Bedingungen gelten: Es findet zu jedem beliebigen Zeitpunkt Handel statt, und es steht eine Grundmenge handelbarer Finanzinstrumente zur Verfügung. Dabei geht es darum, ähnlich zu den mittels Erwartungswerten hergeleiteten BLACK76-Formeln eine allgemeinere Barwertformel für Zinsderivate zu bestimmen. Dies erfordert eine genauere Betrachtung der zu Grunde liegenden stochastischen Prozesse und eine Präzisierung der Begriffe Handelsstrategie und Arbitragestrategie. Eine vollständige Darstellung dieser Sachverhalte würde den Rahmen unserer Einführung sprengen; wir verweisen diesbezüglich auf die Originalliteratur [28], [29] und [30] bzw. auf die Monographien [63] und [85]. Die Grundlagen der hier benötigten Begriffe aus der Wahrscheinlichkeitstheorie und der Stochastischen Analysis sind in Anhang A zusammengestellt.

Zunächst betrachten wir einen Markt mit nur endlich vielen handelbaren Instrumenten. Dieser Markt wird modelliert durch einen vollständigen Wahrscheinlichkeitsraum $(\Omega, \mathcal{F}, \mathbb{P})$ mit einer rechtsstetigen Filtration $\mathcal{F} := (\mathcal{F}_t)_{t \in I}$, wobei $I := [0; T^*]$ und $T^* > 0$ der endliche Betrachtungshorizont ist. Eine anschauliche Interpretation unseres Wahrscheinlichkeitsraumes ist dadurch gegeben, dass Ω die Menge der möglichen Umweltzustände beschreibt, die auf den Markt einwirken und die als zufällig angesehen werden, während die Filtration die jeweils bis zu einem Zeitpunkt $t \in I$ vorliegenden Marktinformationen modelliert.

Es gebe $K + 1$ Finanzinstrumente, etwa Bonds, die im Zeitintervall I jederzeit handelbar sind (**Basisinstrumente**), und deren Preise adaptierte stochastische Prozesse $(S_t^k(\cdot))_{t \in I}$ ($k \in \{0, \ldots, K\}$) seien. Jeder dieser Prozesse sei ein stetiges *Semimartingal* (siehe DEFINITION A.12). Daraus ergibt sich, dass für jedes $\omega \in \Omega$ und alle Indizes k die Funktion $t \mapsto S_t^k(\omega)$, $t \in I$, stetig ist, d.h. es liegen pfadweise stetige Prozesse vor. Weiterhin gelte

$$S_t^k(\omega) > 0 \qquad \text{für alle } k, t \text{ und } \omega.$$

Im Zusammenhang mit der Modellierung von Finanzmärkten ist der Begriff der **Handelsstrategie** ein wichtiges Konzept. Eine Handelsstrategie ist anschaulich gesprochen eine Vorschrift, die besagt, welche endliche Menge von jedem der $K+1$ oben erwähnten Finanzinstrumente zu einem beliebigen Zeitpunkt $t \in I$ sich im Portfolio befinden sollen. Etwas formaler:

DEFINITION 2.1 *Es sei* $\varphi := (\varphi_t)_{t \in I} := (\varphi_t^0, \ldots, \varphi_t^K)_{t \in I}$ *ein* $K + 1$ *dimensionaler,* $\mathcal{F}-$*adaptierter Prozess, dessen Komponenten beschränkte Prozesse seien. Weiter sei* $(S_t)_{t \in I} := (S_t^0, \ldots, S_t^K)_{t \in I}$ *ein aus den oben betrachteten stetigen Semimartingalen gebildeter Prozess. Dann heißt* φ *eine* **Handelsstrategie** *und*

$$V_t(\varphi) := \varphi_t \cdot S_t := \sum_{k=0}^{K} \varphi_t^k \cdot S_t^k \qquad (t \in I)$$

der zu φ *gehörende* **Wertprozess** *sowie das stochastische Integral*

$$G_t(\varphi) := \int_0^t \varphi_u \, dS_u := \sum_{k=0}^{K} \int_0^t \varphi_u^k \, dS_u^k \qquad (t \in I)$$

der zu φ *gehörende* **Gewinnprozess**.

Die Definition des Wertprozesses ist selbsterklärend. Zum Verständnis des Gewinnprozesses stelle man sich das Integral als RIEMANN-Summe vor, und mache sich klar, dass es sich dann um eine Summe aus den jeweiligen Positionen in den einzelnen Instrumenten, multipliziert mit deren Wertveränderungen handelt. Der Gewinnprozess beschreibt also die bis zu einem Zeitpunkt $t \in I$ kumulierten Gewinne (oder im ungünstigen Fall Verluste) bei Anwendung der Handelsstrategie φ.

DEFINITION 2.2 *Eine Handelsstrategie φ heißt* **selbstfinanzierend** *(bzgl. $V_t(\varphi)$), falls gilt*

$$V_t(\varphi) \;=\; V_0(\varphi) + G_t(\varphi) \;\Longleftrightarrow\; dV_t(\varphi) \;=\; dG_t(\varphi) \,\Big(= \sum_{k=0}^{K} \varphi_t^k \, dS_t^k\Big) \qquad (t \in I).$$

Anschaulich bedeutet diese Definition, dass bei selbstfinanzierenden Strategien Wertänderungen des Portfolios ausschließlich aufgrund von Wertänderungen der Finanzinstrumente vorkommen, d.h. es werden keine Geldbeträge von außen hinzugefügt oder abgeführt.

Wir werden später sehen, dass es sinnvoll ist, die Preise von Finanzinstrumenten in unserem Markt relativ zu (verschiedenen) anderen Instrumenten zu betrachten. Ein Instrument, bzgl. dessen Wert die Preise der anderen Instrumente relativ gemessen werden, heißt **Numéraire**. Wir nehmen ohne Einschränkung an, dass stets S^0 den Wertverlauf eines Numérairs beschreibt. Um das Standard-Beispiel eines Numéraires einführen zu können, geben wir zunächst folgende Definition.

DEFINITION 2.3 *(kurzfristige Forward-Rate, Short-Rate)*
Für $T \in (0; T^*]$ sei die Funktion $T \mapsto P(t,T)$ stetig differenzierbar. Dann ist die **kurzfristige Forward-Rate** $F(t,T)$ *für $T > t$ gegeben durch*

$$\begin{aligned}
F(t,T) \;&:=\; \lim_{\widetilde{T} \to T^+} F(t; T, \widetilde{T}) \;=\; -\lim_{\widetilde{T} \to T^+} \frac{1}{P(t,\widetilde{T})} \cdot \frac{P(t,\widetilde{T}) - P(t,T)}{\widetilde{T} - T} \\[2mm]
&=\; -\frac{\partial \log P(t,T)}{\partial T},
\end{aligned} \qquad (2.30)$$

wobei wir $\tau := \widetilde{T} - T$ in der Definition (1.13) der Forward-Rate annehmen. Die **Short-Rate** *ist definiert durch*

$$r(t) \;:=\; \lim_{T \to t} F(t,T).$$

BEMERKUNG 2.5 *Aus der Definition folgt sofort*

$$P(t,T) \;=\; \exp\left(-\int_t^T F(t,u)\,du\right).$$

Ein häufig verwendeter Numéraire ist nun gegeben durch

$$S_t^0 \;=\; \exp\left(\int_0^t r(u)\,du\right) \qquad t \in I.$$

Man spricht in diesem Zusammenhang auch von einem *Bankkonto* und verwendet die Bezeichnung

$$D(t,T) \;:=\; \exp\left(-\int_t^T r(u)\,du\right).$$

Es handelt sich hierbei um eine "stochastische Variante" des in Kapitel 1 eingeführten Diskontierungsfaktors $\mathrm{df}(r_{DC,\mathrm{ste}};t,T) = \exp(-r_{\mathrm{ste}}(t,T)\cdot(T-t))$.

Für einen beliebigen Numéraire $S^0 > 0$ setzen wir

$$\widetilde{S}_t^k \;:=\; \frac{S_t^k}{S_t^0} \qquad (t \in I)$$

und sprechen in diesem Zusammenhang vom *diskontierten* Wert $\widetilde{S}_t^k$. Entsprechend ist

$$\widetilde{V}_t(\varphi) \;:=\; \sum_{k=0}^{K} \varphi_t^k \cdot \widetilde{S}_t^k \qquad (t \in I)$$

der diskontierte Wertprozess.
Man zeigt nun:

LEMMA 2.2 *Eine Handelsstategie φ ist selbstfinanzierend bzgl. $V_t(\varphi)$ genau dann, wenn sie selbstfinanzierend bzgl. $\widetilde{V}_t(\varphi)$ ist. Ferner gilt $V_t(\varphi) \geq 0$ genau dann, wenn $\widetilde{V}_t(\varphi) \geq 0$.*

BEWEIS: Die zweite Aussage ist klar. Um die erste zu beweisen, zeigen wir zuerst:

$$dV_t(\varphi) = \sum_{k=0}^{K} \varphi_t^k \cdot dS_t^k \implies d\widetilde{V}_t(\varphi) = \sum_{k=0}^{K} \varphi_t^k \cdot d\widetilde{S}_t^k \qquad (t \in I). \tag{2.31}$$

Es gilt gemäß der stochastischen LEIBNIZ Formel (A.19)

$$d\widetilde{V}_t(\varphi) = d\left(\frac{V_t(\varphi)}{S_t^0}\right) = V_t(\varphi) \cdot d\left(\frac{1}{S_t^0}\right) + \frac{1}{S_t^0} \cdot dV_t(\varphi) + d\left\langle V_t(\varphi), \frac{1}{S_t^0}\right\rangle_t,$$

und durch Einsetzen der Summendarstellung von $V_t(\varphi)$ in diesen Term folgt unter Verwendung der Eigenschaft von $V_t(\varphi)$, selbstfinanzierend zu sein:

$$d\widetilde{V}_t(\varphi) = \sum_{k=0}^{K} \varphi_t^k \cdot \left(S_t^k \cdot d\left(\frac{1}{S_t^0}\right) + \frac{1}{S_t^0} \cdot dS_t^k + d\left\langle S_t^k, \frac{1}{S_t^0}\right\rangle_t\right).$$

Da aber

$$d\widetilde{S}_t^k = d\left(\frac{S_t^k}{S_t^0}\right) = S_t^k \cdot d\left(\frac{1}{S_t^0}\right) + \frac{1}{S_t^0} \cdot dS_t^k + d\left\langle S_t^k, \frac{1}{S_t^0}\right\rangle_t,$$

ergibt sich schließlich die gewünschte Aussage (2.31). Der Beweis der zu (2.31) umgekehrten Implikation erfolgt analog.

$$\square$$

Eines der zentralen Resultate in den Arbeiten [28], [29] und [30] ist die Erkenntnis, dass das ökonomische Konzept der sog. **Arbitragefreiheit** äquivalent ist zur mathematischen Eigenschaft der Existenz eines gewissen Wahrscheinlichkeitsmaßes, des sog. **äquivalenten Martingalmaßes** oder auch **risikoneutralen Maßes**. Wir erläutern diese Begriffe nun näher.

Der Begriff der Arbitragefreiheit bedeutet, dass in einem funktionierenden Markt keine risikolosen Gewinne erzielt werden können, d.h. es gibt keine Arbitragestrategien im folgenden Sinn:

DEFINITION 2.4 *Eine selbstfinanzierende Handelsstrategie φ heißt* **Arbitragestrategie***, falls der Wertprozess $V_t(\varphi)$ die Bedingungen*

$$V_0(\varphi) = 0, \qquad \mathbb{P}(V_T(\varphi) \geq 0) = 1 \quad und \quad \mathbb{P}(V_T(\varphi) > 0) > 0$$

für ein $T \in (0; T^*]$ erfüllt.

Ein Investment von 0 kann also in einem arbitragefreien Markt kein risikoloses Portfolio mit positiver Gewinnwahrscheinlichkeit hervorbringen.

BEISPIEL 2.5 *Zur Motivation der weiteren Vorgehensweise betrachten wir ein (sehr einfaches) Beispiel. Es sei $\Omega = \{\omega_1, \omega_2\}$, uns es gebe nur die zwei möglichen Handelszeitpunkte 0 und $T > 0$. Wir setzen $\mathcal{F}_0 = \{\emptyset, \Omega\}$, ferner sei $\mathcal{F}_T$ die Potenzmenge von Ω. Das Wahrscheinlichkeitsmaß $\mathbb{P}$ wird später gewählt. Auf $(\Omega, (\mathcal{F}_t)_{t \in \{0,T\}}, \mathbb{P})$ betrachten wir eine Anleihe mit Preisprozess $(S_t^1)_{t \in \{0,T\}}$ und einen Numéraire, der durch $S_t^0 = \exp(r \cdot t)$, $r > 0$, (risikoloser Zins) gegeben ist. Es gelte $S_0^1 > 0$ und*

$$S_T^1(\omega) = \begin{cases} S^u > 0 &, \quad \omega = \omega_1 \\ S^d > 0 &, \quad \omega = \omega_2 \end{cases}$$

mit $S^u > S^d$. Es sei $(\pi_t)_{t \in \{0,T\}}$ ein beliebiges Derivat, dessen Underlying die Anleihe sei, wobei $\pi_0 \in \mathbb{R}$. Da Ω nur zwei Elemente enthält, können wir schreiben

$$\pi_T(\omega) = \begin{cases} \pi^u \in \mathbb{R} &, \quad \omega = \omega_1 \\ \pi^d \in \mathbb{R} &, \quad \omega = \omega_2 \end{cases}$$

Wir bestimmen nun φ_T^0 und φ_T^1 derart, dass gilt

$$\varphi^0 \cdot S_T^0 + \varphi^1 \cdot S_T^1(\omega) = \pi_T(\omega) \tag{2.32}$$

für alle $\omega \in \Omega$. Die Zufallsvariable π_T soll also als Linearkombination von S_T^0 und S_T^1 dargestellt werden, oder, wie man auch sagt, das Derivat wird durch die Anleihe und den Numéraire repliziert. Das entstehende Gleichungssystem hat die eindeutige Lösung

$$\varphi^0 = \frac{\pi^u \cdot (S_0^1 - S^d) + \pi^d \cdot (S^u - S_0^1)}{\exp(r \cdot T) \cdot (S^u - S^d)}, \quad \varphi^1 = \frac{\pi^u - \pi^d}{S^u - S^d}.$$

Damit liegt folgende Situation vor: Die beiden durch π_T und $\varphi^0 \cdot S_T^0 + \varphi^1 \cdot S_T^1$ gegebenen Finanzinstrumente haben zum Zeitpunkt T für jede Realisation $\omega \in \Omega$ einen identischen Wert. Wenn wir nun unterstellen, unser Markt sei arbitragefrei, so folgt aus dem Law of one Price (BEMERKUNG 2.1) die Gleichheit

$$\pi_0 = \varphi_0 \cdot S_0^0 + \varphi_1 \cdot S_0^1 = \varphi_0 + \varphi_1 \cdot S_0^1. \tag{2.33}$$

Wir wählen jetzt das Maß $\mathbb{P}$ derart, dass $(\widetilde{S}_t^1)_{t \in \{0,T\}}$ ein Martingal ist, dass also gilt $\widetilde{S}_0^1 = \mathbb{E}^{\mathbb{P}}(\widetilde{S}_T^1)$ oder gleichbedeutend

$$S_0^1 = \mathbb{P}(\omega_1) \cdot \exp(-r \cdot T) \cdot S^u + (1 - \mathbb{P}(\omega_1)) \cdot \exp(-r \cdot T) \cdot S^d.$$

Dies impliziert $\mathbb{P}(\omega_1) = \frac{\exp(t \cdot T) \cdot S_0^1 - S^d}{S^u - S^d}$ und $\mathbb{P}(\omega_2) = \frac{S^u - \exp(r \cdot T) \cdot S_0^1}{S^u - S^d}$. Es ergibt sich mit dem so gewählten Maß wegen (2.32) die Beziehung

$$\begin{aligned} \mathbb{E}^{\mathbb{P}}(\pi_T / S_T^0) &= \varphi^0 + \varphi^1 \cdot \mathbb{E}^{\mathbb{P}}(\widetilde{S}_T^1) \\ &= \varphi^0 + \varphi^1 \cdot \widetilde{S}_0^1 = \varphi_0 + \varphi^1 \cdot S_0^1 \\ &\overset{(2.33)}{=} \pi_0. \end{aligned}$$

Insgesamt folgt somit, dass unter der Voraussetzung der Arbitragefreiheit der Preis π_0 nichts anderes ist, als der mit dem Numéraire diskontierte Erwartungswert von π_T unter dem speziell gewählten Martingalmaß $\mathbb{P}$. *Wegen $\mathbb{E}^{\mathbb{P}}(S_T^1) = S_0^1 \cdot S_T^0 = S_0^1 \cdot \exp(r \cdot T)$ liegt unter $\mathbb{P}$ eine erwartete Verzinsung der Anleihe mit dem risikolosen Zinssatz r vor (unabhängig von der tatsächlichen Kursentwicklung), weshalb man auch vom* risikoneutralen Maß *spricht.*

Im Folgenden verallgemeinern wir die im letzten Beispiel betrachteten Zusammenhänge.

DEFINITION 2.5 *Ein* **äquivalentes Martingalmaß** *oder* **risikoneutrales Maß** $\mathbb{Q}$ *ist ein Wahrscheinlichkeitsmaß auf dem Raum* $(\Omega,\mathcal{F},\mathbb{P})$, *für das gilt:*

1. $\mathbb{P}$ *und* $\mathbb{Q}$ *sind äquivalente Maße, d.h.* $\mathbb{P}(A) = 0$ *genau dann, wenn* $\mathbb{Q}(A) = 0$ *für alle* $A \in \mathcal{F}$.

2. *Die* RADON-NIKODYM-*Ableitung* $d\mathbb{Q}/d\mathbb{P}$ *(vgl.* SATZ A.1*) ist quadratintegrierbar bzgl.* $\mathbb{P}$, *d.h. sie ist Element des Raumes* $L^2(\Omega,\mathcal{F},\mathbb{P})$.

3. *Der Prozess* $(\widetilde{S}_t^k)_{t \in I}$ *ist für alle* $k \in \{0,\ldots,K\}$ *ein* $(\mathcal{F},\mathbb{Q})$-*Martingal, es gilt also*
$$\mathbb{E}^{\mathbb{Q}}(\widetilde{S}_t^k \mid \mathcal{F}_u) = \widetilde{S}_u^k \quad \text{für alle} \quad 0 \le u \le t \le T^*.$$

Wir verwenden nun das Konzept der Arbitragefreiheit in der folgenden Weise: In einem gegebenen Markt, auf dem bereits eine Menge von Basisinstrumenten gehandelt werden, wird ein neues Derivat eingeführt, das durch seine Auszahlungen in der Zukunft beschrieben ist. Falls es möglich ist, die Zahlungen aus dem Derivat zu *replizieren*, d.h. ein (selbstfinanzierendes) Portfolio aus den bereits vorhandenen Instrumenten zu bilden, welches genau dasselbe Auszahlungsprofil hat wie das Derivat, so muss das Derivat denselben Wert haben wie das Portfolio. Dies ist eine einfache Folgerung aus dem *Law of One Price* (vgl. BEMERKUNG 2.1). Da aber der Wert des replizierenden Portfolios bekannt ist, gelangen wir auf diese Weise zu einem Marktwert für das Derivat!

Die Replizierbarkeit mittels handelbarer Basisinstrumente ist eine der grundlegenden Voraussetzungen für die theoretische Bewertung von Derivaten. Wir geben zunächst die formale Definition und betrachten sodann ein Beispiel.

DEFINITION 2.6 *Gegeben sei ein Derivat mit Auszahlungszeitpunkt in* $T \in (0;T^*]$, *dessen Auszahlungsprofil durch eine quadratintegrierbare und positive Zufallsvariable* H_T *auf dem Wahrscheinlichkeitsraum* $(\Omega,\mathcal{F},\mathbb{P})$ *beschrieben werde. Man nennt* H_T *ein* **contingent claim.** *Ein contingent claim* H_T *(bzw. das zugehörige Derivat) heißt* **replizierbar,** *wenn eine selbstfinanzierende Handelsstrategie* φ *existiert, so dass gilt*

$$V_T(\varphi) = H_T.$$

Eine solche Strategie erzeugt H_T, *und es ist*

$$\pi_t := V_t(\varphi) \qquad (t \in [0;T])$$

der sich aus der Strategie φ ergebende, zu H_T gehörende Preis.

BEMERKUNG 2.6 *Beschreibt S_t eine Marktvariable (etwa einen Zinssatz), so kann H_T von der Form $H_T = H_T(S_T)$ sein, oder allgemeiner auch von der Form $H_T = H_T((S_u)_{u \leq T})$. Wichtig ist, dass die Auszahlung des Derivats nur am Zeitpunkt T stattfinden kann; im Falle von Optionen bedeutet dies eine Beschränkung auf Europäische Optionen.*

BEISPIEL 2.6 *Wir konstruieren eine selbstfinanzierende Strategie handelbarer Instrumente φ, die den Wert einer Call-Option auf einen Bond im Rahmen der* BLACK-SCHOLES *Welt repliziert. Die Bondoption habe die Laufzeit $T > 0$ und den Strike X, der aktuelle Zeitpunkt sei $t_0 := 0$. Die Größen s, r, σ und $d_{1,2}^{B76}$ seien wie in Abschnitt 2.1.2 definiert. Es bezeichne $h(t,s)$ den Wert der Call-Option zur Zeit $t \in [0;T]$ bei gegebenem Bondpreis $s = S_t$. Des Weiteren seien B_t, δ_t und ψ_t wie in Abschnitt 2.1.1 definiert, also gilt $\delta_t = \frac{\partial h}{\partial s}(t,S_t)$ sowie $\psi_t = B_t^{-1} \cdot (h(t,S_t) - \delta_t \cdot S_t)$. Durch*

$$\varphi := (\varphi_t^0, \varphi_t^1) := (\psi_t, \delta_t),$$

und

$$S_t^0 := B_t = e^{r \cdot t}, \qquad S_t^1 := S_t$$

wird ein Portfolio aus den handelbaren Instrumenten gebildet (Bankkonto bzw. Bond Position). Der Wert dieses Portfolios zur Zeit $t \in [0;T]$ beträgt

$$
\begin{aligned}
V_t(\varphi) &= \varphi_t^0 \cdot S_t^0 + \varphi_t^1 \cdot S_t^1 \\
&= \psi_t \cdot B_t + \delta_t \cdot S_t. \\
&= h(t,S_t).
\end{aligned}
$$

Ist dieses Portfolio selbstfinanzierend? Dazu ist gemäß DEFINITION 2.2 *zu zeigen, dass gilt*

$$dV_t(\varphi) = \varphi_t^0 \cdot dS_t^0 + \varphi_t^1 \cdot dS_t^1. \tag{2.34}$$

Das ist aber gerade die Aussage (2.7)! Im Nachhinein betrachtet, haben wir also wegen der Gültigkeit von Gleichung (2.7) in Abschnitt 2.1.1 zur Herleitung der BLACK-SCHOLES-*PDE nichts anderes getan, als eine selbstfinanzierende, replizierende Strategie zu konstruieren.*

Für ein gegebenes contingent claim H_T muss der in DEFINITION 2.6 festgelegte Preis nicht notwendigerweise eindeutig bestimmt sein, denn es könnte ja mehrere Strategien φ geben, die H erzeugen.

Der folgende Satz aus [29] zeigt nun, dass die Existenz eines Martingalmaßes die Existenz eines eindeutigen Preis für ein replizierbares contingent claim nach sich zieht. Das Resultat stellt eine Verallgemeinerung von SATZ 2.2 dar.

SATZ 2.8 *Falls auf $(\Omega,\mathcal{F},\mathbb{P})$ ein äquivalentes Martingalmaß $\mathbb{Q}$ existiert und H_T ein replizierbares contingent claim mit Fälligkeit in $T \in (0;T^*]$ ist, so ist der Preis π_t von H_T für alle $t \in [0;T]$ durch*

$$\pi_t := S_t^0 \cdot \mathbb{E}^{\mathbb{Q}}\left(\frac{H_T}{S_T^0}\,\Big|\,\mathcal{F}_t\right) = \mathbb{E}^{\mathbb{Q}}\left(S_t^0 \cdot \frac{H_T}{S_T^0}\,\Big|\,\mathcal{F}_t\right) \tag{2.35}$$

eindeutig festgelegt.

BEMERKUNG 2.7

(1) Die im Satz angegebene Gleichung der beiden Erwartungswerte ergibt sich aus der Tatsache, dass $(S_t^0)_{t\in[0;T]}$ ein adaptierter Prozess ist.

(2) Der durch $H_t := \pi_t$ $(t \in [0;T])$ gegebene Prozess erfüllt gemäß Satz die Bedingung

$$\frac{H_t}{S_t^0} = \mathbb{E}^{\mathbb{Q}}\left(\frac{H_T}{S_T^0}\,\Big|\,\mathcal{F}_t\right),$$

weshalb der relative Preisprozess $(H_t/S_t^0)_{t\in[0;T]}$ ein $\mathbb{Q}-$Martingal ist.

(3) Es sei $S_t\,(t \in [0;T])$ der Preis eines handelbaren Finanzinstruments, etwa eines Bonds. Ferner sei ein Derivat mit Auszahlungsfunktion $\phi(S_T)$ gegeben. Wir wählen als Numéraire speziell $S_t^0 := 1/D(0,t)$. Dann gilt unter den Voraussetzungen des obigen Satzes

$$\begin{aligned} \pi_t &= e^{\int_0^t r(s)ds} \cdot \mathbb{E}^{\mathbb{Q}}\left(e^{-\int_0^T r(s)ds} \cdot \phi(S_T)\Big|\mathcal{F}_t\right) \\ &= \mathbb{E}^{\mathbb{Q}}\left(e^{-\int_t^T r(s)ds} \cdot \phi(S_T)\Big|\mathcal{F}_t\right). \end{aligned} \tag{2.36}$$

(4) Im Unterschied zur BLACK-SCHOLES Welt können mit Gleichung (2.36) auch Underlyings erfasst werden, deren stochastische Dynamik nicht notwendigerweise durch eine geometrische BROWNsche Bewegung gegeben ist, sondern durch einen allgemeineren Prozess.

(5) Jedes am Markt gehandelte Basisinstrument erfüllt die Voraussetzungen des Satzes, so dass Formel (2.36) also auch für die Bewertung von Anleihen und Zerobonds gilt! Für einem Zerobond mit Laufzeit $T \in (0;T^*]$ und Nominal N ist das Auszahlungsprofil gegeben durch $\phi := N$, und damit erhalten wir den Preis $\pi_t = \mathbb{E}^{\mathbb{Q}}\left(e^{-\int_t^T r(s)ds} \cdot N\Big|\mathcal{F}_t\right)$. Insbesondere gilt

$$P(t,T) \;=\; \mathbb{E}^{\mathbb{Q}}\left(e^{-\int_t^T r(s)ds}\,\Big|\,\mathcal{F}_t\right). \qquad\qquad (2.37)$$

(6) Die hier angestellten Überlegungen gehen von der Voraussetzung aus, dass endlich viele Basisinstrumente am Markt existieren. Ein (theoretischer) Bondmarkt hat jedoch unendlich viele Basisinstrumente, nämlich die Zerobonds für jede Laufzeit $T \in I, T > 0$. Auch für eine solche Situation lässt sich eine Bewertungstheorie analog zur hier dargestellten formulieren, siehe z.B. [63].

GRUNDANNAHME 2.1 *Wir unsterstellen im Folgenden stets die Existenz eines äquivalenten Martingalmaßes. Ferner nehmen wir an, dass unendlich viele Zerobonds als jederzeit handelbare Basisinstrumente zur Verfügung stehen, und dass für jedes zu bewertende Derivat eine selbstfinanzierende Replikationsstrategie vorliegt, d.h. das Auszahlungsprofil kann zu jedem Zeitpunkt durch endlich viele Basisintsrumente nachgebildet werden. Es gilt dann die Bewertungsformel (2.36).*

Die Frage nach der Existenz eines äquivalenten Martingalmaßes wird durch das sog. ***Fundamental Theorem of Asset Pricing*** beantwortet. Es garantiert (für eine gewisse Klasse zulässiger Handelsstrategien) die Existenz eines äquivalenten Martingalmaßes genau dann, wenn eine gewisse ökonomische Bedingung erfüllt ist, die ähnlich der Forderung nach Arbitragefreiheit ist. Diese Bedingung ist jedoch stärker als die Eigenschaft der Arbitragefreiheit. Wir verweisen diesbezüglich auf die Literatur [16]. Die Bedeutung dieses Resultats besteht darin, dass es eine Verbindung herstellt zwischen einer ökonomischen Bedingung (Arbitragefreiheit) und einer mathematischen Eigenschaft (Exsitenz eines Martingalmaßes).

DEFINITION 2.7 *Ein Markt heißt* **vollständig,** *wenn jedes Derivat replizierbar ist.*

HARRISON und PLISKA bewiesen in [30] das folgende fundamentale Ergebnis:

SATZ 2.9 *Ein Markt (mit gegebenem Numéraire) ist arbitragefrei und vollständig genau dann, wenn ein eindeutig bestimmtes äquivalentes Martingalmaß existiert.*

Bei der Ermittlung des Preises eines Derivats mittels Formel (2.36) zeigt sich in der Praxis häufig, dass eine explizite Berechnung des Erwartungswertes unter dem Martingalmaß sehr schwierig ist, was unter anderem an dem im Erwartungswert auftretenden Numéraire $D(t,T)$ liegt. Aus diesem Grund ist es wünschenswert, den Erwartungswert ggf. unter Verwendung eines anderen, dem jeweiligen Derivat "angepassten" Numéraires zu berechnen. Ein solcher ***Numérairewechsel*** ist eine fundamentale Technik bei der Bewertung von Derivaten. Wir werden davon noch häufig Gebrauch machen.

SATZ 2.10 *(Numérairewechsel)*

Gegeben sei ein Numéraire S^0 und ein zu $\mathbb{P}$ äquivalentes Wahrscheinlichkeitsmaß $\mathbb{Q}_{S^0}$. Der Prozess $(H_t)_{t\in[0;T]}$ beschreibe den Preis eines beliebigen replizierbaren contingent claims, und Prozess der relativen Preis $(H_t/S_t^0)_{t\in[0;T]}$ sei ein $\mathbb{Q}_{S_0}-$Martingal, d.h. es gelte

$$\frac{H_t}{S_t^0} = \mathbb{E}^{\mathbb{Q}_{S^0}}\left(\frac{H_T}{S_T^0}\,\bigg|\,\mathcal{F}_t\right), \qquad t \in [0;T].$$

Ist nun $\widehat{S}^0$ ein beliebiger Numéraire, so existiert ein zu $\mathbb{P}$ äquivalentes Wahrscheinlichkeitsmaß $\mathbb{Q}_{\widehat{S}^0}$, so dass der relative Preisprozess $(G_t/\widehat{S}_t^0)_{t\in[0;T]}$ für ein beliebiges replizierbares contingent claim $(G_t)_{t\in[0;T]}$ ein $\mathbb{Q}_{\widehat{S}^0}-$Martingal ist:

$$\frac{G_t}{\widehat{S}_t^0} = \mathbb{E}^{\mathbb{Q}_{\widehat{S}^0}}\left(\frac{G_T}{\widehat{S}_T^0}\,\bigg|\,\mathcal{F}_t\right), \quad t \in [0;T]. \tag{2.38}$$

Die RADON-NIKODYM-*Ableitung, durch die $\mathbb{Q}_{\widehat{S}^0}$ definiert wird, lautet*

$$\frac{d\mathbb{Q}_{\widehat{S}^0}}{d\mathbb{Q}_{S^0}} = \frac{\widehat{S}_T^0 \cdot S_0^0}{\widehat{S}_0^0 \cdot S_T^0}.$$

Die Bedeutung des Numérairewechsels ist für praktische Belange kaum zu überschätzen. Man versucht dabei, den Numéraire S^0 für ein gegebenes contingent claim $(H_t)_{t\in[0;T]}$ so zu wählen, dass die folgenden Bedingungen erfüllt sind:

(1) $H_t \cdot S_t^0$ ist der Preis eines handelbaren Basisinstruments,

(2) die Größe H_T/S_T^0 ist ein möglichst einfacher Ausdruck.

Aus Bedingung (1) folgt nämlich, dass $(H_t)_{t\in[0;T]}$ wegen $H_t = (H_t \cdot S_t^0)/S_t^0$ selbst ein $\mathbb{Q}_{S^0}-$Martingal ist (dies ergibt sich sofort aus der allgemeinen Definition des äquivalenten Martingalmaßes), so dass ein natürlicher Modellansatz für H_t unter $\mathbb{Q}_{S^0}$ durch $dH_t = \sigma(t) \cdot H_t\, dW_t$ gegeben ist, denn die Lösung dieser stochastischen Differenzialgleichung ist ein Martingal (vgl. hierzu Anhang A.1.6). Bedingung (2) garantiert, dass der Erwartungswert in (2.35) einfach zu berechnen ist. Wir werden bei der Einführung der Market-Models hierauf zurück kommen.

Ein besonders nützlicher Numéraire zur Bewertung eines Derivats mit Fälligeit $T \in (0;T^*]$ ist der Zerbond mit Fälligkeit T, also $S_t^0 := P(t,T)$. Das gemäß SATZ 2.10 zugehörige äquivalente Martingalmaß wird mit $\mathbb{Q}^T$ bezeichnet und heißt **$T-$Forward-Maß**. Gemäß (2.38) gilt für den Preis π_t des Derivats

$$\pi_t = P(t,T) \cdot \mathbb{E}^{\mathbb{Q}^T}\left(\frac{H_T}{P(T,T)}\,\Big|\,\mathcal{F}_t\right) = P(t,T) \cdot \mathbb{E}^{\mathbb{Q}^T}(H_T\,|\,\mathcal{F}_t), \quad t \in [0;T],$$

$$(2.39)$$

wegen $P(T,T) = 1$. Die Bezeichnung "T-Forward-Maß" wird durch folgenden Satz gerechtfertigt:

SATZ 2.11 *Der durch die in (1.13) eingeführte Forward-Rate $F(t;S,T)$ gegebene Prozess $(F(t;S,T))_{t\in[0;S]}$ ist ein Martingal unter dem T-Forward-Maß, d.h. es gilt*

$$\mathbb{E}^{\mathbb{Q}^T}(F(t;S,T)\,|\,\mathcal{F}_u) = F(u;S,T) \quad \text{für alle } 0 \leq u \leq t \leq S < T. \qquad (2.40)$$

Insbesondere gilt für $L(S,T) = F(S;S,T)$ die Beziehung

$$\mathbb{E}^{\mathbb{Q}^T}(L(S,T)\,|\,\mathcal{F}_t) = F(t;S,T),$$

d.h. der für den Zeitpunkt T unter $\mathbb{Q}^T$ erwartete variable Zinssatz für die Periode $[S,T]$ aus Sicht von Zeitpunkt t ist gerade die in t gültige Forward-Rate.

BEWEIS: Gemäß (1.13) gilt

$$F(t;S,T) \cdot P(t,T) = \frac{1}{\tau} \cdot (P(t,S) - P(t,T)),$$

so dass die Größe $F(t;S,T) \cdot P(t,T)$ sich also als Vielfaches der Differenz der Preise zweier Zerobonds schreiben lässt. Dies impliziert, dass $F(t;S,T) \cdot P(t,T)$ der Preis eines handelbaren Instruments ist, so dass unter dem äquivalenten Martingalmaß $\mathbb{Q}^T$ mit dem Numéraire $P(t,T)$ dann gilt: Der durch

$$\frac{F(t;S,T) \cdot P(t,T)}{P(t,T)} = F(t;S,T)$$

gegebene Prozess $(F(t;S,T))_{t\in[0;S]}$ ist ein Martingal.

$$\square$$

SATZ 2.12 *Der unter $\mathbb{Q}^T$ erwartete Wert für die Short-Rate ist zu jedem Zeitpunkt t gleich dem Wert der kurzfristigen Forward-Rate:*

$$\mathbb{E}^{\mathbb{Q}^T}(r(T)\,|\,\mathcal{F}_t) = F(t,T). \qquad (2.41)$$

BEWEIS: Wir wenden (2.39) mit $H_T := r_T$ an und erhalten

$$\pi_t = P(t,T) \cdot \mathbb{E}^{\mathbb{Q}^T}(r(T)\,|\,\mathcal{F}_t).$$

Andererseits gilt mit gemäß (2.35) mit $S_t^0 = 1/D(0,t)$:

$$\pi_t = \mathbb{E}^{\mathbb{Q}^T} \left(e^{-\int_t^T r(s)ds} \cdot r(T) \middle| \mathcal{F}_t \right).$$

Gleichsetzen und Auflösen nach $\mathbb{E}^{\mathbb{Q}^T}(r(T) \mid \mathcal{F}_t)$ liefert

$$
\begin{aligned}
\mathbb{E}^{\mathbb{Q}^T}(r(T) \mid \mathcal{F}_t) &= \frac{1}{P(t,T)} \cdot \mathbb{E}^{\mathbb{Q}^T} \left(e^{-\int_t^T r(s)ds} \cdot r(T) \middle| \mathcal{F}_t \right) \\
&= -\frac{1}{P(t,T)} \cdot \mathbb{E}^{\mathbb{Q}^T} \left(\frac{\partial}{\partial T} e^{-\int_t^T r(s)ds} \middle| \mathcal{F}_t \right) \\
&= -\frac{1}{P(t,T)} \cdot \frac{\partial}{\partial T} \mathbb{E}^{\mathbb{Q}^T} \left(e^{-\int_t^T r(s)ds} \middle| \mathcal{F}_t \right) \\
&= -\frac{1}{P(t,T)} \cdot \frac{\partial P(t,T)}{\partial T} = F(t,T),
\end{aligned}
$$

wobei bei der vorletzten Gleichung die Beziehung (2.37) verwendet wurde.

$\square$

BEISPIEL 2.7 *(Bemudan Swaption)*
Die in diesem Abschnitt skizzierte allgemeine Bewertungstheorie gilt zunächst nur für Derivate mit einem einzigen Auszahlungstermin T. Andererseits gibt es jedoch wichtige Optionstypen, die dieses Kriterium nicht erfüllen, etwa die in Kapitel 1 angesprochenen Bermudan Swaptions. Wir zeigen hier, wie sich das Auszahlungsprofil dieser Produkte formal definieren lässt, und werden dabei sehen, dass sie mit der Bewertungsformel (2.39) erfasst werden können.

Gegeben sei eine n-NC-m Bermudan Receiver-Swaption mit möglichen Ausübungszeitpunkten T_{j-1} ($j \in \{m+1,\ldots,n\}$). Diese Option beziehe sich in T_{j-1} jeweils auf einen T_j-Receiver-Forward-Swap mit Nominal 1, bei dem an den Zahlungszeitpunkten $\{T_j,\ldots,T_n\}$ der feste Satz K gezahlt werde und variable Zahlungen empfangen werden mit Fixings in $\{T_{j-1},\ldots,T_{n-1}\}$. Der Wert des genannten Swaps ist in T_{j-1} gegeben durch

$$\mathrm{RS}(T_{j-1}) := (K - S_{j,n}(T_{j-1})) \cdot \sum_{k=j}^{n} \tau_k \cdot P(T_{j-1},T_k),$$

wobei $S_{j,n}(t) := (P(t,T_{j-1}) - P(t,T_n))/\sum_{k=j}^{n} \tau_k \cdot P(t,T_k)$.
Um das Auszahlungsprofil in T_m angeben zu können, vereinbaren wir, dass der Inhaber der Option bei Ausübung zu einem Zeitpunkt T_{j-1} den Wert $\mathrm{RS}(T_{j-1})$ ausgezahlt bekommt, anstatt tatsächlich in einen Swap einzutreten. Wichtig ist, dass sich unter dieser Annahme der Barwert der Bermudan Swaption nicht verändert. Die Auszahlung erfolge nicht direkt in Form eines Geldbetrages, sondern der Optionsinhaber erhalte einen Zerobond mit Endfälligkeit T_n und Nominal N_j, wobei das Nominal derart bestimmt wird, dass

*der Wert dieses Zerobonds zur Zeit T_{j-1} gerade mit $\mathrm{RS}(T_{j-1})$ übereinstimmt,
also $N_j = (P(T_{j-1},T_n))^{-1} \cdot \mathrm{RS}(T_{j-1})$. Der Zweck dieser zunächst etwas künstlich anmutenden Überlegung besteht darin, dass sich das Bewertungsproblem
nun rekursiv formulieren lässt in Form einer Serie von Europäischen Call-
Optionen, die alle unter dem T_n-Forward-Maß betrachtet werden können.
Dazu bezeichnen wir mit $\mathbb{E}_t^n(\cdot)$ den bedingten Erwartungswert $\mathbb{E}^{\mathbb{Q}_{T_n}}(\cdot|\mathcal{F}_t)$
und für eine $\mathcal{F}_{T_{m+j-1}}$-messbare Zufallsvariable Z mit $A_j(Z)$ das Ereignis
$\{\mathrm{RS}(T_{m+j-1}) \geq P(T_{m+j-1},T_n) \cdot \mathbb{E}_{T_{m+j-1}}^n(Z)\}$. Weiter definieren wir rekursiv
die Zufallsvariablen*

$$
\begin{aligned}
C_{n-m} &:= \max\{0, N_{n-1}\}, \\
C_j &:= \mathbb{1}_{A_j(C_{j+1})} \cdot N_{m+j-1} + \mathbb{1}_{\bar{A}_j(C_{j+1})} \cdot C_{j+1}, \quad j \leq n-m-1,
\end{aligned}
$$

*wobei jeweils C_j für $j \in \{n-m,\ldots,1\}$ das Auszahlungsprofil der Bermudan Swaption im Zeitpunkt T_{m+j-1} darstellt, gegeben, dass vorher keine
Ausübung stattfand. Anschaulich gesprochen beschreibt diese Rekursion das
Verhalten, die Option in T_{j-1} genau dann auszuüben, wenn der Wert des T_j-
Receiver-Forward-Swaps oberhalb des Barwertes des Finanzinstruments mit
Auszahlungsprofils C_{j+1} liegt. Es ist C_1 das Auszahlungsprofil der Bermudan
Swaption in T_m, und dabei handelt es sich gemäß Konstruktion um eine $\mathcal{F}_t$-
messbare Zufallsvariable für $t \in [0;T_m]$. Folglich gilt für den Barwert π_t der
Bermudan Swaption nach (2.39):*

$$
\begin{aligned}
\pi_t = P(t,T_n) \cdot \mathbb{E}_t^n(C_1) &= P(t,T_n) \cdot \mathbb{E}_t^n[\max\{N_m, \mathbb{E}_{T_m}^n[\max\{N_{m+1}, \cdots \\
\cdots \mathbb{E}_{T_{n-3}}^n[\max\{N_{n-2}, \mathbb{E}_{T_{n-2}}^n[\max\{\{N_{n-1},0\}]\}]\cdots\}]\}], \quad t \in [0;T_m].
\end{aligned}
$$

2.3 Short-Rate Modelle

Die Beziehungen (2.37), (2.36), und (2.41) verdeutlichen, dass alle fundamentalen Größen des Zinsmarktes, nämlich Zerobondpreise, Preise von Zinsderivaten und kurzfristige Forward-Rates über Erwartungswerte ausgedrückt
werden können, bei denen die Short-Rates einfließen. Daher ist es nicht
verwunderlich, dass die ersten Ansätze in Rahmen der Modellierung der
Zinsmärkte darauf beruhten, die eindimensionale Dynamik des Prozesses
$(r(t))_{t\in I}$ zu spezifizieren.

Bei der Modellierung des Short-Rate Prozesses gibt es zwei grundsätzlich
verschiedene Vorgehensweisen: Entweder man modelliert die am Markt beobachteten Daten direkt auf einem Wahrscheinlichkeitsraum $(\Omega,\mathcal{F},\mathbb{P})$ (in
diesem Zusammenhang spricht man auch vom **Reale-Welt-Maß** $\mathbb{P}$), oder
man geht gleich zu einem äquivalenten Martingalmaß $\mathbb{Q}$ über und betrachtet
die Dynamik von $r(t)$ unter diesem Maß.

Eine Modellierung unter dem Maß $\mathbb{P}$ bringt die Problematik mit sich, dass die Antwort auf die Frage nach der Eindeutigkeit und Konsistenz aller zu bestimmenden Preise für Finanzinstrumente nicht a priori klar ist, da ja die Bewertung mittels eines äquivalenten Martingalmaßes nicht zur Verfügung steht. Hingegen erlaubt eine Modellierung unter einem äquivalenten Martingalmaß $\mathbb{Q}$ sofort die eindeutige Wertberechnung für alle replizierbaren Instrumente - allerdings um den Preis, dass alle Modellparamter an die realen Daten "kalibriert" werden müssen, denn die am Markt vorherrschenden Daten werden ja nicht unter $\mathbb{Q}$, sondern unter einem Reale-Welt-Maß beobachtet!

Wir geben hier einen kurzen Überblick über einige klassischen Ansätze zur Modellierung der Short-Rate und beschränken uns auf die Darstellung der Modelle unter einem als gegeben angenommenen äquivalenten Martingalmaß $\mathbb{Q}$. Die Short-Rate folge unter $\mathbb{Q}$ der allgemeinen Dynamik

$$dr(t) \;=\; a(t,r(t))dt \;+\; b(t,r(t))dW_t \tag{2.42}$$

mit noch zu spezifizierenden Funktionen a und b.

Zunächst sei $\pi(t,r)$ der Preis eines Zinsinstrumentes zum Zeitpunkt t bei gegebener Short-Rate $r = r(t)$. Ist $\phi = \phi(r(T))$ das Auszahlungsprofil zum Zeitpunkt T, so gilt gemäß (2.36) unter $\mathbb{Q}$:

$$\pi(t,r) \;=\; \mathbb{E}^{\mathbb{Q}}\left(e^{-\int_t^T r(s)ds} \cdot \phi(r(T)) \Big| r(t) = r \right). \tag{2.43}$$

Wir können $\pi(t,r)$ als Lösung einer partiellen Differenzialgleichung ausdrücken:

SATZ 2.13 *Gegeben sie das obige Finanzinstrument mit Auszahlungszeitpunkt T, stetiger Auszahlungsfunktion $r(T) \mapsto \phi(r(T))$ und Marktwert $\pi(t,r)$, wobei $r = r(t)$ gelte. Die Funktion $\pi : (t,r) \mapsto \pi(t,r)$ erfülle die Differenzierbarkeitsvoraussetzungen des Satzes von* FEYNMAN *und* KAC; *sie ist dann die Lösung der partiellen Differenzialgleichung*

$$\pi_t \;+\; a(t,r) \cdot \pi_r \;+\; \frac{b(t,r)^2}{2} \cdot \pi_{rr} \;-\; r \cdot \pi \;=\; 0, \quad ((t,r) \in (0;T) \times \mathbb{R}) \tag{2.44}$$

mit a und b aus (2.42) und der Endwertbedingung $\pi(T,r) = \phi(r)$ für alle $r \in \mathbb{R}$.

BEWEIS: Der Satz ergibt sich unmittelbar durch Anwendung von SATZ B.1 auf (2.43).

□

BEMERKUNG 2.8

(1) Für einen Zerobond mit Preis $\pi = P(r,t,T), r(t) = r$ und Auszahlung $\phi := 1$ ist π gegeben als Lösung von (2.44) mit $\pi(T,\cdot) := 1$.

(2) Offenbar gilt für den Preis π eines beliebigen Derivats, das die Voraussetzungen des Satzes erfüllt, stets dieselbe Differenzialgleichung (2.44). Lediglich die Endwertbedingung wird an das jeweilige Derivat angepasst!

(3) Die Lösung von (2.44) erfordert meist den Einsatz numerischer Verfahren (vgl. hierzu Kapitel 3).

Bei der Spezifikation des Short-Rate Prozesses (2.42) ist darauf zu achten, dass die erforderlichen Berechnungen zur Bewertung von Derivaten handhabbar bleiben. In dieser Hinsicht vorteilhaft sind die sog. **Affinen Zinsstrukturmodelle**, die dadurch definiert sind, dass die Zerbondpreise $P(t,T) = P(r,t,T)$ von der Form

$$P(r,t,T) = A(t,T) \cdot e^{-B(t,T) \cdot r(t)}, \quad t \in [0;T]$$

sind, wobei $A(t,T)$ und $B(t,T)$ deterministisch sind. Man kann zeigen, dass dies sicher dann erfüllt ist, wenn a und b^2 aus (2.42) selbst affin sind, d.h. wenn gilt

$$a(t,x) = \alpha_0(t) \cdot x + \alpha_1(t), \quad b^2(t,x) = \beta_0(t) \cdot x + \beta_1(t),$$

mit stetigen Funktionen $\alpha_0,\alpha_1,\beta_0,\beta_1$. In diesem Fall sind $A(t,T)$ und $B(t,T)$ Lösungen der folgenden gewöhnlichen Differenzialgleichungen:

$$B_t(t,T) + \alpha_0(t) \cdot B(t,T) - \frac{1}{2} \cdot \beta_0 \cdot B(t,T)^2 + 1 = 0, \quad B(T,T) = 0,$$

$$[\log A(t,T)]_t - \alpha_1(t) \cdot B(t,T) + \frac{1}{2} \cdot \beta_1 \cdot B(t,T)^2 = 0, \quad A(T,T) = 1.$$

Die erste Gleichung ist eine *Riccati Differenzialgleichung*, die im Allgemeinen nur numerisch zu lösen ist.

Wir geben einige Beispiele für populäre Short-Rate Modelle; sie gehören mit Ausnahme des Modells (2.47) zu den Affinen Zinsstrukturmodellen.

- Das **Vasicek-Modell** (1977):

$$dr(t) = a \cdot [b - r(t)]dt + \sigma dW_t. \tag{2.45}$$

- Das **Cox-Ingersoll-Ross (CIR)-Modell** (1985):

$$dr(t) = a \cdot [b - r(t)]dt + \sigma \sqrt{r(t)}dW_t. \tag{2.46}$$

- Das **Black-Karasinski (BK)-Modell** (1991):

$$dr(t) \;=\; r(t) \cdot [b(t) - a \cdot \log r(t)]dt \;+\; \sigma \cdot r(t)dW_t. \qquad (2.47)$$

- Das **Hull-White (HW)-Modell** (1990):

$$dr(t) \;=\; a(t) \cdot [b(t) - r(t)]dt \;+\; \sigma(t)dW_t. \qquad (2.48)$$

Hierbei sind a, b und σ positive Zahlen bzw. $a(\cdot)$ und $b(\cdot)$ stetige, nicht-negative Funktionen. Neben den erwähnten Modellen gibt es noch zahlreiche weitere. Für die Auswahl eines Modells sind in der Praxis folgende Kriterien relevant:

- Folgt aus der Short-Rate Dynamik $r(t) > 0$ für alle t? Dies ist bei den Modellen (2.45) und (2.48) nicht erfüllt, und bei (2.47) sowie bei (2.46) (für geeignete Parameterwahl) erfüllt.

- Wie ist die Verteilung von $r(t)$? Bei (2.45) und (2.48) handelt es sich um eine Normalverteilung (man spricht auch von GAUSS*schen Modellen*), bei (2.46) um eine nichtzentrale Chiquadratverteilung und bei (2.47) um eine Lognormalverteilung.

- Sind die Zerobondpreise analytisch berechenbar? Dies ist bei allen Modellen außer (2.47) gegeben.

- Sind die Preise Europäischer Bondoptionen, Swaptions, Caps und Floors analytisch berechenbar? Dies ist ebenfalls bei allen Modellen außer (2.47) der Fall.

- Hat das Modell die *Mean Reverting Eigenschaft*? Dies bedeutet, dass der Erwartungswert von $r(t)$ gegen eine Konstante konvergiert für $t \to \infty$, wobei die Varianz beschränkt bleibt. Diese Eigenschaft steht im Einklang mit der empirischen Beobachtung, dass Zinssätze um einen langfristigen Mittelwert schwanken. Alle erwähnten Modelle haben diese Eigenschaft; sie wird jeweils durch den vor dt auftretenden Term herbeigeführt. Der Faktor a bzw. $a(t)$ heißt auch *Mean Reversion Rate*.

- Wie gut eignet sich das Modell für numerische Bewertungsverfahren von (exotischen) Optionen?

- Wie plausibel sind die vom Modell implizierten Volatilitäten von (Forward-)Zinssätzen?

Die GAUSSschen Modelle (2.45) und (2.48) sind zwar analytisch leicht zu handhaben, bringen aber das Problem mit sich, auch negative Werte für $r(t)$ mit einer positiven Wahrscheinlichkeit zu generieren. In der Regel ist diese Wahrscheinlichkeit sehr gering und daher für praktische Zwecke meist zu vernachlässigen. Das Problem negativer Short-Rates wird zwar mit den Modellansätzen (2.46) und (2.47) behoben, allerdings um den Preis einer aufwändigeren Bewertung von Optionen.

Die Ansätze (2.47) und (2.48) unterscheiden sich von den anderen beiden genannten in folgender Hinsicht: Sie erlauben es, bei geeigneter Kalibrierung, die am Markt aktuellen Zerobondpreise zu reproduzieren, d.h. die unter den Modellen ermittelten theoretischen Werte für $P(0,T)$ können mit den tatsächlichen Preisen in Übereinstimmung gebracht werden. Man spricht daher auch von **arbitragefreien Modellen** im Unterschied zu den Ansätzen (2.45) und (2.46), welche aufgrund der nicht vorhandenen Zeitabhängigkeit des hier auftretenden Parameters b die Zerobondpreise nicht exakt reproduzieren können. In der Praxis werden in der Regel nur arbitragefreie Modelle verwendet. Bei diesen sind die aktuellen Zerobondpreise $P(0,T)$ grundsätzlich Eingabeparameter. Zusätzlich zu der Forderung, die Zerobondpreise zu reproduzieren, müssen praxistaugliche Modelle auch in der Lage sein, die am Markt beobachtbaren Volatilitäten für die wichtigsten Zinsderivate (also Caps, Floors und Swaptions) in die Verteilung von $r(t)$ miteinzubeziehen. Das korrekte Kalibrieren der Modelle an die Marktvolatilitäten stellt die eigentliche Herausforderung bei der Zinsmodellierung dar. Die Verteilung von $r(t)$ wird in den oben genannten Modellen über die Parameter a bzw. $a(\cdot)$ und σ bzw. $\sigma(\cdot)$ adjustiert.

Das HULL-WHITE-Modell ist ein in der Praxis häufig anzutreffendes Short-Rate Modell. Wir werden es deshalb im nächsten Abschnitt näher behandeln und in Kapitel 3 zur Bewertung von Optionen heranziehen.

BEMERKUNG 2.9 *Short-Rate Modelle haben den grundsätzlichen Nachteil, dass sie die gesamte Zinskurve durch nur eine einzige Zufallsvariable modellieren, so dass etwa die langfristigen Zinsen immer eine deterministische Funktion der Short-Rate sind und dass Preise von Zerobonds unterschiedlicher Fälligkeiten perfekt korreliert sind. Um diesen Nachteil auszugleichen, werden im Rahmen sogenannter* **Mehrfaktorenmodelle** *neben der Short-Rate beispielsweise auch noch langfristige Zinssätze explizit modelliert. Den Extremfall in dieser Hinsicht stellt der* **Heath-Jarrow-Morton-Ansatz** *dar, der von einer expliziten Modellierung aller kurzfristigen Forward-Rates $F(t,T)$, $T \in (0;T^*]$, ausgeht - es liegen also überabzählbar viele beschreibende Zufallsvariablen vor! Im Rahmen dieser Darstellung werden wir darauf nicht näher eingehen.*

2.4   Die HULL-WHITE-Modellgruppe

Die HULL-WHITE-Modellgruppe umfasst alle Short-Rate Modelle der Form
(2.48). Wir beschränken uns hier auf den Spezialfall $a(t) = a > 0$ und
$\sigma(t) = \sigma > 0$. Die Dynamik der Short-Rate unter dem Maß $\mathbb{Q}$ lautet

$$dr(t) = a \cdot [b(t) - r(t)]dt + \sigma dW_t. \tag{2.49}$$

Im Folgenden bezeichnen wir diese Dynamik immer kurz als **Hull-White-
Modell.** Sie wurde in [40] analysiert.

PROPOSITION 2.1 *Es gilt für $s \in [0;t]$:*

$$r(t) = r(s) \cdot e^{-a \cdot (t-s)} + \int_s^t e^{-a \cdot (t-u)} \cdot a \cdot b(u)\, du + \sigma \cdot \int_s^t e^{-a \cdot (t-u)}\, dW_u. \tag{2.50}$$

Es ist $\mathcal{L}(r(t)|\mathcal{F}_s) = \mathcal{N}(m(s,t),v(s,t))$ mit

$$m(s,t) \;\; := \;\; \mathbb{E}^{\mathbb{Q}}(r(t)|\mathcal{F}_s) = r(s) \cdot e^{-a \cdot (t-s)} + \int_s^t e^{-a \cdot (t-u)} \cdot a \cdot b(u)\, du,$$

$$v(s,t) \;\; := \;\; \mathrm{Var}^{\mathbb{Q}}(r(t)|\mathcal{F}_s) = \frac{\sigma^2}{2 \cdot a} \cdot (1 - e^{-2 \cdot a \cdot (t-s)}).$$

Ferner gilt

$$\mathcal{L}\left(\int_t^T r(v)dv \,\Big|\, \mathcal{F}_t\right) = \mathcal{N}\left(\int_t^T m(t,v)dv, \int_t^T \frac{\sigma^2}{a^2} \cdot (1 - e^{-a \cdot (T-v)})^2 dv\right).$$

$$\tag{2.51}$$

BEWEIS: Die Aussagen bzgl. der Verteilung von $r(t)$ ergeben sich analog zu den
Überlegungen in BEISPIEL A.3. Die Tatsache, dass $\int_t^T r(t)dt|\mathcal{F}_t$ normalverteilt ist,
folgt sofort durch Integration der Gleichung (2.50). Schließlich gilt

$$\mathbb{E}^{\mathbb{Q}}\left(\int_t^T r(v)dv \Big| \mathcal{F}_t\right) = \int_t^T \mathbb{E}^{\mathbb{Q}}(r(v)|\mathcal{F}_t)dv = \int_t^T m(t,v)dv,$$

sowie (unter Verwendung von (2.50)):

$$\text{Var}^{\mathbb{Q}}\left(\int_t^T r(v)dv\,\Big|\,\mathcal{F}_t\right) = \text{Var}^{\mathbb{Q}}\left(\int_t^T \sigma\cdot\int_t^u e^{-a\cdot(u-v)}dW_v\,du\right)$$

$$= \text{Var}^{\mathbb{Q}}\left(\int_t^T \sigma\cdot\int_v^T e^{-a\cdot(u-v)}du\,dW_v\right) = \int_t^T \frac{\sigma^2}{a^2}\cdot(1-e^{-a\cdot(T-v)})^2\,dv.$$

$\square$

PROPOSITION 2.2 *Die am Markt zur Zeit t_0 beobachteten Zerobondpreise seien $P_M(t_0,t)$, $t \in [t_0; T^*]$, und es seien $F(t_0,t)$ die zugehörigen kurzfristigen Forward-Rates. Wählt man den Parameter $b(t)$ des HULL-WHITE-Modells als*

$$b(t) := \frac{1}{a}\cdot\frac{\partial F(t_0,t)}{\partial t} + F(t_0,t) + \frac{\sigma^2}{2\cdot a^2}\cdot(1-e^{-2a\cdot(t-t_0)}). \qquad (2.52)$$

so stimmen die unter dem HULL-WHITE-Modell berechneten theoretischen Zerobondpreise $P(t_0,t)$ für beliebige Wahl der Parameter a,σ mit den beobachteten Preisen $P_M(t_0,t)$, $t \in [t_0; T^*]$ überein, d.h. das Modell steht im Einklang mit den aktuellen Zinsdaten.

BEWEIS: Es gilt (unter Beachtung von (2.37) und (2.51)):

$$P(t_0,t) = \mathbb{E}^{\mathbb{Q}}\left(\exp\left(-\int_{t_0}^t r(v)dv\,\Big|\,\mathcal{F}_{t_0}\right)\right)$$

$$= \exp\left(-\int_{t_0}^t m(t_0,v)dv + \frac{\sigma^2}{2a^2}\int_{t_0}^t (1-e^{-a\cdot(t-v)})^2 dv\right). \qquad (2.53)$$

Zu zeigen ist $P(t_0,t) = P_M(t_0,t)$. Dazu definieren wir die Funktion g durch $g(t) := \partial\log(P(t_0,t))/\partial t$ und erhalten

$$g(t) = -m(t_0,t) + \frac{\sigma^2}{2a^2}\cdot\int_{t_0}^t 2\cdot(1-e^{-a\cdot(t-v)})\cdot a\cdot e^{-a\cdot(t-v)}\,dv \qquad (2.54)$$

$$= -r(t_0)\cdot e^{-a\cdot(t-t_0)} - \int_{t_0}^t e^{-a\cdot(t-v)}\cdot a\cdot b(v)\,dv$$

$$+ \frac{\sigma^2}{a}\cdot\int_{t_0}^t \left(e^{-a\cdot(t-v)} - e^{-2a\cdot(t-v)}\right)dv.$$

Differenziert man diesen Ausdruck nochmals nach t, so erhält man nach kurzer Rechnung

$$g(t) + \frac{1}{a} \cdot \frac{\partial g(t)}{\partial t} = -b(t) + \frac{\sigma^2}{2 \cdot a^2} \cdot (1 - e^{-2a \cdot (t-t_0)}).$$

Nach Voraussetzung erfüllt auch $-F(t_0,t)$ diese lineare Differenzialgleichung, und wegen $g(t_0) = -F(t_0,t_0) = -r(t_0)$ ergibt sich somit $g(t) = -F(t_0,t)$, d.h.

$$\frac{\partial \log(P(t_0,t))}{\partial t} = \frac{\partial \log(P_M(t_0,t))}{\partial t}.$$

Hieraus folgt schließlich die Behauptung.

$\square$

Im Folgenden gelte immer (2.52).

SATZ 2.14 *Es sei t_0 der aktuelle Zeitpunkt und $t \in [t_0; T]$. Unter dem risikoneutralen Maß ist $\log P(r,t,T)|\mathcal{F}_t$ normalverteilt, und es gilt*

$$P(r,t,T) = A(t,T) \cdot e^{-B(t,T) \cdot r(t)} \tag{2.55}$$

mit

$$B(t,T) = \frac{1}{a} \cdot \left(1 - e^{-a \cdot (T-t)}\right) \tag{2.56}$$

und

$$\log A(t,T) = \log\left(\frac{P(r,t_0,T)}{P(r,t_0,t)}\right) + B(t,T) \cdot F(t_0,t) - \frac{1}{2} \cdot \sigma_P^2(t_0,t,T), \tag{2.57}$$

wobei

$$\sigma_P(t_0,t,T) := \frac{1}{a} \cdot \left(1 - e^{-a \cdot (T-t)}\right) \cdot \sqrt{\frac{\sigma^2}{2a} \cdot (1 - e^{-2a \cdot (t-t_0)})}. \tag{2.58}$$

Weiter gilt

$$
\begin{aligned}
\mathrm{Var}^{\mathbb{Q}}(\log P(r,t,T)|\mathcal{F}_{t_0}) &= B(t,T)^2 \cdot v(t_0,t) \\
&= \frac{\sigma^2}{2a^3} \cdot \left(1 - e^{-2a \cdot (t-t_0)}\right) \cdot \left(1 - e^{-a \cdot (T-t)}\right)^2 \\
&= \sigma_P(t_0,t,T)^2.
\end{aligned}
\tag{2.59}
$$

BEWEIS: Aus (2.53) folgt zunächst

$$\log(P(r,t,T)) = -\int_t^T m(t,v)\,dv + \frac{\sigma^2}{2a^2} \cdot \int_t^T \left(1 - e^{-a \cdot (T-v)}\right)^2 dv.$$

Man rechnet nach, dass

$$-\int_t^T m(t,v)dv = -B(t,T) \cdot r(t) - \int_t^T \left(1 - e^{-a \cdot (T-u)}\right) \cdot b(u)du$$

gilt, sowie unter Verwendung von (2.52):

$$\int_t^T \left(1 - e^{-a \cdot (T-u)}\right) \cdot b(u)du = -B(t,T) \cdot F(t_0,t) - \log\left(\frac{P(r,t_0,T)}{P(r,t_0,t)}\right) + V(t,T)$$

mit $V(t,T) := \frac{\sigma^2}{2a^2} \cdot \int_t^T \left(1 - e^{-a \cdot (T-u)}\right) \cdot \left(1 - e^{-2a \cdot (u-t_0)}\right) du$. Somit folgt

$$\log(P(r,t,T)) = -B(t,T) \cdot r(t) + \log\left(\frac{P(r,t_0,T)}{P(r,t_0,t)}\right) + B(t,T) \cdot F(t_0,t)$$

$$+ \frac{\sigma^2}{2a^2} \cdot \int_t^T \left(1 - e^{-a \cdot (T-u)}\right)^2 du - V(t,T).$$

Nun ist der in der letzten Zeile stehende Ausdruck gerade gleich

$$-\frac{\sigma^2}{4a^3} \cdot \left(1 - e^{-a \cdot (T-t)}\right)^2 \cdot \left(1 - e^{-2a \cdot (t-t_0)}\right),$$

und damit ergibt sich schließlich die behauptete Darstellung von $P(r,t,T)$. Aus (2.55) und PROPOSITION 2.1 folgt

$$\mathrm{Var}^{\mathbb{Q}}(\log P(r,t,T)|\mathcal{F}_{t_0}) = B(t,T)^2 \cdot \mathrm{Var}^{\mathbb{Q}}(r(t)|\mathcal{F}_{t_0}) = B(t,T)^2 \cdot v(t_0,t),$$

und die restlichen Aussagen sind klar.

$\square$

Die im Satz hergeleiteten Zerobondpreise stimmen für die in (2.52) angegebene Wahl von $b(t)$ mit den aktuellen Zerobondpreisen überein und sind die Grundlage der in Kapitel 3 durchzuführenden Bewertungen von Zinsderivaten mit dem HULL-WHITE-Modell. In diesem Rahmen werden dann auch die Parameter a und σ festgelegt. Zur konkreten Bewertung eines Derivats haben wir bisher zwei Möglichkeiten zur Verfügung: die direkte analytische Berechnung des Erwartungswertes in (2.36) oder die Lösung der Differenzialgleichung (2.44) mit angepasster Endwertbedingung. Neben diesen beiden Techniken werden wir in Kapitel 3 auch sog. *Trinomialbäume* zur Optionspreisberechnung heranziehen, die nun dargestellt werden sollen. Trinomialbäume sind Spezialfälle der sog. *Gittermethoden,* die auch bei der numerischen Lösung der partiellen Differenzialgleichung (2.44) mittels der Verwendung von expliziten Differenzenverfahren zum Einsatz kommen. Sie beruhen auf einer Diskretisierung der Zeit und des Zustandsraumes der Short-Rates.

Für $n \in \mathbb{N}$ sei $(r^n(t))_{t \in [0;T*]}$ ein diskreter MARKOV Prozess, d.h. der Wertebereich von r^n ist diskret, und es gilt die Beziehung $\mathbb{E}^{\mathbb{Q}}(f(r^n(s))|\mathcal{F}_t) = \mathbb{E}^{\mathbb{Q}}(f(r^n(s))|r_t)$ für jede beschränkte, BOREL-messbare Funktion f. Die letztgenannte Eigenschaft besagt anschaulich, dass der für $f(r^n(s))$ erwartete Wert nur von der jeweils aktuellen Beobachtung $r(t)$, nicht aber von weiter zurückliegenden Werten abhängt. Unter dieser Annahme kann der Erwartungswert $\mathbb{E}^{\mathbb{Q}}(\exp(-\int_0^T r^n(s)ds) \cdot \phi(r^n)|r^n(0))$ durch sog. **Rückwärtsinduktion** berechnet werden, die auf der Rechenregel für itertierte bedingte Erwartungswerte (vgl. Anhang A) und auf der MARKOV-Eigenschaft beruht:

$$\mathbb{E}^{\mathbb{Q}}\left(e^{-\int_0^T r^n(s)ds} \cdot \phi(r^n)\Big|r^n(0)\right) =$$

$$\mathbb{E}^{\mathbb{Q}}\left(e^{-\int_0^{t_1} r^n(s)ds} \cdot \mathbb{E}^{\mathbb{Q}}\left(e^{-\int_{t_1}^T r^n(s)ds} \cdot \phi(r^n)\Big|r^n(t_1)\right)\Big|r^n(0)\right).$$

Wir nehmen an, die Folge der Prozesse $(r^n)_{n \in \mathbb{N}}$ *konvergiere schwach* gegen den Short-Rate Prozess r für $n \to \infty$, d.h. es gilt $\mathbb{E}(g(r^n)) \to \mathbb{E}(g(r))$ für jedes gleichmäßig stetige und beschränkte Funktional g auf $C[0;T]$. Dann gilt unter einigen technischen Bedingungen (vgl. [51] oder [74]):

$$\mathbb{E}^{\mathbb{Q}}\left(e^{-\int_0^T r^n(s)ds} \cdot \phi(r^n)\Big|r^n(0)\right) \longrightarrow \mathbb{E}^{\mathbb{Q}}\left(e^{-\int_0^T r(s)ds} \cdot \phi(r)\Big|r(0)\right), \quad (2.60)$$

und die Zufallsvariable $r^n(t)$ konvergiert in Verteilung gegen $r(t)$.

Mit Trinomialbäumen kann nun eine approximierende Folge (r^n) für r konstruiert werden. Dazu sei zunächst der Prozess $(x(t))_{t \in [0;T]}$ definiert durch

$$dx(t) = -a \cdot x(t)dt + \sigma dW_t, \quad x(0) = 0.$$

Es folgt sofort für $s \le t : x(t) = x(s) \cdot e^{-a \cdot (t-s)} + \sigma \cdot \int_s^t e^{-a \cdot (t-u)} dW_u$. Wegen $\int_0^t e^{-a \cdot (t-u)} \cdot a \cdot b(u)du = F(0,t) + \frac{\sigma^2}{2a^2} \cdot (1 - e^{-at})^2$ (für $t_0 := 0$) und (2.50) erhalten wir daher:

$$r(t) = x(t) + \alpha(t), \quad \text{wobei} \quad \alpha(t) := F(0,t) + \frac{\sigma^2}{2a^2} \cdot (1 - e^{-at})^2. \quad (2.61)$$

Für gegebenes $T > 0$ bilden wir die Zeitpunkte $0 = t_0 < t_1 < \ldots < t_n = T$ und setzen $\Delta t_i = t_{i+1} - t_i$ mit nicht notwendigerweise äquidistanter Zerlegung - ein wichtiger Aspekt für praktische Belange. Der zu bildende Trinomialbaum lässt sich für $n = 3$ wie folgt veranschaulichen:

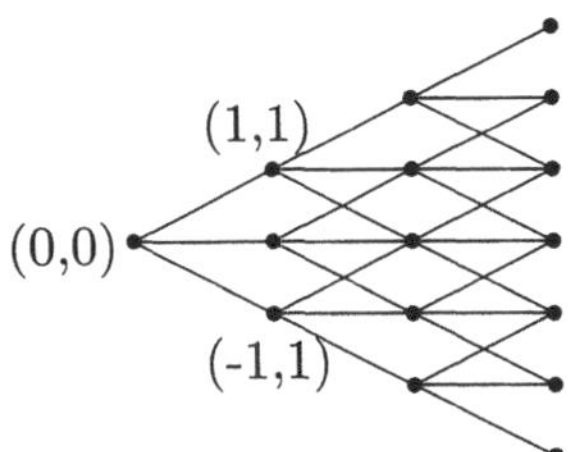

Dabei wird jeder Knoten mit (i,j) indiziert (der Anfangsknoten mit $(0,0)$), wobei $i \in \{0,\ldots,n\}$ die horizontale Position (Zeitdimension) eines jeden Knotens angibt und $j \in \{\underline{j}_i,\ldots,\overline{j}_i\}$ ($\underline{j}_i < 0 < \overline{j}_i$) die vertikale Position. Zum Knoten (i,j) gehört der Wert $x_{i,j}$ eines nun zu bildenden diskreten Prozesses, welcher $(x(t))_{t \in [0;T]}$ approximiert.
Es ist

$$\begin{aligned}
\mathbb{E}^{\mathbb{Q}}(x(t_{i+1})|x(t_i) = x_{i,j}) &= x_{i,j} \cdot e^{-a \cdot \Delta t_i} =: M_{i,j} \quad \text{und} \\
\mathrm{Var}^{\mathbb{Q}}(x(t_{i+1})|x(t_i) = x_{i,j}) &= \frac{\sigma^2}{2a} \cdot (1 - e^{-2a \cdot \Delta t_i}) =: V_i^2.
\end{aligned} \qquad (2.62)$$

Wir setzen $x_{i,j} := j \cdot \Delta x_i$, wobei

$$\Delta x_i := \sqrt{3} \cdot V_{i-1} = \sigma \cdot \sqrt{\frac{3}{2a} \cdot (1 - e^{-2a \cdot \Delta t_{i-1}})}. \qquad (2.63)$$

Wir nehmen nun an, dass sich ausgehend vom Knoten (i,j) zur Zeit t_i der Wert $x_{i,j}$ zu drei möglichen neuen Werten $x_{i+1,k+1}, x_{i+1,k}$ oder $x_{i+1,k-1}$ im Zeitpunkt t_{i+1} bewegen kann, und zwar jeweils mit Wahrscheinlichkeit $p_{u,i,j}, p_{m,i,j}$ bzw. $p_{d,i,j}$ (**up**, **middle**, **down**), was der Struktur des Trinomialbaumes entspricht. Für den mittleren Knoten $(i+1,k)$ wird der Index k so gewählt, dass der Wert $x_{i+1,k} = k \cdot \Delta x_{i+1}$ möglichst nahe an $M_{i,j}$ liegt, was zur Wahl

$$k := round\left(\frac{M_{i,j}}{\Delta x_{i+1}}\right)$$

(Rundungsfunktion) führt. Da von jedem Knoten (i,j) aus auf diese Weise jeweils drei neue Knoten "von links nach rechts" gebildet werden, erhalten wir eine Baumstruktur, und die Indizes $\underline{j}_i, \overline{j}_i$ sind dadurch implizit definiert.

Die Wahrscheinlichkeiten $p_{u,i,j}, p_{m,i,j}$ und $p_{d,i,j}$ werden in jedem Knoten so gewählt, dass die Beziehungen (2.62) anstelle von $x(t)$ auch für die im letzten Absatz eingeführte Zufallsvariable mit den drei möglichen Realisationen $x_{i+1,k+1}, x_{i+1,k}, x_{i+1,k-1}$ gilt. Dies führt nach kurzer Rechnung auf die Werte

$$p_{u,i,j} \;=\; \frac{1}{6} + \frac{\eta_{i,j}^2}{6 \cdot V_i^2} + \frac{\eta_{i,j}}{2\sqrt{3} \cdot V_i},$$

$$p_{m,i,j} \;=\; \frac{2}{3} - \frac{\eta_{i,j}^2}{3 \cdot V_i^2},$$

$$p_{d,i,j} \;=\; \frac{1}{6} + \frac{\eta_{i,j}^2}{6 \cdot V_i^2} - \frac{\eta_{i,j}}{2\sqrt{3} \cdot V_i},$$

wobei $\eta_{i,j} := M_{i,j} - x_{i+1,k}$. Man zeigt leicht, dass $p_{u,i,j}$ und $p_{d,i,j}$ für alle Werte von $\eta_{i,j}$ nichtnegativ sind, während $p_{m,i,j}$ genau dann nichtnegativ ist, wenn gilt $|\eta_{i,j}| \leq V_i \cdot \sqrt{2}$. Wegen $\Delta x_{i+1} = \sqrt{3} \cdot V_i$ impliziert die Wahl von k jedoch sogar $|\eta_{i,j}| \leq V_i \cdot \sqrt{3}/2$, so dass auch $p_{m,i,j}$ nichtnegativ ist. Da sich die drei Größen zu 1 aufaddieren, handelt es sich in der Tat um Wahrscheinlichkeiten. Insgesamt folgt, dass der hier gebildete diskrete Prozess mit dem Prozess $(x(t))_{t \in [0;T]}$ bzgl. bedingtem Erwartungswert und bedingter Varianz übereinstimmt.

Unser nächstes Ziel besteht darin, ausgehend von (2.61) einen Trinomialbaum für $r^n(t)$ zu konstruieren, und zwar so, dass die zur Zeit 0 am Markt gültigen Zerobondpreise $P_M(0,t)$, $t \in [0;T]$, bei der Bewertung mittels des Baumes korrekt wiedergegeben werden. Wir gehen dabei vom oben betrachteten Baum für $x(t)$ aus und addieren jeweils $\alpha(t)$ in geeigneter Weise. Bevor wir dies tun, unterstellen wir für den Moment, der Baum für $r^n(t)$ sei schon konstruiert und es gelte (2.60) (auf den diesbezüglichen Konvergenzbeweis hierfür werden wir nicht eingehen; vgl. hierzu [51]). Aus der Konstuktion wird sich ergeben, dass mit den oben genannten Wahrscheinlichkeiten die Eigenschaften (2.62) auch für $r^n(t)$ gelten. Wie kann man nun den gesuchten Wert $\mathbb{E}^{\mathbb{Q}}\left(e^{-\int_0^T r^n(s)ds} \cdot \phi(r^n)\Big| r^n(0)\right)$ als Approximation des theoretischen Barwerts aus dem Baum ermitteln? Ist

$$\mathbb{E}_{i,x}^n := \mathbb{E}^{\mathbb{Q}}\left(e^{-\int_{t_i}^T r^n(s)ds} \cdot \phi(r^n)\Big| r^n(t_i) = x\right),$$

so folgt gemäß Rückwärtsinduktion und Baumkonstruktion die Rekursionsformel

$$\mathbb{E}_{i,\,r_{i,j}}^n = e^{-\Delta t_i \cdot r_{i,j}} \cdot \left(p_{u,i,j} \cdot \mathbb{E}_{i+1,\,r_{i,k+1}}^n + p_{m,i,j} \cdot \mathbb{E}_{i+1,\,r_{i,k}}^n + p_{d,i,j} \cdot \mathbb{E}_{i+1,\,r_{i,k-1}}^n\right).$$

Da aber $\mathbb{E}_{n,\,\cdot}^n = \phi(\cdot)$ gilt, können wir also, ausgehend vom Zeitpunkt $t_n = T$ und vom bekannten Auszahlungsprofil $\phi(\cdot)$ eines Derivats mit Fälligeit in T, den Trinomialbaum "von rechts nach links" durchlaufen, und jeweils die Größen $\mathbb{E}_{i,\,r_{i,j}}^n$ am Knoten (i,j) sukzessive ermitteln. Schließlich ergibt sich der gesuchte Wert $\mathbb{E}_{0,\,r_{0,0}}^n = \mathbb{E}_{0,\,r^n(0)}^n$. Für $n \to \infty$ erhalten wir auf diese Weise eine approximierende Folge $(\mathbb{E}^n_{0,\,r^n(0)})_{n\in\mathbb{N}}$ für den Barwert des Derivats. In Kapitel 3 werden wir diese Prozedur bei der Bewertung eines Puts illustrieren.

Nun zur Konstruktion des Baumes für $r^n(t)$. Unter Berücksichtigung von (2.61) machen wir den Ansatz $r_{i,j} := x_{i,j} + \alpha_i = j \cdot \Delta x_i + \alpha_i$ für die im Intervall $[t_i; t_{i+1})$ im Zustand j gültige annualisierte Short-Rate mit zu bestimmendem α_i. In Analogie zu der Herleitung der Dynamik von $r(t)$ sollen dabei die am Markt beobachteten Preise $P_M(0,t_i)$ reproduziert werden.

Dazu sei $Q_{i,j}$ der Barwert eines in t_i fälligen Instruments, welches im Knoten (i,j) den Betrag 1 auszahlt und sonst 0 (sog. **Arrow-Debreu-Preis**). Wir berechnen jetzt rekursiv die Folge $(\alpha_i)_{i\in\{0,...,n\}}$, indem wir im zunächst $\alpha_0 := -\log(P_M(0,t_1))/t_1$ setzen. Ist α_{i-1} bekannt, so betrachten wir für $Q_{i+1,j}$, $j \in \{\underline{j}_i,\dots,\overline{j}_i\}$ über die leicht zu verifizierende Rekursionsbeziehung

$$Q_{i+1,j} = \sum_h Q_{i,h} \cdot q(h,j) \cdot \exp(-(h \cdot \Delta x_i + \alpha_i) \cdot \Delta t_i),$$

wobei $q(h,i)$ die Wahrscheinlichkeit ist, im Baum vom Knoten (i,h) zum Knoten $(i+1,j)$ zu gelangen, und wobei die Summe über alle Werte von h zu erstrecken ist, für die diese Wahrscheinlichkeit positiv ist.

Nun ist ein in t_{i+1} fälliger Zerobond mit Nominal 1 gerade ein Portfolio aus allen Instrumenten $Q_{i+1,j}$, $j \in \{\underline{j}_i,\dots,\overline{j}_i\}$, so dass gilt

$$P_M(0,t_{i+1}) = \sum_{j=\underline{j}_{i+1}}^{\overline{j}_{i+1}} Q_{i+1,j} = \sum_{j=\underline{j}_i}^{\overline{j}_i} Q_{i,j} \cdot \exp(-(j \cdot \Delta x_i + \alpha_i) \cdot \Delta t_i),$$

und damit

$$\alpha_i = \frac{1}{\Delta t_i} \cdot \log \frac{\sum_{j=\underline{j}_i}^{\overline{j}_i} Q_{i,j} \cdot \exp(-j\Delta x_i \cdot \Delta t_i)}{P_M(0,t_{i+1})}.$$

Die folgende Grafik veranschaulicht die Baumkonstruktion. Man beachte, dass die Symmetrie des Baumes für $x_{i,j}$ durch die Addition der α_i im Allgemeinen verloren geht.

Für vorgegebenes n sei schließlich $r^n(t)$ derjenige stetige Prozess, dessen Pfade durch lineare Interpolation aller Pfade und der entsprechenden Werte $r_{i,j}$ an den Knoten aus dem Trinomialbaum gebildet werden, mit den sich aus dem Baum ergebenden Pfadwahrscheinlichkeiten. Die Folge $(r^n)_{n\in\mathbb{N}}$ konvergiert dann schwach gegen den Prozess r.

BEISPIEL 2.8 *Wir konstruieren einen Trinominialbaum, auf den wir in Kapitel 3 zurückkommen werden. Es sei $T = 2$ Jahre, $t_0 = 0, t_1 = 1, t_2 = 2$, $P(0,t_1) = 0{,}977114, P(0,t_2) = 0{,}946580, P(0,t_3) = 0{,}911098$, $a = 15\%, \sigma = 1{,}25\%$. Dann gilt $V_i^2 = V^2 = 0{,}000135$, $\Delta x_i = \Delta x = 0{,}0201239$ und $M_{i,j} = M_j = j \cdot 0{,}017321$. Die (nur von j abhängigen) Verzweigungswahrscheinlichkeiten des Baumes errechnen sich nun gemäß Tabelle.*

j	-2	-1	0	1	2
p_u	34,4763%	24,6014%	16,6667%	10,6722%	6,6179%
p_m	58,9058%	64,7264%	66,6667%	64,7264%	58,9058%
p_d	6,6179%	10,6722%	16,6667%	24,6014%	34,4763%

Es ergibt sich die folgende Baumstruktur für die Werte $r_{i,j}$, wobei A für $r_{0,0} = 2{,}3152\%$, B für $r_{1,-1} = 1{,}1692\%$, C für $r_{1,0} = 3{,}1816\%$, D für $r_{1,1} = 5{,}1939\%$, E für $r_{2,-2} = -0{,}1809\%$, F für $r_{2,-1} = 1{,}8315\%$, G für $r_{2,0} = 3{,}8439\%$, H für $r_{2,1} = 5{,}8563\%$ und I für $r_{2,2} = 7{,}8686\%$ steht:

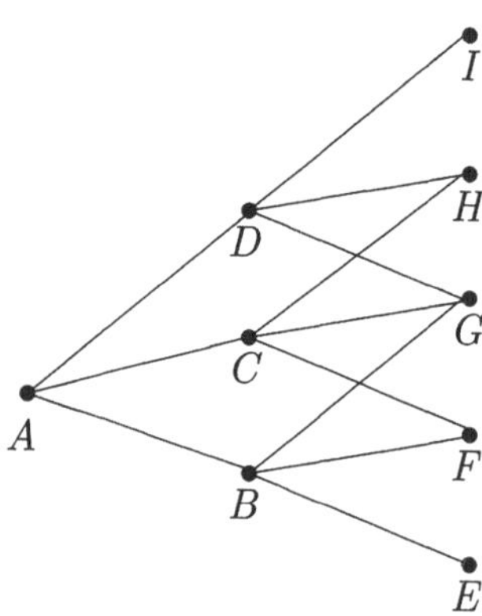

BEMERKUNG 2.10 *Trinomialbäume sind in der Praxis sehr beliebt, da sie einfach zu implementieren sind und die Bewertung einer Vielzahl unterschiedlicher Optionstypen erlauben. Bei entsprechender Anpassung können etwa auch Amerikanische Optionen mit diesem Verfahren bewertet werden. Die Konvergenzeigenschaften hängen vom jeweils zu bewertenden Optionstyp ab. Probleme gibt es beispielsweise bei gewissen Barrier Optionen, wo die*

Genauigkeit der Approximation nicht unbedingt monoton mit n zunimmt, sondern gewissen Schwankungen unterworfen ist. Die erwähnten Aspekte werden etwa in [36] näher beleuchtet.

2.5 Monte-Carlo-Simulation

Wir haben bisher verschiedene Techniken zu Berechnung des Barwerts $\pi_t = \mathbb{E}^{\mathbb{Q}}\left(e^{-\int_t^T r(s)ds} \cdot \phi \,\middle|\, \mathcal{F}_t\right)$ eines Zinsinstuments kennen gelernt. Ein weiterer Ansatz, der einfach und effizient zu implementieren ist und daher in der Praxis weit verbreitet ist, besteht darin, die zur Ermittlung des Erwartungswertes notwendige Integralauswertung numerisch durchzuführen mit der sog. *Monte-Carlo-Simulation*. Wir werden die prinzipielle Vorgehensweise hier darstellen, verweisen aber im Zusammenhang mit den umfangreichen und ausgefeilten Techniken zur Effizienzsteigerung dieser Methode auf die Literatur (siehe etwa [42] und [43]).

Die allgemeine Bewertungsformel $\pi_t = \mathbb{E}^{\mathbb{Q}}(S_t^0 \cdot H_T / S_T^0 \,|\, \mathcal{F}_t)$ führt im Fall $t = 0$, auf den wir uns hier der Einfachheit halber beschränken, mit der Abkürzung $\widetilde{H}_T := \frac{H_T}{S_T^0}$ auf das Problem, ein Intgeral der Form

$$\pi_0 = \int_\Omega \widetilde{H}_T(\omega)d\mathbb{Q}$$

auszuwerten. In der Regel ist dabei $\widetilde{H}$ eine Variable, die von reellwertigen Zufallsvariablen $X_1,\ldots,X_k$ (z.B. Zinssätzen) abhängt, welche wiederum an diskreten Zeitpunkten $0 = t_0 < t_1 < \ldots < t_N = T$ beobachtet werden. Mit der Dichtefunktion $p(\cdot)$ ist daher das Integral

$$\pi_0 \approx \int_{-\infty}^{\infty} \cdots \int_{-\infty}^{\infty} \widetilde{H}_T(x_{1,0},\ldots,x_{k,N}) \cdot p(x_{1,0},\ldots,x_{k,N})dx_{1,0}\ldots dx_{k,N}$$

zu berechnen, wobei $x_{l,j}$ der Wert von X_l an t_j ist. Es handelt sich um ein $k \cdot (N+1)$-dimensionales Integral. Die durch Diskretisierung der Zeit vorgenommene Approximation ist nur für große Werte von N brauchbar, weshalb das so entstehende hochdimensionale Integral nur numerisch ermittelt werden kann. Zu diesem Zweck simuliert man eine Anzahl M von Realisierungen des Zufallsvektors $(X_1,\ldots X_k)$ gemäß der vorgegebenen Verteilung an den Zeitpunkten t_j. Jede dieser Realisierungen ist eine $k \cdot (N+1)$-Matrix A der Form $(x_{l,j})_{l\in\{1,\ldots k\},j\in\{0,\ldots N\}}$. Ist $x^{(i)} = (x_1^{(i)},\ldots,x_k^{(i)})$ der Vektor der in der i-ten Simulation generierten Spalten von A, so ist

$$\widetilde{\pi}_0 \; := \; \frac{1}{M} \cdot \sum_{i=1}^{M} \widetilde{H}_T(x_1^{(i)}, \ldots, x_k^{(i)})$$

ein Schätzwert für das gesuchte Integral.

Wir betrachten nun den Spezialfall $\widetilde{H}_T = e^{-\int_t^T r(s)ds} \cdot \phi((r(t))_{t \in [0;T]})$, wobei die Dynamik von $r(\cdot)$ durch ein Short-Rate Modell der Form

$$dr(t) \; = \; \mu(r,t)dt \; + \; \sigma(r,t)dW_t$$

unter dem Maß $\mathbb{Q}$ beschrieben werde. Die Monte-Carlo-Simulation verläuft wie folgt:

(1) Zerlege $[0;T]$ in N Teilintervalle, z.B. mit $t_j = \frac{j \cdot T}{N}$, $j \in \{0, \ldots, N\}$.

(2) Erzeuge M Zufallspfade $r^{(i,N)}(t)$ für $i \in \{1, \ldots M\}$ und $t \in [0;T]$. Dazu setzt man $r^{(i,N)}(0) = r(0)$ für alle i und berechnet die Werte des Pfades i an den Zeitpunkten t_j rekursiv über eine geeignete Diskretisierung des Short-Rate Prozesses, z.B. in Form der EULER-Diskretisierung:

$$\begin{aligned}
r^{(i,N)}(t_j) \; &= \; r^{(i,N)}(t_{j-1}) \; + \; \mu(r^{(i,N)}(t_{j-1}),t_{j-1}) \cdot \Delta t \\
&+ \; \sigma(r^{(i,N)}(t_{j-1}),t_{j-1}) \cdot \sqrt{\Delta t} \cdot \varepsilon(t_j)
\end{aligned}$$

mit $\Delta t := t_j - t_{j-1}$ und einer Folge unabhängiger, standardnormalverteilter Zufallsvariablen $(\varepsilon(t_j))_{j \in \{1, \ldots N\}}$, die mittels Zufallszahlengenerator zu erzeugen sind. Durch lineare Interpolation aus den Werten $r^{(i,N)}(t_j)$ erhält man den Prosess $(r^{(i,N)}(t))_{t \in [0;T]}$. Die Effizienz des Verfahrens hängt wesentlich von der gewählten Diskretisierung und der Qualität der Zufallszahlen ab.

(3) Mit den Werten $r^{(i,N)}(t_j)$ berechne $\phi(r^{(i,N)}(t_0), \ldots r^{(i,N)}(t_N))$ und dann

$$\widetilde{\pi}_{0,N}^{(i)} \; := \; e^{-\sum_{j=0}^{N} r^{(i,N)}(t_j) \cdot \Delta t} \cdot \phi(r^{(i,N)}(t_0), \ldots r^{(i,N)}(t_N))$$

als Wert des Zinsinstruments für den i-ten Pfad.

(4) Ermittle

$$\widetilde{\pi}_{0,N,M} \; := \; \frac{1}{M} \cdot \sum_{i=1}^{M} \widetilde{\pi}_{0,N}^{(i)}$$

als Schätzwert für π_0.

Das Verfahren ist sehr flexibel in Bezug auf die Wahl der Schrittweiten, auf die Art der Diskretisierung und die Art des zu approximierenden Prozesses. Bei einer Wahl von $M = 10.000$ und $N = 1.000$ Zeitschritten pro Zeiteinheit (z.B. ein Jahr) ergeben sich bereits 10.000.000 Simulationsschritte. Aus diesem Grunde wurden zahlreiche effizienzsteigernde Techniken entwickelt, welche die Approximationseigenschaften signifikant verbesseren und die Anzahl der notwendigen Rechenschritte reduzieren. Zum Beweis der Konvergenz des Verfahrens verweisen wir auf [51]. Sie beruht auf der schwachen Konvergenz des Prozesses $(r^{i,N}(t))_{t \in [0;T]}$ und der Anwendung des starken Gesetzes der großen Zahlen für den Nachweis, dass das arithmetische Mittel in (4) eine erwartungstreue, stark konsistente Schätzfolge für π_0 darstellt.

Eine Konvergenzverbesserung kann dadurch hergestellt werden, dass die Varianz der Zufallsvariablen $\widetilde{\pi}_{0,N}^{(i)}$ verkleinert wird (sog. **Varianzreduktion**). Hierzu gibt es verschiedene Techniken. Eine, die sog. **antithetische Varianzreduktion**, besteht darin, bei unveränderter Anzahl der Simulationsschritte im obigen Schritt (2) die Zufallsvariablen $r_+^{(i,N)}(t_j)$ und $r_-^{(i,N)}(t_j)$ zu bilden, wobei erstere mit $r^{(i,N)}(t_j)$ identisch ist, und letztere analog zu $r^{(i,N)}(t_j)$ definiert wird, mit dem Unterschied, dass wir $-\varepsilon(t_j)$ anstelle von $\varepsilon(t_j)$ verwenden. Mit diesen Werten bildet man dann $\widetilde{\pi}_{+,0,N}^{(i)}$ und $\widetilde{\pi}_{-,0,N}^{(i)}$ und setzt

$$\widetilde{\pi}_{0,N}^{(i)} := \frac{1}{2} \cdot (\widetilde{\pi}_{+,0,N}^{(i)} + \widetilde{\pi}_{-,0,N}^{(i)}).$$

Während der Erwartungswert dabei unverändert bleibt, reduziert sich die Varianz unter Umständen deutlich, denn es gilt aufgrund der Gleichheit $\mathrm{Var}(\widetilde{\pi}_{+,0,N}^{(i)}) = \mathrm{Var}(\widetilde{\pi}_{-,0,N}^{(i)})$:

$$\mathrm{Var}\left(\frac{1}{2} \cdot (\widetilde{\pi}_{+,0,N}^{(i)} + \widetilde{\pi}_{-,0,N}^{(i)})\right) = \frac{1}{2} \cdot \mathrm{Var}(\widetilde{\pi}_{+,0,N}^{(i)}) \cdot (1 + \mathrm{Corr}(\widetilde{\pi}_{+,0,N}^{(i)}, \widetilde{\pi}_{-,0,N}^{(i)})),$$

und die Korrelation ist sicher dann negativ, wenn die dort auftretenden Zufallsvariablen monoton von der Short-Rate abhängen (z.B. bei Caps, Floors). Dies erklärt sich daraus, dass gemäß Konstruktion die Größen $r_+^{(i,N)}(t_j)$ und $r_-^{(i,N)}(t_j)$ negativ korreliert sind, was im Falle der Montonie zu einem negativen Wert für obige Korrelation führt.

Zu den erwähnten Stärken der Monte-Carlo-Simulation kommt hinzu, dass mit diesem Verfahren auch Sensitivitäten geschätzt werden können, und es für beliebige (Europäische) exotische Optionen funktioniert. Der Nachteil liegt darin begründet, dass Optionen, die vorzeitig ausübbar sind, damit nur schwer zu erfassen sind (siehe jedoch Abschnitt 3.4).

2.6　Market-Models

Short-Rate Modelle haben den generellen Nachteil, dass die zur Modellierung verwendete Short-Rate am Markt nicht unmittelbar beobachtbar ist, was zu aufwändigen Kalibrierungsmechanismen (vgl. Kapitel 3) führt. Des weiteren ergeben sich relativ komplizierte Bewertungsformeln für Standardzinsinstrumente wie Caps, Floors und Swaptions.

Diese Tatsache hat die Entwicklung eines alternativen Modellierungsansatzes inspiriert, der von den am Markt beobachtbaren Zinssätzen (LIBOR- oder Swap-Zinssätze) ausgeht und deren Verhalten im Zeitablauf direkt modelliert. Dabei handelt es sich um die sog. *Market-Models.* Sie sind konzeptionell etwas komplizierter als die Short-Rate Modelle, haben aber den Vorteil, dass sie die am Markt quotierten Preise für Euröpäische Caps, Floors und Swaptions reproduzieren können und somit eine theoretische Fundierung der BLACK76-Formeln liefern.

Die Market-Models gehen von einer geometrischen BROWNschen Bewegung des jeweils zu Grunde liegenden Zinssatzes unter einem Martingalmaß aus. Man unterscheidet zwischen den *LIBOR-Market-Models,* die in [62] und [11] eingeführt wurden, und den *Swap-Market-Models*, die in [46] eingeführt wurden. Wir werden beide Methoden hier darstellen.

2.6.1　LIBOR-Market-Model (LMM)

In den meisten Märkten werden nur Forward-Rates $F(t; S,T)$ mit vorgegebenen Zeitintervallen $\tau := (T - S)_{DC}$ aktiv gehandelt, z.B. $\tau = 1/4$ Jahr oder $\tau = 1/2$ Jahr. Wir nehmen daher an, es gebe n Werte $F(0; T_{j-1},T_j)$, $j \in \{1,...,n\}$, mit $\tau_j := (T_j - T_{j-1})_{DC}$. Unser Ziel besteht darin, ausgehend vom aktuellen Zeitpunkt $t = 0$ die künftigen Werte $F(t; T_{j-1},T_j), t \in (0; T_{j-1}]$ in Form eines stochastischen Prozesses zu modellieren. Dazu betrachten wir den vollständigen Wahrscheinlichkeitsraum $(\Omega,\mathcal{F},\mathbb{P})$, wobei $\mathcal{F} := (\mathcal{F}_t)_{t \in [0;T^*]}$ die zum $n-$dimensionalen WIENER-Prozess $\widetilde{W} = (\widetilde{W}_t)_{t \in [0;T^*]}$ gehörende kanonische Filtration sei. $\widetilde{W}^j$ bezeichne die $j-$te Komponente von $\widetilde{W}$. Von nun an verwenden wir (bei gegebenem j) die Bezeichnung $X(t)$ für den Vektor $(0,\ldots,0,F(t; T_{j-1},T_j),0,\ldots,0)^T \in \mathbb{R}^n$. Es seien $\underline{\mu}_j : \mathbb{R}^n \to \mathbb{R}^n$ mit $\underline{\mu}_j(\cdot) := (0,\ldots,0,\mu_j(\cdot),0,\ldots,0)^T$ und $\underline{\sigma}_j : [0;T_{j-1}] \to \mathbb{R}^n$ mit $\underline{\sigma}_j(t) := (0,\ldots,0,\sigma_j(t),0,\ldots,0)$ beschränkte, stetige Funktionen. Wir definieren den vektorwertigen Prozess $(X(t))_{t \in [0;T_{j-1}]} \in \mathbb{R}^n$ als Lösung der stochastischen Differenzialgleichung

$$
\begin{aligned}
dX(t) &:= \underline{\mu}_j(X(t)) + \underline{\sigma}_j(t) \cdot X(t) \cdot C\, d\widetilde{W}_t, \\
X(0) &:= (0,\ldots,0, F(0;T_{j-1},T_j),0,\ldots,0)^T \in \mathbb{R}^n
\end{aligned}
\tag{2.64}
$$

unter dem Maß $\mathbb{P}$. Setzt man $W := C \cdot \widetilde{W}$, so gilt $dW_t^j dW_t^k = \varrho_{j,k} dt$ mit vorgegebenen, sog. *instantanen Korrelationen* $\varrho_{j,k}$, falls C gemäß $C \cdot C^T = (\varrho_{j,k})_{j,k\in\{1,\ldots n\}}$ gewählt wird (CHOLESKY- Zerlegung !).

Nach SATZ 2.11 ist der reellwertige Prozess $(F(t;T_{j-1},T_j))_{t\in[0;T_{j-1}]}$ ein $\mathbb{Q}^{T_j}$-Martingal, wobei $\mathbb{Q}^{T_j}$ das zum Numéraire $P(t,T_j)$ gehörende T_j-Forward-Maß ist. Aus SATZ B.3 und der Martingaleigenschaft folgt dann zusammen mit (2.64), dass es sich um eine geometrische BROWNsche Bewegung mit Drift 0 handeln muss. Dies führt schließlich zur Gleichung

$$
dF(t;T_{j-1},T_j) = \sigma_j(t) \cdot F(t;T_{j-1},T_j)\, dW_t^j \;, \quad t \in [0;T_{j-1}],
\tag{2.65}
$$

unter dem T_j-Forward-Maß $\mathbb{Q}^{T_j}$ für alle $j \in \{1,\ldots,n\}$.

Wie wir in Kapitel 3 sehen werden, führt diese Dynamik zu einfachen Bewertungsformeln für Caps und Floors. Zur Bewertung von Swaptions und anderer komplexer Zinsderivate werden wir jedoch wir die Dynamik der Forward-Rate $F(t;T_{j-1},T_j)$ nicht nur unter $\mathbb{Q}^{T_j}$, sondern auch unter einem beliebigen T_k-Forward-Maß $\mathbb{Q}^{T_k}$, $k \in \{1,\ldots,n\}$ benötigen. Zu diesem Zweck beweisen wir den folgenden Satz.

SATZ 2.15 *Für* $F(t) := F(t;T_{j-1},T_j)$, $j \in \{1,\ldots,n\}$, *erhalten wir jeweils unter dem Maß* $\mathbb{Q}^{T_k}$

(1) *im Falle* $k < j$ *auf* $[0;T_k]$ *die eindimensionale Dynamik*

$$
dF(t) = \sigma_j(t) \cdot F(t) \cdot \sum_{l=k+1}^{j} \frac{\varrho_{j,l} \cdot \tau_l \cdot \sigma_l(t) \cdot F(t;T_{l-1},T_l)}{1 + \tau_l \cdot F(t;T_{l-1},T_l)} dt + \sigma_j(t) \cdot F(t) dW_t^j,
\tag{2.66}
$$

(2) *im Falle* $k = j$ *auf* $[0;T_{j-1}]$ *die eindimensionale Dynamik*

$$
dF(t) = \sigma_j(t) \cdot F(t) dW_t^j,
\tag{2.67}
$$

(3) *im Falle* $k > j$ *auf* $[0;T_{j-1}]$ *die eindimensionale Dynamik*

$$
dF(t) = -\sigma_j(t) \cdot F(t) \cdot \sum_{l=j+1}^{k} \frac{\varrho_{j,l} \cdot \tau_l \cdot \sigma_l(t) \cdot F(t;T_{l-1},T_l)}{1 + \tau_l \cdot F(t;T_{l-1},T_l)} dt + \sigma_j(t) \cdot F(t) dW_t^j.
\tag{2.68}
$$

Hierbei ist W^j die $j-$te Komponente eines WIENER-Prozesses W unter $\mathbb{Q}^{T_k}$ mit $dW_t^j dW_t^k = \varrho_{j,k} dt$. Aufgrund der Beschränktheit von $\sigma_j(\cdot)$ besitzten alle oben genannten Gleichungen eindeutige Lösungen.

BEWEIS: Aussage (2) folgt unmittelbar aus (2.65). Wir zeigen im Folgenden die Beziehung (3); mit völlig analogen Überlegungen ergibt sich (1).
Nach SATZ 2.10 und Definition von $F(t)$ gilt

$$p(t) := \left.\frac{d\mathbb{Q}^{T_{j+1}}}{d\mathbb{Q}^{T_j}}\right|_{\mathcal{F}_t} = \frac{P(0,T_j)}{P(0,T_{j+1})} \cdot (1 + \tau_{j+1} \cdot F(t;T_j,T_{j+1})). \tag{2.69}$$

Wir bestimmen nun einen Prozess $\alpha = (\alpha(t))$ mit $\alpha(t) = (\alpha_1(t),\ldots,\alpha_n(t))$, für den unter $\mathbb{Q}^{T_{j+1}}$ gilt

$$p(t) = \exp\left(-\frac{1}{2} \cdot \int_0^t \|\alpha(s)\|^2 ds + \int_0^t \alpha(s) d\widetilde{W}_s\right).$$

Unter der Annahme, das $\alpha(\cdot)$ gefunden ist, folgt aus der letzten Beziehung:

$$dp(t) = \alpha(t) \cdot p(t)\, d\widetilde{W}_t. \tag{2.70}$$

Wegen (2.69) haben wir $dp(t) = \frac{P(0,T_j)}{P(0,T_{j+1})} \cdot \tau_{j+1} \cdot dF(t;T_j,T_{j+1})$ und damit unter $\mathbb{Q}^{T_{j+1}}$:

$$\begin{aligned}
dp(t) &= \frac{P(0,T_j)}{P(0,T_{j+1})} \cdot \tau_{j+1} \cdot (\sigma_{j+1}(t) \cdot F(t;T_j,T_{j+1})\, dW_t^{j+1})\\[2mm]
&= \frac{P(0,T_j) \cdot \tau_{j+1} \cdot \sigma_{j+1}(t) \cdot F(t;T_j,T_{j+1})}{P(0,T_{j+1}) \cdot p(t)} \cdot p(t) \cdot c_{j+1}\, d\widetilde{W}_t\\[2mm]
&= \frac{\tau_{j+1} \cdot \sigma_{j+1}(t) \cdot F(t;T_j,T_{j+1})}{1 + \tau_{j+1} \cdot F(t;T_j,T_{j+1})} \cdot c_{j+1} \cdot p(t)\, d\widetilde{W}_t.
\end{aligned}$$

Dabei ist c_{j+1} der $(j+1)-$te Zeilenvektor von C. Ein Vergleich der letzten Gleichung mit (2.70) liefert nun

$$\alpha(t) = \frac{\tau_{j+1} \cdot \sigma_{j+1}(t) \cdot F(t;T_j,T_{j+1})}{1 + \tau_{j+1} \cdot F(t;T_j,T_{j+1})} \cdot c_{j+1}.$$

Wir wenden die $n-$dimensionale Variante des Satzes von GIRSANOV (SATZ B.3) an. Nach GIRSANOV gilt unter $\mathbb{Q}^{T_{j+1}}$:

$$dX(t) = -\sigma_j(t) \cdot F(t) \cdot C \cdot (\alpha(t))^T dt + \sigma_j(t) \cdot F(t)\, dW_t$$

woraus sich durch Betrachtung der $j-$ten Komponente von $X(t)$ schließlich

$$dF(t) = -\sigma_j(t) \cdot F(t) \cdot \frac{\varrho_{j,j+1} \cdot \tau_{j+1} \cdot \sigma_{j+1}(t) \cdot F(t;T_j,T_{j+1})}{1 + \tau_{j+1} \cdot F(t;T_j,T_{j+1})}\, dt + \sigma_j(t)\, F(t) dW_t^j$$

folgern lässt. Eine wiederholte Anwendung dieses Schlusses für die Indizes $j+1, j+2, \ldots, k$ führt dann zu Aussage (2.68). Wir zeigen die eindeutige Lösbarkeit von (2.68): Nach der ITÔ-Formel gilt

$$d \log F(t) = -\sigma_j(t) \cdot \sum_{l=j+1}^{k} \frac{\varrho_{j,l} \cdot \tau_l \cdot \sigma_l(t) \cdot F(t, T_{l-1}, T_l)}{1 + \tau_l \cdot F(t; T_{l-1}, T_l)} dt - \frac{\sigma_k^2(t)}{2} dt + \sigma_k(t) \, dW_t^k.$$

Der Diffusionskoeffizient dieser Gleichung ist deterministisch und beschränkt, und wegen

$$0 < \frac{\tau_j \cdot F(t; T_{j-1}, T_j)}{1 + \tau_j \cdot F(t; T_{j-1}, T_j)} < 1$$

ist auch der Drift beschränkt und differenzierbar in der Variablen $F(\cdot)$. Dies impliziert die eindeutige Lösbarkeit der obigen stochastischen Differenzialgleichung.

$\square$

2.6.2 Swap-Market-Model (SMM)

In Kapitel 1 haben wir gesehen, dass bei der Bewertung von Swaptions die Forward-Swap-Rate eine wichtige Rolle spielt. Zu Beschreibung der zeitlichen Dynamik dieser Zinssätze dienen die Swap-Market-Models.

Wir betrachten einen T_j-Receiver-Forward-Swap mit Nominal 1, bei dem an den Zahlunsgzeitpunkten $\{T_j, \ldots, T_n\}$ der feste Satz K gezahlt werde und variable Zahlungen empfangen werden mit Fixing an $\{T_{j-1}, \ldots, T_{n-1}\}$. Der Wert des genannten Swaps ist in T_{j-1} gegeben durch die Formel $\mathrm{RS}(T_{j-1}) := (K - S_{j,n}(T_{j-1})) \cdot \sum_{k=j}^{n} \tau_k \cdot P(T_{j-1}, T_k)$, wobei

$$S_{j,n}(t) = \frac{P(t, T_{j-1}) - P(t, T_n)}{\sum_{k=j}^{n} \tau_k \cdot P(t, T_k)}$$

die zugehörige Forward-Swap-Rate ist. Der im Nenner auftretende Term

$$C_{j,n}(t) := \sum_{k=j}^{n} \tau_k \cdot P(t, T_j)$$

ist der (stets positive) Barwert eines Portfolios handelbarer Instrumente. Wir können dieses Portfolio daher als Numéraire verwenden und bezeichnen das zugehörige äquivalente Martingalmaß mit $\mathbb{Q}^S$ (sog. **Swap-Maß**), wobei wir die Abhängigkeit des Maßes von j und n in der Notation hier weglassen. Da im Zähler ebenfalls der Marktwert eines handelbaren Instruments auftritt, ist die Forward-Swap-Rate daher eine Martingal unter dem Maß $\mathbb{Q}^S$. Unterstellen wir, dass der Prozess $(S_{j,n}(t))$ eine geometrische BROWNsche Bewegung ist, so hat diese aufgrund der Martingaleigenschaft notwendigerweise den Drift 0, und es gilt unter $\mathbb{Q}^S$ das **Swap-Market-Model**

$$dS_{j,n}(t) = \sigma_{j,n}(t) \cdot S_{j,n}(t)\, dW_t^S, \qquad (2.71)$$

wobei $\sigma_{j,n}(\cdot)$ die instantane deterministische Volatilitätsfunktion ist und $(W_t^S)_{t \in [0;T^*]}$ ein standardisierter WIENER Prozess unter dem Swap-Maß $\mathbb{Q}^S$. Die Abhängigkeit des WIENER Prozesses von j und n haben wir hierbei in der Notation unterdrückt.

In der Arbeit [35] von HUANG & SCAILLET wird eine Klassifikation von Swap-Market-Models in der folgenden Weise vorgenommen:

- **Co-terminale** SMM sind solche, bei denen die in (2.71) modellierten Forward-Swap-Rates alle einen identischen letzten Zahlungszeitpunkt T_n haben, aber jeweils unterschiedliche erste Zahlungszeitpunkte T_j ($j \in \{1, \dots n\}$) aufweisen.

- **Co-initiale** SMM zeichnen sich dadurch aus, dass alle in (2.71) modellierten Forward-Swap-Rates einen identischen ersten Zahlungszeitpunkt T_1 besitzen, jedoch unterschiedliche letzte Zahlungszeitpunkte.

- **Co-tenor** (oder auch **sliding**) SMM sind dadurch charakterisiert, dass die modellierten Forward-Swap-Rates von der Form $S_{j,j+m}$ für eine endliche Menge von Indizes j sind.

3 Bewertung von Zinsoptionen

Die im vorangegangenen Kapitel eingeführten Zinsstrukturmodelle werden wir in diesem Kapitel auf die gängigen Produkte des Zinsmarktes anwenden, nämlich auf Bondoptionen, Caps bzw. Floors und Swaptions. Dabei werden wir zur Bewertung auf das HULL-WHITE- sowie das LIBOR- und das Swap-Market-Model zurückgreifen.

Zur Bewertung von Derivaten im Allgemeinen und von Zinsderivaten im Besonderen bedient man sich häufig der in Kapitel 2 bereits angesprochenen

- Trinomialbaum- bzw. Gitterkonstruktionen (wie Differenzen- oder Finite-Elemente-Methoden zur Lösung partieller Differentialgleichungen),

- Monte-Carlo-Simulationen sowie

- analytischen Bewertungsformeln,

auf die wir uns beschränken wollen. Wir verweisen in diesem Zuammenhang auf [12], [43], [55], [63], [70], [84], [85] und auf [36]. Alle Methoden werden hier in unterschiedlicher Ausführlichkeit, soweit es eine einführende Darstellung wie diese erlaubt, auch in Form von Beispielen studiert. Dabei werden wir die Gittermethoden primär für Bondoptionen betrachten, wohingegen der Schwerpunkt bei Caps und Swaptions auf der Monte-Carlo-Simulation liegt, da diese für Market Models essenziell ist. Insbesondere gehen wir auf die Bewertung von Bermudan Swaptions nach dem von ANDERSEN vorgeschlagenen Ansatz zur Parametrisierung des Randes der Early Exercise Region ein.

3.1 Bondoptionen

Bei der ersten Gruppe von Zinsderivaten, auf die wir die im vorangegangenen Abschnitt erworbenen Kenntnisse über Zinsstrukturmodelle anwenden wollen, handelt es sich um Optionen, deren Underlying ein Bond ist. Hierbei werden wir uns zuerst mit Optionen auf Zerobonds beschäftigen, welche wiederum als Grundlage für die Bewertung von (kuponzahlenden) Anleihen sowie von Caps/Floors und Swaptions in den nachfolgenden Abschnitten dienen wird.

3.1.1 Bewertung von Zerobondoptionen nach Hull-White

Im Zusammenhang mit dem HULL-WHITE-Modell verwenden wir für den Preis eines in T_B fälligen Zerobonds synonym die Notationen $P(t,T_B)$ und $P(r,t,T_B)$, wobei letztere die Abhängigkeit von der Short-Rate r explizit ausdrückt. Eine Option mit Strike X und Laufzeit T auf einen Zerobond mit Endfälligkeit $T_B \geq T$ wird durch das Auszahlungsprofil

$$\phi(P(T,T_B)) = [\omega(P(T,T_B) - X)]^+ = \max\{\omega(P(T,T_B) - X),0\}$$

beschrieben, wobei wir wie gehabt für $\omega = 1$ eine Call- und für $\omega = -1$ eine Put-Option erhalten. Nach (2.39) gilt für die Call-Option (also $\omega = 1$):

$$C_P(r,t,T,T_B,X,\sigma) = P(r,t,T) \cdot \mathbb{E}^T\left([P(T,T_B) - X]^+\Big|\mathcal{F}_t\right) \qquad (3.1)$$

mit der Erwartung $\mathbb{E}^T := \mathbb{E}^{\mathbb{Q}^T}$ unter dem T-Forward-Maß $\mathbb{Q}^T$. Es liegt nun nahe, ein Short-Rate Modell zu verwenden, welches wie das von HULL-WHITE analytische Zerobondpreise

$$P(r,t,T) = A(t,T) \cdot e^{-B(t,T)\cdot r(t)} ,$$

liefert. Dies impliziert insbesondere, dass diese Preise nach HULL-WHITE unter dem risikoneutralen Maß $\mathbb{Q}$ lognormalverteilt sind (siehe auch Kapitel 2). Mit Blick auf (3.1) benötigen wir jedoch die Kenntnis über die Verteilung der Zerobondpreise $P(T,T_B)$ (gegeben $\mathcal{F}_t$) unter dem T-Forward-Maß $\mathbb{Q}^T$:

LEMMA 3.1 *Die Zerobondpreise des* HULL-WHITE-*Modelles sind auch unter dem T-Forward-Maß $\mathbb{Q}^T$ lognormalverteilt, und es gilt*

$$\mathbb{E}^T(\log P(T,T_B)|\mathcal{F}_t) = \log \frac{P(r,t,T_B)}{P(r,t,T)} - \frac{1}{2} \cdot \mathrm{Var}^{\mathbb{Q}}(\log P(t,T)|\mathcal{F}_t)$$

und

$$\mathrm{Var}^T(\log P(T,T_B)|\mathcal{F}_t) = \mathrm{Var}^{\mathbb{Q}}(\log P(T,T_B)|\mathcal{F}_t) .$$

BEWEIS: Wir beweisen zuerst die Verteilungsaussage und geben dabei *en passant* die Varianz von $\log P(T,T_B)$ unter $\mathbb{Q}^T$, gegeben die Information bis zum Zeitpunkt t, also $\mathcal{F}_t$, an, aus welcher wir über einen Zwischenschritt auch die Aussage über den Erwartungswert herleiten werden.

1. Betrachten wir die LAPLACE-Transformierte von $\xi := \log P(T,T_B)|\mathcal{F}_t$ unter $\mathbb{Q}^T$,

$$\psi(\lambda) \;=\; \mathbb{E}^T\!\left(e^{\lambda \log P(T,T_B)}\big|\mathcal{F}_t\right) = \mathbb{E}^{\mathbb{Q}}\!\left(\frac{e^{-\int_t^T r(s)ds}}{P(r,t,T)}\cdot e^{\lambda\xi}\bigg|\mathcal{F}_t\right) =$$

$$=\; \frac{1}{P(r,t,T)}\cdot\mathbb{E}^{\mathbb{Q}}\!\left(e^{\lambda\xi-\int_t^T r(s)ds}\big|\mathcal{F}_t\right)\;,$$

so ist der Exponent $X(\lambda) := \lambda\xi - \int_t^T r(s)ds$ des Terms im letzten Erwartungswert, bedingt auf $\mathcal{F}_t$, normalverteilt, da sowohl $r(s)|\mathcal{F}_t$ für jedes $s \in [t;T^*]$ (und damit $I_{r,t,T} := \int_t^T r(s)ds\big|\mathcal{F}_t$) als auch $\xi = \log P(T,T_B)\big|\mathcal{F}_t$ normalverteilt sind unter dem risikoneutralen Maß $\mathbb{Q}$. Folglich ist nach (A.22)

$$\psi(\lambda) \;=\; \frac{1}{P(r,t,T)}\cdot\exp\!\left(\mathbb{E}^{\mathbb{Q}}(X(\lambda)) + \frac{1}{2}\cdot\mathrm{Var}^{\mathbb{Q}}(X(\lambda))\right)$$

mit $\mathbb{E}^{\mathbb{Q}}(X(\lambda)) = -\mathbb{E}^{\mathbb{Q}}(I_{r,t,T}) + \lambda\cdot\mathbb{E}^{\mathbb{Q}}(\xi)$ und

$$\mathrm{Var}^{\mathbb{Q}}(X(\lambda)) \;=\; \mathrm{Var}^{\mathbb{Q}}(\lambda\cdot\xi - I_{r,t,T}) =$$
$$=\; \lambda^2\cdot\mathrm{Var}^{\mathbb{Q}}(\xi) + \mathrm{Var}^{\mathbb{Q}}(I_{r,t,T}) - 2\cdot\lambda\cdot\mathrm{Cov}^{\mathbb{Q}}(\xi,I_{r,t,T})\;.$$

Weil wir ferner (wiederum aus (A.22))

$$P(r,t,T) \;=\; \mathbb{E}^{\mathbb{Q}}\!\left(e^{-\int_t^T r(s)ds}\big|\mathcal{F}_t\right) \;=\; \exp\!\left(-\mathbb{E}^{\mathbb{Q}}(I_{r,t,T}) + \frac{1}{2}\cdot\mathrm{Var}^{\mathbb{Q}}(I_{r,t,T})\right)$$

wissen, erhalten wir insgesamt

$$\psi(\lambda) \;=\; \exp\!\left(\lambda\cdot\left[\mathbb{E}^{\mathbb{Q}}(\xi) - \mathrm{Cov}^{\mathbb{Q}}(\xi,I_{r,t,T})\right] + \frac{\lambda^2}{2}\cdot\mathrm{Var}^{\mathbb{Q}}(\xi)\right)\;.$$

Da aber die LAPLACE-Transformierte einer normalverteilten Zuvallsvariablen gerade durch (A.22) gegeben und eine Verteilung durch ihre LAPLACE-Transformierte eindeutig bestimmt ist, ist somit $\xi = \log P(T,T_B)|\mathcal{F}_t$ normalverteilt unter $\mathbb{Q}^T$ mit Varianz

$$\mathrm{Var}^T(\log P(T,T_B)|\mathcal{F}_t) = \mathrm{Var}^{\mathbb{Q}}(\log P(T,T_B)|\mathcal{F}_t)\;.$$

2. Gemäß Definition des T-Forward-Maßes $\mathbb{Q}^T$ ist

$$\mathbb{E}^T(P(T,T_B)|\mathcal{F}_t) = \mathbb{E}^{\mathbb{Q}}\!\left(\frac{e^{-\int_t^T r(s)ds}}{P(r,t,T)}\cdot P(T,T_B)\big|\mathcal{F}_t\right)\;,$$

so dass mit $P(t_0,t_1) = \mathbb{E}^{\mathbb{Q}}\!\left(e^{-\int_{t_0}^{t_1} r(s)ds}\big|\mathcal{F}_{t_0}\right)$ und den Rechenregeln für bedingte Erwartungen (wegen $\mathcal{F}_t \subset \mathcal{F}_T$) folgt:

$$\mathbb{E}^T(P(T,T_B)|\mathcal{F}_t) \;=\; \mathbb{E}^{\mathbb{Q}}\!\left(\frac{e^{-\int_t^T r(s)ds}}{P(r,t,T)}\cdot\mathbb{E}^{\mathbb{Q}}\!\left(e^{-\int_T^{T_B} r(s)ds}\big|\mathcal{F}_T\right)\big|\mathcal{F}_t\right) \overset{(A.7)}{=}$$

$$=\; \frac{1}{P(r,t,T)}\cdot\mathbb{E}^{\mathbb{Q}}\!\left(\mathbb{E}^{\mathbb{Q}}\!\left(e^{-\int_t^{T_B} r(s)ds}\big|\mathcal{F}_T\right)\big|\mathcal{F}_t\right) \overset{(A.5)}{=}$$

$$=\; \frac{\mathbb{E}^{\mathbb{Q}}\!\left(e^{-\int_t^{T_B} r(s)ds}\big|\mathcal{F}_t\right)}{P(r,t,T)} \;=\; \frac{P(r,t,T_B)}{P(r,t,T)}\;.$$

3. Mit den beiden vorangegangenen Schritten ergibt sich schließlich aus

$$
\frac{P(r,t,T_B)}{P(r,t,T)} \; = \; \mathbb{E}^T\left(P(T,T_B)|\mathcal{F}_t\right) = \mathbb{E}^T\left(e^{\log P(T,T_B)}|\mathcal{F}_t\right) \overset{(A.22)}{=}
$$

$$
= \; \exp\left(\mathbb{E}^T(\log P(T,T_B)|\mathcal{F}_t) + \frac{1}{2}\cdot \mathrm{Var}^T(\log P(T,T_B)|\mathcal{F}_t)\right)
$$

und Beweisschritt 1. die Behauptung.

$\square$

Erinnern wir uns nun noch daran, dass

$$
\mathrm{Var}^{\mathbb{Q}}(\log P(T,T_B)|\mathcal{F}_t) = \sigma_P^2(t,T,T_B)
$$

nach (2.59) gilt, so ist die Bewertung einer Zerobondoption eine relativ einfache Angelegenheit, da sie in völlig analoger Art und Weise erfolgt, wie wir es von der BLACK76-Formel her gewohnt sind: Das Underlying ist zur Endfälligkeit T der Option nach dem vorstehenden Lemma lognormalverteilt (unter dem T-Forward-Maß $\mathbb{Q}^T$), so dass die Bewertung gemäß (3.1) auf eine BLACK-ähnliche Formel führt.

SATZ 3.1 *Der Wert C_P eines Calls mit Strike X und Endfälligkeit T auf einen Zerobond mit Auszahlung in $T_B \geq T$ ergibt sich zur Zeit t im* HULL-WHITE-*Modell zu*

$$
C_P^{HW}(r,t,T,T_B,X) \; = \; P(r,t,T_B)\cdot\Phi(d_1) - X\cdot P(r,t,T)\cdot\Phi(d_2) \tag{3.2}
$$

mit

$$
d_1 := d_1(r,t,T,T_B,X) \; = \; \frac{\log\left(\frac{P(r,t,T_B)}{P(r,t,T)\cdot X}\right) + \frac{1}{2}\cdot\sigma_P^2(t,T,T_B)}{\sigma_P(t,T,T_B)} \tag{3.3}
$$

und

$$
d_2 := d_2(r,t,T,T_B,X) = d_1(r,t,T,T_B,X) - \sigma_P(t,T,T_B)\,, \tag{3.4}
$$

wobei $P(r,t,T)$ den Marktwert eines Zerobonds mit Laufzeit T zum Zeitpunkt t bezeichnet und wir $\sigma_P(t,T,T_B)$ aus (2.58) verwenden.

BEWEIS: Da die Zufallsvariable $\xi = \log P(T,T_B)|\mathcal{F}_t$ unter $\mathbb{Q}^T$ normalverteilt ist mit den Parametern

$$
\theta = \mathrm{Var}^T(\log P(T,T_B)|\mathcal{F}_t) = \sigma_P(t,T,T_B)^2 \quad \text{und}
$$

$$
x = \mathbb{E}^T(\log P(T,T_B)|\mathcal{F}_t) = \log\frac{P(r,t,T_B)}{P(r,t,T)} - \frac{\theta}{2},
$$

ergibt sich

$$C_P^{HW}\left(r,t,T,T_B,X\right) \overset{(3.1)}{=} P(r,t,T) \cdot \mathbb{E}^T\left(\left(P(T,T_B) - X\right)^+\Big|\mathcal{F}_t\right) =$$

$$= P(r,t,T) \cdot \left[e^{x+\frac{\theta}{2}} \cdot \Phi\left(\frac{x - \log(X) + \theta}{\sqrt{\theta}}\right) - X \cdot \Phi\left(\frac{x - \log(X)}{\sqrt{\theta}}\right)\right]$$

Die letzte Gleichung folgt dabei durch Auswerten der entsprechenden Integrale in völliger Analogie zur Vorgehensweise in Kapitel 2.

$\square$

Der Wert P_P einer entsprechenden Put-Option auf einen Zerobond P ergibt sich aus der Put-Call-Parität

$$\mathrm{P}_P(r,t,T,T_B,X) = \mathrm{C}_P(r,t,T,T_B,X) + X \cdot P(r,t,T) - P(r,t,T_B)$$

wegen $\Phi(-z) = 1 - \Phi(z)$ zu

$$\mathrm{P}_P^{HW}(r,t,T,T_B,X) = X \cdot P(r,t,T) \cdot \Phi(-d_2) - P(r,t,T_B) \cdot \Phi(-d_1) \ . \qquad (3.5)$$

BEMERKUNG 3.1 *Für das Short-Rate Modell (2.46) von* COX, INGERSOLL *und* ROSS *erhält man ebenfalls analytische Preisformeln für Zerobondoptionen, siehe etwa [14].*

BEMERKUNG 3.2 *Verwendet man das* BLACK76-*Modell mit der Volatilität*

$$\sigma := \sigma^{B76} = \frac{\sigma_P(t,T,T_B)}{\sqrt{T-t}} \ ,$$

für den Zerobond, so erhält man dieselben Bewertungsformeln für Zerobondoptionen.

Den soeben aufgezeigten Zusammenhang könnte man auch für eine **Kalibrierung** des HULL-WHITE-Modelles, also eine Bestimmung der Parameter a und σ in (2.49), an Zerobondoptionspreisen, die am Markt quotiert werden, verwenden. Diese werden wir jedoch am Beispiel der Kalibrierung an Cap-Preisen demonstrieren.

Bei den am Markt quotierten Volatilitäten für Bondoptionen handelt es sich meist nicht um Preis-, sondern um Renditevolatilitäten. Mit Hilfe des Durationskonzeptes, auf welches wir in Kapitel 4 (vgl. DEFINITION 4.2) zu sprechen kommen werden, kann man jedoch eine entsprechende Umrechnung durchführen (siehe beispielsweise HULL [36], S. 514f.).

BEISPIEL 3.1 *Wir betrachten am Stichtag* 01.09.2003 *einen einjährigen Europäischen Put mit Strike* $X = 0,97$ *auf einen Zerobond mit Nominal* 1 *und Endfälligkeit am* 01.09.2005. *Die zur Bewertung benötigten Marktdaten entnehmen wir* BEMERKUNG 1.1. *Das zu verwendende* HULL-WHITE-*Modell habe die Parameter* $a = 15{,}00\%$ *und* $\sigma = 1{,}25\%$. *Wegen*

$$\sigma_P(0,1,2) = \frac{1 - e^{-0{,}15 \cdot (2-1)}}{0{,}15} \cdot \sqrt{\frac{0{,}0125^2}{2 \cdot 0{,}15} \cdot \left(1 - e^{-2 \cdot 0{,}15 \cdot (1-0)}\right)} = 1{,}0789\%$$

ist einerseits $d_1 = \dfrac{\log\left(\frac{0{,}946579}{0{,}977114 \cdot 0{,}97}\right) + \frac{1}{2} \cdot 0{,}010789^2}{0{,}01789} = -0{,}114062883$ *und andererseits* $d_2 = d_1 - \sigma_P(0,1,2) = -0{,}124852017$, *so dass wir aus* (3.5)

$$\begin{aligned}
\mathrm{P}_P^{HW} &= 0{,}97 \cdot 0{,}977114 \cdot \Phi(0{,}12458) - 0{,}946579 \cdot \Phi(0{,}11406) \\
&= 0{,}004716
\end{aligned}$$

erhalten.

Alternativ zur Bewertung mit SATZ 3.1 kann man natürlich gemäß Kapitel 2 einen entsprechenden Trinomialbaum zur Bewertung einer Zerobondoption konstruieren. Dazu wie auch für eine Bewertung mit Hilfe partieller Differenzialgleichungen benötigen wir

BEMERKUNG 3.3 *Die Bewertung einer Europäischen Option mit Ausübungszeitpunkt* T *auf einen Zerobond mit Endfälligkeit in* T_B *und Strike* X *kann (in einem Short-Rate Modell) auch auf die folgende Weise geschehen:*

(1) *Im ersten Schritt konstruiert man den zugrundeliegenden Preisprozess* $P(r,t,T_B)$ *des Zerobonds auf* $[0;T_B]$, *der durch die Endwertbedingung* $P(r,T_B,T_B) = 1$ *und den Short-Rate Prozess* $r := (r(t))_{t \in [0;T_B]}$ *festgelegt ist.*

(2) *Danach wird in einem zweiten Schritt ausgehend von der Endwertbedingung*

$$\pi(T,r) = [\omega(P(r,T,T_B) - X)]^+$$

der Wert $\pi(0,r)$ *der Option basierend auf dem aus* (1) *erhaltenen Preisprozess* $(P(r,t,T_B))_{t \in [0;T]}$ *ermittelt.*

Zur Anwendung dieser Bemerkung greifen wir unser obiges Beispiel erneut auf.

BEISPIEL 3.2 *Für dieselbe Zerobondoption wie in* BEISPIEL *3.1 lässt sich der Optionspreis mit Hilfe eines Trinomialbaumes aus* BEISPIEL *2.8 gemäß* BEMERKUNG *3.3 ermitteln, wobei wir der Einfachheit halber hier $r^n(t) = r_{i,j}$ für $t \in [t_i; t_{i+1})$ verwenden.*

(1) *Zunächst einmal tragen wir zur Endfälligkeit $t = T_B = 2$ des Zerobonds dessen Auszahlungsprofil, also $P(r,T_B,T_B) = 1$, in jeden Knoten ein, wie im linken Baum dargestellt. Um nun den Wert des zweijährigen Zerobonds in den Knoten zum Zeitpunkt $t = t_i = 1$ zu ermitteln, bilden wir nach* Kapitel *2 den mit der annualisierten Zero-Rate $r_{i,j}$ diskontierten Erwartungswert aller Auszahlungen, die vom Knoten (i,j) aus zum Zeitpunkt $t_{i+1} = t_i + \Delta t = 1 + 1 = 2$ möglich sind, also*

$$\mathbb{E}^n_{i,\,r_{i,j}} = e^{-\Delta t_i \cdot r_{i,j}} \cdot (p_{u,i,j} \cdot \mathbb{E}^n_{i+1,\,r_{i,k+1}} + p_{m,i,j} \cdot \mathbb{E}^n_{i+1,\,r_{i,k}} + p_{d,i,j} \cdot \mathbb{E}^n_{i+1,\,r_{i,k-1}})$$

mit $\mathbb{E}^n_{n,\cdot} = \phi(\cdot) = 1$. Beispielsweise erhalten wir aus BEISPIEL *2.8 die annualisierte Short-Rate $r_{1,1} = 5{,}1939\%$ und aus Spalte $j = 1$ der Tabelle die Wahrscheinlichkeiten $p_{b,i,j}$, $b \in \{u,m,d\}$, was*

$$\begin{aligned} D &= e^{-0{,}051939 \cdot 1} \cdot (10{,}6722\% \cdot 1 + 64{,}7264\% \cdot 1 + 24{,}6014\% \cdot 1) = \\ &= 0{,}9493863 \end{aligned}$$

ergibt. Völlig analog erhalten wir so $C = 0{,}968685$ und $B = 0{,}988376$, genau wie im rechten Trinomialbaum dargestellt:

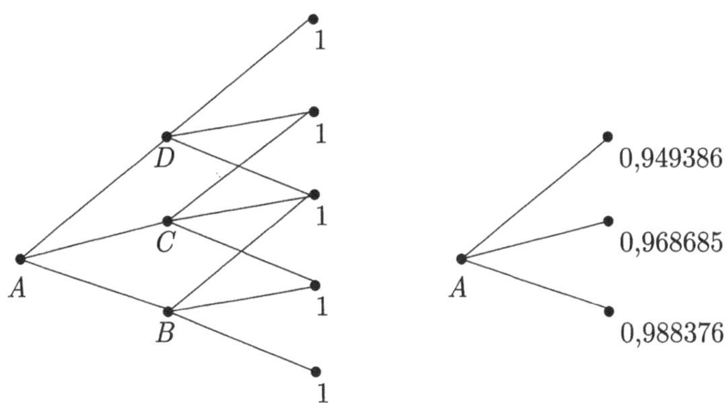

Die Berechnung von

$$A = e^{-0{,}023152} (16{,}6667\% + 66{,}6667\% + 16{,}6667\%) = 0{,}946579$$

liefert schließlich noch einen Test der Baumkonstruktion, da zum Zeitpunkt $t = 0$ in der Tat der Zerobondpreis $P(0,2) = 0{,}94658$ im Knoten A repliziert wird.

(2) *Nachdem nun durch Schritt (1) der Preisprozess bekannt ist, können wir sofort zur Berechnung der Optionsprämie übergehen. Dazu beginnen wir wie gehabt mit dem Auszahlungsprofil in den letzten Zeitknoten, was zunächst den folgenden Trinomialbaum liefert:*

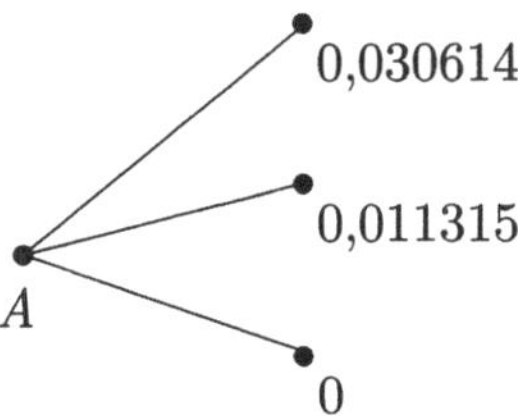

Die Optionsprämie erhalten wir mit der annualisierten Short-Rate $r_{0,0} = 2{,}3152\%$ und den Wahrscheinlichkeiten für $j = 0$ daher zu

$$\mathrm{P}_P^{HW} = \frac{16{,}6667\% \cdot 0{,}030614 + 66{,}6667\% \cdot 0{,}011315 + 16{,}6667\% \cdot 0}{e^{0{,}023152 \cdot 1}} =$$

$$= 0{,}004213 \, ,$$

was trotz der sehr groben Approximation von nur einem einzigen Zeitschritt $\Delta t = 1$ einen verhältnismäßig brauchbaren Wert im Vergleich zu BEISPIEL 3.1 *liefert.*

Wir sollten kurz erwähnen, dass wir in unserem Beispiel der in der Praxis üblichen Vorgehensweise gefolgt sind und mit einer jeweils über $[t_i; t_{i+1})$ konstanten Short-Rate $r^n(t) = r_{i,j}$ diskontiert haben, anstatt den stochastischen Diskontierungsfaktor $\exp\left(-\int_{t_i}^{t_{i+1}} r^n(u)du\right)$ mit dem über lineare Interpolation erhaltenen Prozess $(r^n(t))_{t\in[0;T]}$ zu verwenden.

Der große Vorteil der Bewertung mit Trinomialbäumen besteht in ihrer Flexibilität. Eine marginale Anpassung des Bewertungsmechanismus ermöglicht nämlich die Bewertung von Optionen mit einem Auszahlungsprofil, welches eine vorzeitige Ausübung (sog. *early exercise*) der Option erlaubt, wie beispielsweise bei amerikanischen oder Bermudan Optionen der Fall: Hierzu muss nur im Schritt (2) von BEMERKUNG 3.3 zusätzlich an jedem Zeitpunkt, an dem die Option ausgeübt werden darf und der somit ein Knoten der zeitlichen Diskretisierung sein sollte, überprüft werden, ob der Wert der Option zum jeweiligen Zeitpunkt kleiner ist als der bei sofortiger Ausübung erzielte Wert, so dass der Wert der Option in t_i einfach durch das Maximum dieser beiden Werte gegeben ist.

Im Prinzip lassen sie sich Trinomialbäume als Spezialfälle so genannter *expliziter Differenzenverfahren* auffassen. Auf solche gelangt man, wenn
man mit Hilfe der partiellen Differenzialgleichung (2.44) eine Bewertung von
Zinsinstrumenten anstrebt. Beim HULL-WHITE-Modell (2.49) lautet diese
für den Wert $\pi(t,r)$ eines Derivates mit Auszahlungsprofil ϕ

$$\pi_t(t,r) + a \cdot [b(t) - r] \cdot \pi_r(t,r) + \frac{\sigma^2}{2} \cdot \pi_{rr}(t,r) - r \cdot \pi(t,r) = 0 \qquad (3.6)$$

auf $Z_0 := (0;T) \times \mathbb{R}$ mit $b(\cdot)$ nach (2.52) und der Endwertbedingung

$$\pi(T,r) = \phi(r) \quad \text{für alle } r \in \mathbb{R} . \qquad (3.7)$$

Das erste Problem bei der Behandlung des durch (3.6) und (3.7) definierten Endwertproblems liegt im unbeschränkten Grundbereich, über dem die
PDE erklärt ist. Daher nimmt man zunächst eine **Lokalisierung** des Zustandsraumes bezüglich der Short-Rate vor. Hierzu wählt man $r_{\max} > 0$ so
groß, dass die Lösung $\tilde{\pi}$ des obigen Endwertproblems auf dem *beschränkten*
Grundbereich $Z := (0;T) \times (-r_{\max}; r_{\max})$ mit DIRICHLET-Randbedingungen

$$\tilde{\pi}(t, - r_{\max}) = \tilde{\pi}(t,r_{\max}) = 0 \quad \text{für alle } t \in [0;T]$$

innerhalb eines vorgegebenen Fehlers von π bleibt, was möglich ist, da

$$|\pi(t,r) - \tilde{\pi}(t,r)| \leq c \cdot \mathbb{Q}\Big(\bigcup_{s \in [0;T]} \{|r(s)| > r_{\max} : r(0) = r\}\Big) \to 0$$

für $r_{\max} \to +\infty$ gilt (vgl. LAMPERTON & LAPEYRE [55]). Im Folgenden werden wir also auf dem beschränkten Zustandsraum Z arbeiten und
der Einfachheit halber die Lösungen des zugehörigen Endwertproblems mit
DIRICHLET-Randbedingungen wieder kurz mit π (anstatt $\tilde{\pi}$) bezeichnen.
Wie bei Trinomialbäumen besteht der folgende Schritt in einer **Diskretisierung** des beschränkten Zustandsraumes Z: Im einfachsten Fall zerlegen
wir $[0;T]$ äquidistant in $(M + 1)$ Teilintervalle $[t_i; t_{i+1}]$ der Länge $\Delta t :=
t_{i+1} - t_i = \frac{T}{M}$ und $[-r_{\max}; r_{\max}]$ äquidistant in $(N+1)$ Teilintervalle $[r_j; r_{j+1}]$
der Länge $\Delta r := \frac{2r_{\max}}{N}$, wobei $r_j := -r_{\max} + j \cdot \Delta r$, $j \in \{0,...,N\}$, gewählt
wird. Mit Hilfe dieser Diskretisierung, die auch die allgemeine Bezeichnung
Gittermethoden anschaulich begründet, approximieren wir sodann die partiellen Ableitungen bezüglich der Short-Rate in (2.44) durch Differenzenquotienten auf dem so erhaltenen Gitter, d.h.

$$a \cdot [b(t) - r_j] \cdot \pi_r(t,r_j) \quad \text{durch} \quad a \cdot [b(t) - r_j] \cdot \frac{\pi(t,r_{j+1}) - \pi(t,r_{j-1})}{2\Delta r}$$

(den zentralen Differenzenquotienten) und

$$\frac{\sigma^2}{2} \cdot \pi_{rr}(t,r_j) \quad \text{durch} \quad \frac{\sigma^2}{2} \cdot \frac{\pi(t,r_{j+1}) - 2\pi(t,r_j) + \pi(t,r_{j-1})}{(\Delta r)^2}$$

(den Differenzenquotienten zweiter Ordnung). Diese Diskretisierung führt mit den DIRICHLET-Randbedingungen $\pi(\cdot,r_0) = \pi(\cdot,r_N) = 0$ auf ein tridiagonales System von $(N+1)$ gewöhnlichen Differenzialgleichungen bezüglich der Zeitrichtung,

$$\frac{\partial}{\partial t}\left(\pi(t,r_j)\right)_{j\in\{0,\ldots N\}} + A(t) \cdot \left(\pi(t,r_j)\right)_{j\in\{0,\ldots N\}} = 0 , \quad t \in (0;T),$$

mit $A(t) := (A_0(t),A_1(t),A_2(t),\cdots,A_{N-1}(t),A_N(t))^T \in \mathbb{R}^{(N+1)\times(N+1)}$ gegeben durch

$$A(t) = \begin{pmatrix} \beta_{t,0} & \gamma_{t,0} & 0 & 0 & \cdots & 0 & 0 & 0 \\ \alpha_{t,1} & \beta_{t,1} & \gamma_{t,1} & 0 & \cdots & 0 & 0 & 0 \\ 0 & \alpha_{t,2} & \beta_{t,2} & \gamma_{t,2} & \cdots & 0 & 0 & 0 \\ \vdots & \vdots & \vdots & \vdots & \ddots & \vdots & \vdots & \vdots \\ 0 & 0 & 0 & 0 & \cdots & \alpha_{t,N-1} & \beta_{t,N-1} & \gamma_{t,N-1} \\ 0 & 0 & 0 & 0 & \cdots & 0 & \alpha_{t,N} & \beta_{t,N} \end{pmatrix},$$

$$\alpha_{t,j} := -\frac{a \cdot [b(t) - r_j]}{2\Delta r} - \frac{\sigma^2}{2(\Delta r)^2}, \qquad \beta_{t,j} := -\frac{\sigma^2}{(\Delta r)^2} - r_j,$$

$$\gamma_{t,j} := \frac{a \cdot [b(t) - r_j]}{2\Delta r} - \frac{\sigma^2}{2(\Delta r)^2}$$

sowie den $(N+1)$ Endwertbedingungen

$$\pi(T,r_j) = \phi(r_j) \quad \text{für } j \in \{0,\ldots,N\} .$$

Die numerische Lösung $\pi(t_i,r_j)$ solcher Systeme kann nun beispielsweise mit Hilfe des vorwärts gerichteten Differenzenquotienten für die zeitliche Ableitung durch

$$\frac{\pi(t_{i+1},r_j) - \pi(t_i,r_j)}{\Delta t} + \theta A_j(t_i)(\pi(t_i,r_j))_j + (1 - \theta)A_j(t_i)(\pi(t_{i+1},r_j))_j = 0$$

$$(3.8)$$

für $i \in \{0,\ldots,M-1\}$ rekursiv, beginnend mit

$$\pi(t_M,r_j) = \phi(r_j)$$

für alle $j \in \{0,\ldots,N\}$ und fest gewähltes $\theta \in [0;1]$ ermittelt werden.

BEMERKUNG 3.4 *Für $\theta = 0$ erhält man ein* **explizites Differenzenverfahren**, *da in diesem Falle $\pi(t_i, r_j)$ direkt aus $\pi(t_{i+1}, r_j)$ berechnet werden kann. Es folgt nämlich aus (3.8) mit der abkürzenden Schreibweise $\pi_{u,v} := \pi(t_u, r_v)$ für $j \in \{1, ..., N-1\}$ die Beziehung*

$$\pi_{i,j} = (\Delta t)\alpha_{t_i,j} \cdot \pi_{i+1,j-1} + (1 + (\Delta t)\beta_{t_i,j}) \cdot \pi_{i+1,j} + (\Delta t)\gamma_{t_i,j} \cdot \pi_{i+1,j-1} \, ,$$

was veranschaulicht (mit den Gewichten $\widetilde{p}_u := (\Delta t)\alpha_{t_i,j}$, $\widetilde{p}_m := (1 + (\Delta t)\beta_{t_i,j})$ und $\widetilde{p}_d := (\Delta t)\gamma_{t_i,j}$)

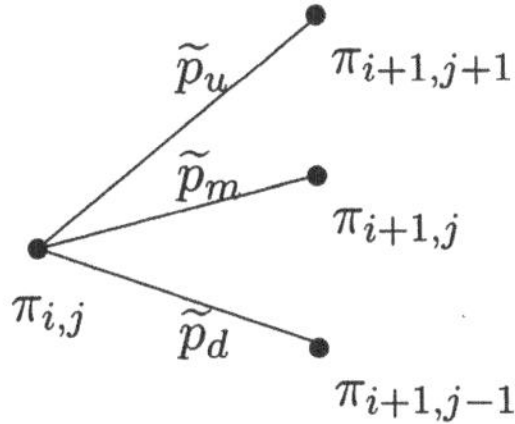

bereits die Äquivalenz von expliziten Differenzenverfahren und Trinomialbäumen verdeutlicht. Vergleiche hierzu HULL [36] *und* SEYDEL [78].

Hingegen bedarf der Fall $\theta \in (0; 1]$ zunächst der Berechnung des implizit durch (3.8) gegebenen $\pi(t_i, r_{j+1})$. Dazu ist also stets ein tridiagonales lineares Gleichungssystem zu lösen, was beispielsweise mit dem GAUß-Algorithmus geschehen kann. Diese zwar einerseits zeitaufwändigere Prozedur wird jedoch insofern gern in Kauf genommen, als dass sich dadurch die Konvergenzeigenschaften der mit dem Differenzenverfahren erzielten Näherungen wesentlich verbessern.

BEMERKUNG 3.5 *Für $\theta = \frac{1}{2}$ erhält man aus (3.8) das in der Praxis sehr beliebte* **Differenzenverfahren von Crank-Nicolson**, *bei dem es sich um ein Differenzenverfahren zweiter Ordnung handelt.*

Neben der dargestellten Methode gibt es natürlich eine ganze Reihe weiterer Methoden zur numerischen Lösung der partiellen Differenzialgleichungen (2.44) bzw. (3.6), wie beispielsweise die Finite-Elemente Methoden, für die wir wie auch für Konvergenzbeweise auf SEYDEL [78], LAMPERTON & LAPEYRE [55] oder HULL [36] verweisen.

Dennoch zeigt sich, dass insbesondere die einfachen Trinomialbaum- und Differenzenverfahren ob Ihrer Flexibilität und Anpassbarkeit auch an exotischere Auszahlungsprofile nach wie vor die führende Methodenklasse in der Anwendung von Short-Rate Modellen in den Kreditinstituten darstellen.

3.1.2 Optionen auf Anleihen nach Hull-White

Es ist naheliegend, die Kenntnisse aus der Bewertung von Zerobondoptionen auch auf die Bewertung von Optionen auf (kuponzahlende) Anleihen auszudehnen. Dazu bezeichne $B := B(r,t,\mathcal{T},\mathcal{C})$ den Dirty Price unserer Anleihe zum Zeitpunkt t, welche an den Zinsterminen T_j jeweils den Kupon $C_j := C(T_j)$, $j \in \{1,...,n\}$, zahlt, wobei $T_n = T_B$ ist. Zur Abkürzung setzen wir $\mathcal{C} := \{C_j : j \in \{1,...,n\}\}$ und $\mathcal{T} := \{T_j : j \in \{1,...,n\}\}$.

Ferner vereinbaren wir an dieser Stelle zunächst, dass X den Dirty Strike bezeichnet, sich also auf den Dirty Price der Anleihe bezieht. Nach Herleitung der Bewertungsformel werden wir dann durch eine geeignete Modifikation zur Handelsusance, dem Clean Strike, übergehen.

Da man (kuponzahlende) Anleihen als ein Portfolio von Zerobonds auffassen kann, liegt es nahe, die soeben erworbenen Kenntnisse bzgl. Zerobondoptionen für die Bewertung von Anleiheoptionen auszunutzen. Dieser Ansatz geht auf JAMSHIDIAN [44] zurück und wird auch als *Jamshidian Zerlegung* bezeichnet.

BEMERKUNG 3.6 *Die* Grundannahme *für die Durchführung der* JAMSHIDIAN-*Zerlegung für Modelle mit analytischen Zerobondpreisen besteht darin, dass alle Funktionen*

$$r \mapsto P(r,T,T_j), \quad j \in \{1,...,n\},$$

stetig und streng monoton fallend sind, was im HULL-WHITE-*Modell wegen* $P(r,T,T_j) = A(T,T_j) \cdot e^{-B(T,T_j)\cdot r}$ *erfüllt ist.*

Um unsere Kenntnisse über Zerobondoptionen anwenden zu können, modifizieren wir basierend auf dieser Grundannahme zunächst das Auszahlungsprofil

$$\phi(B(r,T,\mathcal{T},\mathcal{C})) = [B(r,T,\mathcal{T},\mathcal{C}) - X]^+ = \max\{B(r,T,\mathcal{T},\mathcal{C}) - X,0\} \, ,$$

indem wir im ersten Schritt diejenige kritische Short-Rate r^* bestimmen, bei deren Realisation zum Zeitpunkt T der Dirty Price der Anleihe genau dem Dirty Strike X entspricht. Dafür muss also die Gleichung $B(r^*,T,\mathcal{T},\mathcal{C}) = X$ gelten, d.h. die Gleichung

$$X = \sum_{j=k}^{n} C_j \cdot P(r^*,T,T_j) = \sum_{j=k}^{n} C_j \cdot A(T,T_j)e^{-B(T,T_j)\cdot r^*} \tag{3.9}$$

mit

$$k := k(T,\mathcal{T}) = \min\left\{l \in \{1,...,n\} \ : \ T_l > T\right\} \qquad (3.10)$$

erfüllt sein.

Aus der vorausgesetzten Monotonie (BEMERKUNG 3.6) ergibt sich nun sofort, dass für jede sich zum Zeitpunkt T realisierende Short-Rate r mit $r > r^*$ der zugehörige Dirty Price der Anleihe B unterhalb des Dirty Strikes X liegt, so dass es nicht zu einer Ausübung der Option kommt. Ferner gilt aus demselben Grunde

$$P(r,T,T_j) > P(r^*,T,T_j)$$

für alle $j \in \{k,...,n\}$ genau dann, wenn $r < r^*$ ist, so dass

$$\sum_{j=k}^{n} C_j \cdot [P(r,T,T_j) - P(r^*,T,T_j)] > 0$$

und damit schließlich

$$\begin{aligned}
\phi(X) &= \max\{B(r,T,\mathcal{T},\mathcal{C}) - X,0\} = \max\left\{\sum_{j=k}^{n} C_j P(r,T,T_j) - X,0\right\} \overset{(3.9)}{=} \\
&= \max\left\{\sum_{j=k}^{n} C_j \cdot [P(r,T,T_j) - P(r^*,T,T_j)],0\right\} = \\
&= \sum_{j=k}^{n} C_j \cdot \max\{P(r,T,T_j) - P(r^*,T,T_j),0\}
\end{aligned}$$

folgt. Dadurch haben wir das Problem der Bewertung der Call-Option auf die Anleihe B auf die Bewertung von $n - k + 1$ Zerobondoptionen mit Strikes $P(r^*,T,T_j)$, $j \in \{k,...,n\}$, zurückgeführt.

SATZ 3.2 *Der Preis* C_B *einer Call-Option mit Ausübungszeitpunkt T und (Dirty) Strike X auf eine Anleihe B mit Endfälligkeit T_B, die zu T_j den Kupon $C_j := C(T_j)$, $j \in \{1,...,n\}$, zahlt, ergibt sich unter dem* HULL-WHITE-*Modell zum Zeitpunkt $t \in [0;T]$ zu*

$$C_B^{HW}(r,t,T,\mathcal{T},\mathcal{C},X) = \sum_{j=k}^{n} C_j \cdot C_P^{HW}(r,t,T,T_j,P(r^*,T,T_j)) \,, \qquad (3.11)$$

wobei k gemäß (3.10) und r^* als Lösung der Gleichung (3.9) gegeben ist und $C_P^{HW}(r,t,T,T_j,P(r^*,T,T_j))$ sich als Preis einer Zerobondoption nach HULL-WHITE *aus* SATZ 3.1 *ergibt.*

Aus der Put-Call-Parität für Optionen auf Anleihen,

$$\mathrm{P}_B(r,t,T,\mathcal{T},\mathcal{C},X) = \mathrm{C}_B(r,t,T,\mathcal{T},\mathcal{C},X) + X \cdot P(r,t,T) - \sum_{j=k}^{n} C_j \cdot P(r,t,T_j) \ ,$$

erhält man somit aus (3.5) auch eine analytische Bewertungsformel für den entsprechenden Put auf eine Anleihe B

$$\mathrm{P}_B^{HW}(r,t,T,\mathcal{T},\mathcal{C},X) = \sum_{j=k}^{n} C_j \cdot \mathrm{P}_P^{HW}(r,t,T,T_j,P(r^*,T,T_j)) \ . \qquad (3.12)$$

Der Vollständigkeit halber sei noch die folgende Bemerkung angefügt.

BEMERKUNG 3.7 *Als positive Linearkombination stetiger und streng monoton fallender Funktionen ist auch die Funktion* $\left[r \mapsto \sum_{j=k}^{n} C_j P(r,T,T_j)\right]$ *stetig und streng monoton fallend. Für jeden Strike* $X \in \left(0; \sum_{j=k}^{n} C_j A(T,T_j)\right]$ *existiert dann wegen der Stetigkeit dieser Funktion eine Lösung von (3.9), welche wegen der strengen Monotonie eindeutig ist. Die Existenz und Eindeutigkeit von* r^* *ist also stets gesichert, so dass* r^* *mit den bekannten numerischen Verfahren (wie beispielsweise dem* NEWTON*-Verfahren) ermittelt werden kann.*

Bei der JAMSHIDIAN-Zerlegung haben wir von keinerlei modellspezifischen Eigenschaften Gebrauch gemacht, sofern man ein Modell verwendet, welches analytische Zerobondpreise liefert. Damit erhalten wir

BEMERKUNG 3.8 *Die Monotoniebedingung aus* BEMERKUNG 3.6 *ist außer für das Modell von* HULL-WHITE *auch für das Modell (2.46) von* COX, IN-GERSOLL *und* ROSS *erfüllt, so dass sich auch für dieses Modell in analoger Form analytische Bewertungsformeln für Anleiheoptionen ergeben.*

Bekanntlich erfolgt die Notierung von Anleihen nicht mit dem Dirty sondern mit dem Clean Price, und auch die Strikes von Anleiheoptionen sind daher im Allgemeinen Clean Strikes. Will man die obigen Ergebnisse anwenden, ist also stets zu berücksichtigen, dass der quotierte Preis B_{clean} der Anleihe sich aus dem Dirty Price B abzüglich der aufgelaufenen Stückzinsen ergibt.

BEMERKUNG 3.9 *Da nach Handelsusance Optionen auf Anleihen meist mit dem quotierten Ausübungspreis* X_{clean} *als Strike vereinbart werden, muss der für die Bewertung mit (3.11) bzw. (3.12) benötigte Dirty Strike* X *zunächst aus*

$$X = X_{\text{clean}} + \text{Stückzinsen}(t, t_0, T_j)$$

ermittelt werden, wobei die bis $t \in [t_0; T_j]$ aufgelaufenen Stückzinsen gemäß (1.9) zu berechnen sind.

3.2 Caps und Floors

Wie wir bereits aus Kapitel 1 wissen, sichert ein Cap gegen das Überschreiten eines vorgegebenen Zinsniveaus, der sogenannten Cap-Rate R_C, durch variable Zinszahlungen ab.

Dies wird dadurch gewährleistet, dass in dem Falle, dass der variable Zinssatz zu einem der Fixingzeitpunkte T_{j-1}, $j \in \{1,...,n\}$, die Cap-Rate R_C doch übersteigen sollte, die sich bezogen auf das Nominal N des Caps ergebende Differenz aus Referenzzins und der Cap-Rate vom Stillhalter an den Inhaber der Option am darauffolgenden Zeitpunkt T_j gezahlt wird.

Wie üblich bezeichnen wir wieder mit $\mathcal{T}$ die Menge aller Zahlungszeitpunkte T_j, $j \in \{1,...,n\}$, des Caps. Ist $\mathcal{T}$ einelementig, so haben wir ein Caplet anstelle eines Caps vorliegen. Umgekehrt kann man sagen, dass ein Cap als ein Basket von Caplets mit $\mathcal{T} = \bigcup_{j=1}^{n} \{T_j\}$ aufgefasst werden kann.

3.2.1 Flat- und Spot-Volatilitäten für Caps

Aus Kapitel 2 wissen wir, wie die Preise von Caps mit Hilfe der BLACK76-Formel (2.22) bzw. (2.25) ermittelt werden können. Dementsprechend werden allerdings nicht die Marktpreise selbst, sondern einzig die zugehörigen BLACK76-Volatilitäten der Caps zu verschiedenen Laufzeiten am Markt quotiert, da aus diesen der Händler durch Einsetzen in die BLACK76-Formel sofort den Marktpreis des ihn interessierenden Caps berechnen kann: Hierbei wird für *jedes* Caplet des Caps mit Zahlungszeitpunkten T_j *dieselbe* Caplet-Volatilität V_{T_n} verwendet, welche auch als **Flat-Volatilität** oder **Forward-Volatilität** des Caps bezeichnet wird und als Quotierung am Markt zur Verfügung steht. Die marktübliche Bewertung ergibt sich dann aus (2.25) mit (2.22) zu

$$\text{Cap}^{B76}(t, \mathcal{T}, N, R_C) = \sum_{j=1}^{n} \text{Cap}_{V_{T_n}}^{B76}(t, \{T_j\}, N, R_C).$$

Offensichtlich würde damit aber dasselbe Caplet, welches sowohl in einem Cap mit Laufzeit T_n als auch beispielsweise in einem mit Laufzeit T_{n+1} auftritt, unterschiedlich bewertet werden, da im Allgemeinen ja $V_{T_n} \neq V_{T_{n+1}}$ ist.

Meist bevorzugen Händler zum Bewerten eines Caps daher die separate Bewertung jedes einzelnen T_j-Caplets mit der diesem zugehörigen Volatilität $\hat{\sigma}_j$, welche als **Spot-Volatilität** oder **Forward-Forward-Volatilität** bezeichnet wird, da diese ihm dabei helfen, Caplets zu identifizieren, die über- bzw. unterbewertet sind. In diesem Falle muss gelten

$$\mathrm{Cap}^{B76}(t,\mathcal{T},N,R_C) = \sum_{j=1}^{n} \mathrm{Cap}^{B76}_{\hat{\sigma}_j}(t,\{T_j\},N,R_C).$$

Um von den (quotierten) Flat-Volatilitäten V_{T_j}, $j \in \{1,...,n\}$, auf die Spot-Volatilitäten $\hat{\sigma}_j$, $j \in \{1,...,n\}$, zu gelangen, kann man nun einen **Bootstrap-Algorithmus** durchführen: Hierzu gehen wir davon aus, dass wir eine Menge von Caps am Markt quotiert haben, deren Fixingzeitpunkte identisch sind und die liquide genug sind, um eine realitäts- und zeitnahe Preisstellung vom Broker zu erhalten.

Setzen wir nun $\hat{\sigma}_1 := V_{T_1}$ für die erste Spot-Volatilität, so erhalten wir als Lösung σ der nichtlinearen Gleichung

$$\mathrm{Cap}^{B76}_{\sigma}(t,\{T_{n+1}\},N,R_C) \;\stackrel{!}{=}\; \sum_{j=1}^{n+1} \mathrm{Cap}^{B76}_{V_{T_{n+1}}}(t,\{T_j\},N,R_C)$$

$$- \sum_{j=1}^{n} \mathrm{Cap}^{B76}_{\hat{\sigma}_j}(t,\{T_j\},N,R_C)$$

die Spot-Volatilität $\sigma = \hat{\sigma}_{n+1}$, sofern die Spot-Volatilitäten $\hat{\sigma}_j$, $j \in \{1,...,n\}$, bereits bekannt sind.

Die Laufzeitstruktur der Cap-Volatilitäten zum Zeitpunkt des Entstehens dieses Buches entnehmen wir dem folgenden Beispiel.

BEISPIEL 3.3 *Aus den am* 01.09.2003 *quotierten Flat-Volatilitäten für ATM-Caps in der Währung* EUR *mit einjährigen Caplets erhalten wir*

Jahr T_n	1	2	3	4	5	6	7	8	9	10
$V_{T_n}[\%]$	23,6	30,8	28,3	25,9	24,1	22,6	21,3	20,1	19,0	18,2

Hieraus errechnen wir die Spot-Volatilitäten $\hat{\sigma}_n$, indem wir zuerst $\hat{\sigma}_1 := V_1 = 23{,}6\%$ setzen und darauf aufbauend beispielsweise mit Hilfe von Mathematica$^{®}$ sukzessive die Spot-Volatilitäten der quotierten ATM-Caps ermitteln. So ergibt sich für $N = 1$ in $t = 0$ mit der zweijährigen Swap-Rate als Strike $R_C := S_{1,2}(0) = 2{,}7770\%$ (da wir ATM-Caps betrachten, vgl. Kapitel 1) aus

$$\texttt{FindRoot}[\text{Cap}_{\sigma}^{B76}(\{2\}) == \text{Cap}_{V_2}^{B76}(\{1\}) + \text{Cap}_{V_2}^{B76}(\{2\}) - \text{Cap}_{\widehat{\sigma}_1}^{B76}(\{1\}), \{\sigma, \widehat{\sigma}_1\}]$$

die zweijährige Spot-Volatilität $\widehat{\sigma}_2 = 0.356040$. *Entsprechend erhalten wir:*

Jahr n	1	2	3	4	5	6	7	8	9	10
$\widehat{\sigma}_n[\%]$	23,6	35,6	24,1	21,1	19,7	18,1	16,5	14,8	13,2	13,4

Sowohl die Flat- als auch die daraus resultierende Spot-Volatilitätskurve weist in "normalen" Marktsituationen ein Maximum im anderthalb- bis dreijährigen Bereich auf, bevor sie für höhere Laufzeiten monoton (exponenziell) fällt, was als *hump-shaped term-structure of volatility* bezeichnet und auch in unserem Beispiel deutlich wird:

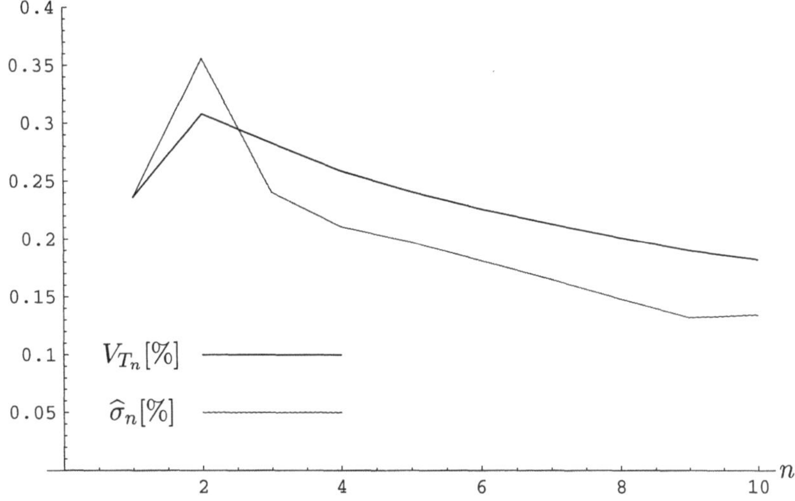

Eine elementare Erklärung für diese Form der Volatilitätsstruktur beruht darauf, den Laufzeitbereich der Forward-Rates in drei Zeitbereiche einzuteilen: Während man dabei den kurzfristigen Bereich bis zu einem Jahr Laufzeit im Wesentlichen den Einflüssen durch das Handeln der Zentralbanken unterstellt sieht und damit Forward-Rates kürzerer Laufzeiten eine geringere Volatilität zuordnet, unterstellt man naheliegender Weise für den Laufzeitbereich ab ca. zwei Jahren, dass die täglich hinzutretenden "normalen" ökonomischen Daten nur einen verhältnismäßig geringen Einfluss auf die Erwartung länger laufender Forward-Rates besitzen. Daher wird der Volatilität dieser langfristigen Forward-Rates ebenfalls entsprechend gering sein und nur durch strukturelle Störungen des Marktes, nicht durch kurzfristige Einflüsse, verändert werden. Hingegen unterliegen die Forward-Rates des Laufzeitbandes zwischen einem und ca. zweieinhalb Jahren den aktuellen Handelsaktivitäten am Cap-Markt und weisen daher eine im Allgemeinen höhere Volatilität auf.

Bisweilen kann es aber auch zu einer ausschließlich *monoton fallenden* Volatilitätsstruktur kommen, wenn die aktuelle Marktsituation durch ein hohes Maß an Unsicherheit über zukünftige Entwicklungen geprägt ist, wie es bei einigen Währungen beispielsweise in der Zeit vor der Euro-Einführung der Fall war. In solchen Situationen können die Volatilitäten der Forward-Rates des kurzen Laufzeitbereiches durch spekulative Trades selbst die sonst stärker volatilen Forward-Rates des mittleren Laufzeitbereiches übersteigen.

Für eine über dieses einführende Lehrbuch hinausgehende Diskussion dieser Problematik sei insbesondere auf REBONATO [70] sowie die Referenzen darin verwiesen.

3.2.2   Bewertung von Caps und Floors mit Hull-White

Wie wir bereits in Abschnitt 1.3.3 gesehen haben, kann das Auszahlungsprofil eines Caplets zum Zahlungszeitpunkt T_j, $j \in \{1,...,n\}$, und Cap-Rate R_C nach (1.28) dargestellt werden als

$$\phi(P(T_{j-1},T_j)) = \frac{N}{X} \cdot \max\{X - P(T_{j-1},T_j),0\}$$

mit

$$X := \frac{1}{1 + R_C \cdot (T_j - T_{j-1})_{DC(F)}} \, , \qquad (3.13)$$

was als eine Put-Option mit Ausübungszeitpunkt T_{j-1} auf einen Zerobond mit Laufzeit T_j interpretiert werden kann. Eine solche lässt sich aber unter dem HULL-WHITE-Modell mit (3.5) bewerten, so dass wir wegen

$$\mathrm{Cap}^{HW}(t,\{T_j\},N,R_C) = \frac{N}{X} \cdot \mathrm{P}_P^{HW}(r,t,T_{j-1},T_j,X)$$

die folgende Bewertungsformel erhalten.

SATZ 3.3 *Der faire Preis eines T_j-Caplets mit Cap-Rate R_C und Nominal N unter dem* HULL-WHITE-*Modell ergibt sich für $j \in \{1,...,n\}$ zu*

$$\mathrm{Cap}^{HW}(t,\{T_j\},N,R_C) = N \cdot \left[P(r,t,T_{j-1}) \cdot \Phi(-d_2) - \frac{P(r,t,T_j)}{X} \cdot \Phi(-d_1) \right]$$

$$(3.14)$$

mit X aus (3.13) sowie $d_1 := d_1(r,t,T_{j-1},T_j,X)$ und $d_2 := d_2(r,t,T_{j-1},T_j,X)$ gemäß (3.3) bzw. (3.4).

Der faire Preis eines Caps mit Cap-Rate R_C, Zahlungszeitpunkten $\mathcal{T} := \{T_j : j \in \{1,...,n\}\}$ und Nominal N unter dem HULL-WHITE-*Modell ermittelt sich daraus zu*

$$\mathrm{Cap}^{HW}(t,\mathcal{T},N,R_C) = \sum_{j=1}^{n} \mathrm{Cap}^{HW}(t,\{T_j\},N,R_C) \ , \qquad (3.15)$$

wobei sich die Caplet-Preise $\mathrm{Cap}^{HW}(t,\{T_j\},N,R_C)$ *nach (3.14) ergeben.*

Da man in gleicher Weise ein Floorlet als eine Call-Option auf einen Zerobond auffassen kann (vgl. die Ausführungen in Abschnitt 1.3.3), erhalten wir natürlich auch entsprechende Bewertungsformeln für Floorlets bzw. Floors unter dem HULL-WHITE-Modell, wenn wir hier

$$X := \frac{1}{1 + R_F \cdot (T_j - T_{j-1})_{DC(F)}} \qquad (3.16)$$

setzen und (3.2) zur Bewertung heranziehen.

SATZ 3.4 *Der faire Preis eines Floorlets mit Floor-Rate* R_F *und Nominal* N *unter dem* HULL-WHITE-*Modell ergibt sich für* $j \in \{1,...,n\}$ *zu*

$$\mathrm{Flr}^{HW}(t,\{T_j\},N,R_F) = N \cdot \left[\frac{P(r,t,T_j)}{X} \cdot \Phi(d_1) - P(r,t,T_{j-1}) \cdot \Phi(d_2) \right] \quad (3.17)$$

mit X *aus (3.16) sowie* $d_1 := d_1(r,t,T_{j-1},T_j,X)$ *und* $d_2 := d_2(r,t,T_{j-1},T_j,X)$ *gemäß (3.3) bzw. (3.4). Entsprechend errechnet sich hieraus der faire Preis eines Floors mit Floor-Rate* R_F*, Zahlungszeitpunkten* $\mathcal{T} := \{T_j \ : \ j \in \{1,...,n\}\}$ *und Nominal* N *unter dem* HULL-WHITE-*Modell zu*

$$\mathrm{Flr}^{HW}(t,\mathcal{T},N,R_F) = \sum_{j=1}^{n} \mathrm{Flr}^{HW}(t,\{T_j\},N,R_F) \ . \qquad (3.18)$$

Bislang haben wir die Frage unbeantwortet gelassen, wie eigentlich die Parameter a und σ im HULL-WHITE-Modell (2.49) geeignet zu wählen sind, um mit Hilfe dieses Modells realistische Preise zu generieren. Mit den soeben hergeleiteten Bewertungsformeln und der im ersten Abschnitt bereits ausgeführten Tatsache, dass Cap-Volatilitäten des BLACK76-Modells am Markt quotiert werden, kann man die Bewertungsformeln nutzen, um das HULL-WHITE-Modell an diesen zu **kalibrieren**. Dazu haben wir die beiden Parameter so zu bestimmen, dass die Abweichung der mit HULL-WHITE erzeugten Cap-Preise zu den verfügbaren Marktpreisen, also deren Differenz, möglichst klein bezüglich einer geeigneten Norm, etwa der ℓ^2-Norm ist.

BEISPIEL 3.4 *Kalibrieren wir das* HULL-WHITE-*Modell an den Marktwerten aus* BEISPIEL 3.3, *so können wir die Funktion*

$$\mathrm{hw}[a,\sigma] := \sum_{k=1}^{n} \left(\mathrm{Cap}_{a,\sigma}^{HW}(\{T_1,...,T_k\},S_{1,k}(0)) - \mathrm{Cap}^{B76}(\{T_1,...,T_k\},S_{1,k}(0)) \right)^2$$

mit Hilfe des Befehls

$$\texttt{FindMinimum[hw}[a,\sigma],\{a,0.10\},\{\sigma,0.005\}]$$

in Mathematica® numerisch minimieren und so das Modell auf die Parameter $a_{\min} = 0{,}0510991$ und $\sigma_{\min} = 0{,}001387$ kalibrieren, was einen mittleren quadratischen Fehler von $\sqrt{\mathrm{hw}[a_{\min},\sigma_{\min}]} = 0{,}007515$ ergibt. Zum Vergleich haben wir für $a = 0{,}15$ und $\sigma = 0{,}0125$ einen mittleren quadratischen Fehler von $0{,}023104$ in Kauf genommen.

Wie das Nachrechnen des vorstehenden Beispiels sofort zeigt, reagiert der Kalibrationsmechanismus höchst sensibel auf nur kleinste Änderungen der Marktdaten bzw. des Startwertes. Dies liegt u. a. darin mitbegründet, dass man bei der Invertierung der Bewertungsformel (3.14) auf eine Wurzelabbildung stößt, welche für reale Marktdaten nicht notwendig erklärt sein muss (und im obigen Beispiel schon für den Startwert $\sigma_0 = 0{,}01$ an Stelle von $\sigma_0 = 0{,}005$ auf ein negatives $\sigma_{\min}$ führt).

Mathematisch betrachtet handelt es sich beim Kalibrieren des HULL-WHITE Modells um ein *schlecht gestelltes inverses Problem* im Sinne von HADAMARD: Solche Probleme und numerische Verfahren zu deren "Lösung" sind Gegenstand des gleichlautenden Teilgebietes der Mathematik, wozu wir auf LOUIS [58] für eine Einführung verweisen.

Vor diesem Hintergrund ist die ebenfalls bisweilen anzutreffende Praxis, mit einer fest gewählten Mean Reversion Rate a zu kalibrieren, zumindest mit einer gewissen Vorsicht zu betrachten. Zwar reduziert dieser Ansatz das zweidimensionale auf ein eindimensionales Minimierungsproblem, doch erkauft man dies um die Gefahr einer suboptimalen Wahl von a und somit eines suboptimalen Fehlers.

3.2.3 Bewertung eines Caps mit dem LIBOR-Market-Model

Wir beginnen auch hier wieder mit der Bewertung eines Caplets, welches gemäß (1.27) zum Zeitpunkt T_j die Auszahlungsfunktion

$$\phi(F(T_{j-1};T_{j-1},T_j)) = N \cdot \tau_j \cdot [F(T_{j-1};T_{j-1},T_j) - R_C]^+ \ ,$$

mit $\tau_j := (T_j - T_{j-1})_{DC(F)}$ für ein festes $j \in \{1,...,n\}$ besitzt. Wegen (2.39) genügt es, unter dem T_j-Forward-Maß $\mathbb{Q}^{T_j}$ den Ausdruck

$$P(t,T_j) \cdot N \cdot \tau_j \cdot \mathbb{E}^{T_j}\left([F(T_{j-1};T_{j-1},T_j) - R_C]^+ \Big| \mathcal{F}_t\right)$$

zu berechnen. Da aber $F(T_{j-1};T_{j-1},T_j)$ unter $\mathbb{Q}^{T_j}$ wegen (2.65) lognormalverteilt ist, erhalten wir hieraus sofort

SATZ 3.5 *Unter dem LIBOR-Market-Model* (2.65) *ergibt sich der faire Preis des T_j-Caplets mit Nominal N, Cap-Rate R_C und $\tau_j := (T_j - T_{j-1})_{DC(F)}$ zu* (2.22), *also*

$$\mathrm{Cap}^{LMM}(t,\{T_j\},N,R_C) = N \cdot P(t,T_j) \cdot \tau_j \cdot [F(t;T_{j-1},T_j) \cdot \Phi(d_1) - R_C \cdot \Phi(d_2)] \; ,$$

mit d_1 und d_2 aus (2.23), *wenn wir darin*

$$\widehat{\sigma}_j^2 := \frac{1}{T_{j-1}} \int\limits_0^{T_{j-1}} \sigma_j^2(u)du \tag{3.19}$$

setzen, d.h. das LIBOR-Market-Model liefert die BLACK76-*Bewertungsformel für ein (beliebiges) Caplet und somit für einen Cap:*

$$\mathrm{Cap}^{LMM}(t,\mathcal{T},N,R_C) = \mathrm{Cap}^{B76}(t,\mathcal{T},N,R_C) \; .$$

Entsprechend wird damit auch die BLACK76-*Bewertungsformel für einen Floor durch das LIBOR-Market-Model reproduziert.*

BEWEIS: Aus den im Vorfeld angeführten Argumenten erhalten wir

$$\mathrm{Cap}^{LMM}(t,\{T_j\},N,R_C) = N \cdot \tau_j \cdot P(t,T_j) \cdot \mathbb{E}^{T_j}\left([F(T_{j-1};T_{j-1},T_j) - R_C]^+ \Big| \mathcal{F}_t\right) \; ,$$

woraus durch Berechnung des Erwartungswertes analog zur Vorgehensweise in Kapitel 2 sofort die Behauptung folgt.

$\square$

Da sich der Wert eines Caps als Summe der Werte seiner einzelnen Caplets ergibt, welche jedes für sich nur von einer einzigen Forward-Rate abhängen, wird die gemeinsame Dynamik der Forward-Rates, also deren Korrelationen, zur Bewertung eines Caps nicht benötigt.

Auch hier werden die erhaltenen Bewertungsformeln dazu verwendet, um das LIBOR-Market-Model (2.65) zu **kalibrieren** , was in diesem Zusammenhang bedeutet, die deterministischen Volatilitätsfunktionen $\sigma_j(\cdot)$ aus den quotierten Marktvolatilitäten zu bestimmen. Hierzu können verschiedene Ansätze über die funktionale Ausgestaltung der Forward-Volatilität $\sigma_j(\cdot)$ zum Einsatz kommen (vgl. z.B. REBONATO [70] oder BRIGO & MERCURIO [12], S. 196ff.), wobei wir uns hier allein auf den einfachen zeithomogenen parametrischen Fall $\sigma_j(t) := k(T_{j-1}) \cdot g_j(t)$ mit einem (nahe bei 1 liegenden) Skalierungsfaktor $k(T_{j-1}) \in \mathbb{R}$ und

$$g_j(t) := (a \cdot (T_{j-1} - t) + b) \cdot \exp(-c \cdot (T_{j-1} - t)) + d \, , \qquad (3.20)$$

(unter den Nebenbedingungen $a + d > 0$, $d > 0$ und natürlich $c > 0$)
beschränken werden. Man beachte, dass der Graph der Funktion

$$(T_{j-1} - t) \mapsto g_j(t)$$

genau die im einleitenden Abschnitt bereits angesprochene Gestalt der möglichen Volatilitätsstrukturen nachbilden kann, also bei geeigneter Wahl der Parameter entweder *hump-shaped* oder *monoton fallend* ist.

Da unter dem LIBOR-Market-Model die Bewertungsformel für ein Caplet (oder Floorlet) mit der BLACK76-Formel zusammenfällt, besteht die Kalibrierung im ersten Schritt darin, ausgehend von (3.19) die Funktion

$$\begin{aligned}
G_{a,b,c,d}[T_{j-1}] &= \int_0^{T_{j-1}} g_j(u)^2 du \\
&= \int_0^{T_{j-1}} \left[(a \cdot (T_{j-1} - u) + b) \cdot e^{-c \cdot (T_{j-1} - u)} + d \right]^2 du
\end{aligned}$$

an die Marktobservablen, also die BLACK76-Spot-Volatilitätsstruktur

$$\left\{ (T_{j-1}, \widehat{\sigma}_j^2 \cdot T_{j-1}) \ : \ j \in \{1,...,n\} \right\} \, ,$$

anzupassen, womit die bestmögliche Näherung von $\sigma_j(\cdot)$ (für $k(T_{j-1}) = 1$) an diese gefunden wird. Diese Anpassung der nichtlinearen instantanen Volatilitätsfunktionen an die Marktdaten kann wieder mit *Mathematica*® durchgeführt werden.

BEISPIEL 3.5 *Für die Spot-Volatilitätsstruktur* BEISPIEL 3.3 *erhalten wir mit* $T_{j-1} = j$, $j \in \{1,...,10\}$, *mit* `FindMinimum` *für die Funktion*

$$\sqrt{\sum_{j=1}^{10} \left(G_{a,b,c,d}[j] - j \cdot \widehat{\sigma}_j^2 \right)^2} - d + \left(\frac{1}{c} - \frac{b}{a} - 1 \right)^2$$

und den Startwerten $a_0 = b_0 = c_0 = d_0 = 0{,}5$ *die Parameter* $a = 0{,}457816$, $c = 0.900902$, $b = 0.072986$ *und* $d = 0.044779$, *wobei der klassische Term für den kleinsten quadratischen Fehler um zwei "Strafterme" ergänzt wurde, deren erster negative Werte von d bestraft. Da das Extremum von* $g_j(T_{j-1} - \cdot)$ *durch* $\frac{1}{c} - \frac{b}{a}$ *gegeben ist, bewirkt der zweite Term, dass die Fehlerminimierung eine instantane Volatilitätsfunktion liefert, die nahe 1 ein lokales Maximum besitzt:*

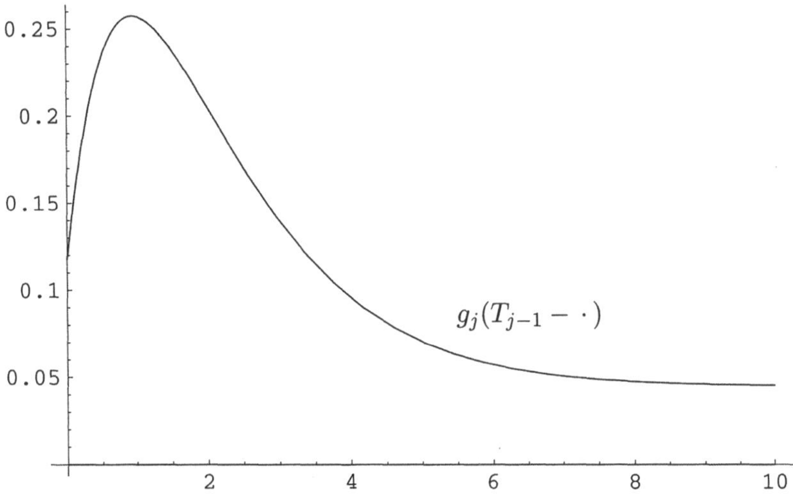

Im zweiten Schritt geht man die exakte Reproduktion der zur Kalibrierung verwendeten Cap-Preise an, welche insbesondere schon deswegen notwendig ist, weil diese zum Hedgen exotischerer Zinsderivate verwendet werden und von daher exakt bewertet werden sollten. Dazu bleibt nur noch der Skalierungsfaktor in

$$\sigma_j(t) := k(T_{j-1}) \cdot [(a \cdot (T_{j-1} - t) + b) \cdot \exp(-c \cdot (T_{j-1} - t)) + d] \qquad (3.21)$$

zu bestimmen, den man leicht aus $\widehat{\sigma}_j^2 = k(T_{j-1})^2 \cdot \frac{G_{a,b,c,d}[T_{j-1}]}{T_{j-1}}$ zu

$$k(T_{j-1}) = \frac{\widehat{\sigma}_j \cdot \sqrt{T_{j-1}}}{\sqrt{G_{a,b,c,d}[T_{j-1}]}}$$

erhält.

BEISPIEL 3.6 *Bezogen auf das letzte Beispiel ergibt sich so*

T_{j-1}	1	2	3	4	5	6	7	8	9	10
$k(T_{j-1})$	1,05	1,53	1,12	1,08	1,11	1,09	1,07	1,02	0,96	1,02

3.2.4 In-Advance-Caps und -Swaps im LMM

Bei sogenannten In-Advance Produkten fallen die Zinsfeststellungszeitpunkte mit den Zahlungszeitpunkten zusammen: Bei einem T_j-In-Advance-Caplet erfolgt also eine (mögliche) Zahlung am selben Termin T_j, $j \in \{1,...,n\}$, an dem auch das Fixing der Forward-Rate stattfindet, und zwar unmittelbar nach dem Fixing.

Im Gegensatz zu (1.27) lautet das Auszahlungsprofil eines In-Advance-Caplets mit Nominal N und der Cap-Rate R_C zum Zeitpunkt T_j nun

$$\phi(F(T_j; T_j, T_{j+1})) = N \cdot \tau_{j+1} \cdot [F(T_j; T_j, T_{j+1}) - R_C]^+ \ . \tag{3.22}$$

Wegen (2.38) (setze dort $T := T_j$) und wegen

$$\frac{1}{P(T_j, T_j + 1)} = 1 + \tau_{j+1} \cdot F(T_j; T_j, T_{j+1})$$

erhalten wir unter Verwendung des Numéraires $P(t, T_{j+1})$ und des zugehörigen T_{j+1}-Forward-Maß $\mathbb{Q}^{T_{j+1}}$ für den Preis des In-Advance-Caplets:

$$N \cdot P(t, T_{j+1}) \cdot \tau_{j+1} \cdot$$

$$\mathbb{E}^{T_{j+1}}\left((1 + \tau_{j+1} \cdot F(T_j; T_j, T_{j+1})) \cdot [F(T_j; T_j, T_{j+1}) - R_C]^+ \Big| \mathcal{F}_t \right)$$

$$= N \cdot \tau_{j+1} \cdot P(t, T_{j+1}) \cdot \mathbb{E}^{T_{j+1}}\left([F(T_j; T_j, T_{j+1}) - R_C]^+ \Big| \mathcal{F}_t \right)$$

$$+ N \cdot \tau_{j+1}^2 \cdot P(t, T_{j+1}) \cdot \mathbb{E}^{T_{j+1}}\left(F(T_j; T_j, T_{j+1}) \cdot [F(T_j; T_j, T_{j+1}) - R_C]^+ \Big| \mathcal{F}_t \right) .$$

$$\tag{3.23}$$

Da im LIBOR-Market-Model bekanntlich $F(T_j; T_j, T_{j+1})$ lognormalverteilt unter $\mathbb{Q}^{T_{j+1}}$ ist, bedarf nur der zweite Summand einer genaueren Betrachtung.

LEMMA 3.2 *Für* $F(\cdot) := F(\cdot; T_j, T_{j+1})$ *ist*

$$\mathbb{E}^{T_{j+1}}\left(F(T_j) \cdot [F(T_j) - R_C]^+ \Big| \mathcal{F}_t \right) =$$

$$= F^2(t) \cdot e^{v^2} \cdot \Phi\left(\frac{\log \frac{F(t)}{R_C} + \frac{3v^2}{2}}{v} \right) - F(t) \cdot R_C \cdot \Phi\left(\frac{\log \frac{F(t)}{R_C} + \frac{v^2}{2}}{v} \right)$$

$$\tag{3.24}$$

mit $v^2 := v_{j+1}^2(t) = \int_t^{T_j} \sigma_j^2(u) du = T_j \cdot \widehat{\sigma}_{j+1}^2.$

BEWEIS: Da F lognormalverteilt unter $\mathbb{Q}^{T_{j+1}}$ ist, erhalten wir mit dem Erwartungswert M und der Varianz V^2 der normalverteilten Zufallsvariablen $Y := \log F(T_j)$:

$$\mathbb{E}^{T_{j+1}}\left(F(T_j) \cdot [F(T_j) - R_C]^+ \Big| \mathcal{F}_t \right) = \frac{1}{\sqrt{2\pi V^2}} \int_{\mathbb{R}} e^y \cdot [e^y - R_C]^+ \cdot e^{-\frac{(y-M)^2}{2V^2}} \, dy =$$

$$= \frac{1}{\sqrt{2\pi V^2}} \int_{\mathbb{R}} [e^y - R_C]^+ \cdot e^{-\frac{1}{2V^2}\left[y^2 - 2My + M^2 - 2V^2 y \right]} \, dy =$$

$$= \frac{1}{\sqrt{2\pi V^2}} \int_{\mathbb{R}} [e^y - R_C]^+ \cdot e^{-\frac{(y-(M+V^2))^2}{2V^2} + \left(M + \frac{V^2}{2} \right)} \, dy =$$

$$= e^{M + \frac{V^2}{2}} \cdot \frac{1}{\sqrt{2\pi V^2}} \int_{\mathbb{R}} [e^y - R_C]^+ \cdot e^{-\frac{(y-(M+V^2))^2}{2V^2}} \, dy.$$

Eine Auswertung des letzten Integrals ergibt mit $x := M + V^2$:

$$\mathbb{E}^{T_{j+1}}\left(F(T_j)\cdot[F(T_j)-R_C]^+\,\Big|\,\mathcal{F}_t\right) = \frac{1}{\sqrt{2\pi V^2}}\int_{\mathbb{R}} e^y \cdot [e^y - R_C]^+ \cdot e^{-\frac{1}{2}\frac{(y-M)^2}{V^2}}\, dy =$$

$$= e^{M+\frac{V^2}{2}} \cdot \left[e^{x+\frac{V^2}{2}} \cdot \Phi\left(\tfrac{x-\log R_C+V^2}{V}\right) - R_C \cdot \Phi\left(\tfrac{x-\log R_C}{V}\right)\right] =$$

$$= e^{2M+2V^2} \cdot \Phi\left(\tfrac{M-\log R_C+2V^2}{V}\right) - R_C \cdot e^{M+\frac{V^2}{2}} \cdot \Phi\left(\tfrac{M-\log R_C+V^2}{V}\right).$$

Mit $V^2 := \mathrm{Var}^{T_{j+1}}(\log F(T_j)|\mathcal{F}_t) = v^2$ und $M := \mathbb{E}^{T_{j+1}}(\log F(T_j)|\mathcal{F}_t) = \log F(t) - \frac{1}{2}V^2 = \log F(t) - \frac{1}{2}v^2$ folgt hieraus sofort (3.24).

$\square$

Damit erhalten wir aus (3.23) mit (3.24) schließlich

SATZ 3.6 *Der faire Preis* $\mathrm{AC} := \mathrm{AC}^{LMM}(t,\{T_j\},N,R_C)$ *eines* T_j-*In-Advance-Caplets mit Nominal* N *und Cap-Rate* R_C *zur Zeit* t *wird unter dem LIBOR-Market-Model durch*

$$AC =$$
$$= N \cdot \tau_{j+1} \cdot P(t,T_{j+1}) \cdot \left\{F(t) \cdot \Phi\left(\frac{\log\frac{F(t)}{R_C}+\frac{v^2}{2}}{v}\right) - R_C \cdot \Phi\left(\frac{\log\frac{F(t)}{R_C}-\frac{v^2}{2}}{v}\right) + \right.$$
$$\left. +\tau_{j+1} \cdot F^2(t) \cdot e^{v^2} \cdot \Phi\left(\frac{\log\frac{F(t)}{R_C}+\frac{3v^2}{2}}{v}\right) - \tau_{j+1} \cdot F(t) \cdot R_C \cdot \Phi\left(\frac{\log\frac{F(t)}{R_C}+\frac{v^2}{2}}{v}\right) \right\}$$

$$(3.25)$$

mit $F(\,\cdot\,) := F(\,\cdot\,;T_j,T_{j+1})$ *und* $v^2 := v_{j+1}^2(t) = \int_t^{T_j} \sigma_j^2(u)du$ *gegeben, so dass der Wert eines In-Advance-Caps sich damit in gewohnter Weise zu*

$$\mathrm{AC}^{LMM}(t,\mathcal{T},N,R_C) = \sum_{j=1}^{n} \mathrm{AC}^{LMM}(t,\{T_j\},N,R_C)$$

errechnet.

Mit dem oben durchgeführten Ansatz lassen sich auch In-Advance-Swaps, welche bisweilen auch als LIBOR-In-Arrears-Swaps bezeichnet werden, bewerten, deren Auszahlungsprofil für einen In-Advance-Payer-Swap mit fester Seite K durch

$$\phi(F(T_j;T_j,T_{j+1})) = N \cdot \sum_{j=1}^{n} \tau_{j+1} \cdot (F(T_j;T_j,T_{j+1}) - K)$$

beschrieben werden kann.

SATZ 3.7 *Der Wert* APS $:=$ APS$^{LMM}(t,\mathcal{T},N,K)$ *eines In-Advance-Payer-Swaps mit Nominal N, fester Seite K und Fixingzeitpunkten $\mathcal{T}$ ist unter dem LIBOR-Market-Model* (2.65) *gegeben durch*

$$
\text{APS} \;=\; N \cdot \sum_{j=1}^{n} \Big\{ P(t,T_{j+1}) \cdot \Big[1 + 2 \cdot \tau_{j+1} \cdot F(t) + \tau_{j+1}^2 \cdot F^2(t) \cdot e^{v^2} \Big] +
$$

$$
+ \big[-(1 + \tau_{j+1} \cdot K) \cdot P(t,T_j) \big] \Big\} \tag{3.26}
$$

mit $F(\,\cdot\,) := F(\,\cdot\,;T_j,T_{j+1})$ *und* $v^2 := v_{j+1}^2(t) = \int_t^{T_j} \sigma_j^2(u)\,du$.

Ohne BEWEIS.

Es ist nicht verwunderlich, dass bei In-Advance-Produkten die Varianz v^2 der Forward-Rate für die jeweilige Roll-Over-Periode von T_j nach T_{j+1} in die Bewertung einfließt: Im Gegensatz zu den entsprechenden Plain-Vanilla-Produkten, bei denen die Zahlung zum Zeitpunkt T_{j+1} ja bereits durch das Fixing an T_j festgelegt ist, fließt darüber das stochastische Verhalten der Forward-Rate in dieser Periode in die Bewertung ein. Man spricht im Falle von In-Advance-Produkten auch von **unnatürlichen** Zinsfixing- oder Reset-Terminen, während man für die Plain-Vanilla-Produkte von **natürlichen** Zinsfixings spricht.

Unnatürliche Zinsfixings bedürfen stets einer entsprechenden Korrektur der jeweiligen Preisformel gegenüber dem Falle natürlicher Zinsfixings. Diese ist in der Literatur gemeinhin auch als **Convexity Adjustment** bekannt. Für eine ausführlichere Behandlung dieser auch für die Praxis wichtigen Problematik sei auf HULL [36] sowie auf BRIGO & MERCURIO [12], S. 386ff, verwiesen.

3.3 Europäische Swaptions

Mit einer Europäischen Swap-Option, kurz Swaption, erwirbt man sich das Recht, zu einem Zeitpunkt T_0 in einen Swap mit Fixingzeitpunkten T_{j-1} und Zahlungsterminen T_j, $j \in \{1,...,n\}$, einzutreten. Wie bereits aus Kapitel 1 bekannt, ist das Auszahlungsprofil einer Europäischen Payer-Swaption mit fester Seite K und erstem Fixing in T_0 durch

$$
\phi(S_{1,n}(T_0)) = [S_{1,n}(T_0) - K]^+ \cdot \sum_{j=1}^{n} \tau_j \cdot P(T_0,T_j)
$$

gegeben (siehe (1.30)), wobei wir im Folgenden die Abkürzungen und Bezeichnungen aus dem vorangegangenen Abschnitts weiterverwenden werden.

3.3.1 Europäische Swaptions mit Hull-White

Da nach BEMERKUNG 1.2 eine Europäische Swaption als eine Option auf eine Anleihe interpretiert werden kann und Anleiheoptionen mit (3.12) unter dem HULL-WHITE-Modell bewertet werden können, erhalten wir sofort

SATZ 3.8 *Unter dem* HULL-WHITE-*Modell* (2.49) *ergibt sich der Preis einer Europäischen Swaption auf einen Payer-Swap mit erstem Fixing in T_0, den Zahlungsterminen $\mathcal{T} := \{T_j : j \in \{1,...,n\}\}$, Nominal N und fester Seite K*

$$\text{PSw}^{HW}(t,T_0,\mathcal{T},K) = N \cdot \sum_{j=1}^{n} c_j \cdot \text{P}_P^{HW}(r,t,T_0,T_j,X_j) \qquad (3.27)$$

mit $\tau_j := (T_j - T_{j-1})_{DC(S)}$, r^* *aus* (3.9) *mit* $X = 1$ *und* $T = T_0$,

$$c_j := c_j(K,\mathcal{T}) = \begin{cases} \tau_j \cdot K & , \text{ für } j \in \{1,...,n-1\} \\ 1 + \tau_j \cdot K & , \text{ für } j = n \end{cases}$$

und $X_j := A(T_0,T_j) \cdot \exp\left(-B(T_0,T_j) \cdot r^*\right)$ *für* $j \in \{1,...,n\}$. *Entsprechend ergibt sich der Wert einer Receiver-Swaption zur Zeit t zu*

$$\text{RSw}^{HW}(t,T_0,\mathcal{T},K) = N \cdot \sum_{j=1}^{n} c_j \cdot \text{C}_P^{HW}(r,t,T_0,T_j,X_j) \ . \qquad (3.28)$$

Mit diesem Satz eröffnet sich eine weitere Möglichkeit, die Parameter des HULL-WHITE-Modells zu bestimmen, indem man die mit (3.27) bzw. (3.28) gewonnenen Preise an quotierten BLACK76-Swaption-Preisen (bzw. den quotierten BLACK76-Volatilitäten) kalibriert. Hierbei muss genau wie bei der Kalibrierung an Cap-Preisen auf die Liquidität der verwendeten ATM-Swaptions gesteigerte Aufmerksamkeit gelegt werden.

Auch die gleichzeitige Kalibrierung sowohl an Cap- als auch an Swaption-Preise ist ein denkbarer Schritt. Allerdings zeigt sich *in praxi*, dass die so erhaltenen Parameter des HULL-WHITE-Modells selbst bei nur kleinen Marktbewegungen extremen Schwankungen unterworfen sind, die Parameter in diesem Falle also nicht robust genug zum Bewerten bzw. für Risikoprognosen sind, was als ein Indiz für die von REBONATO vertretene These von der nicht vollständigen Kompatibilität beider Märkte gewertet werden kann (vgl. REBONATO [70]).

Aus diesem Grunde erfolgt die Kalibrierung des HULL-WHITE-Modells je nach geplanter Verwendung für ein exotisches Zinsderivat *entweder* an Cap- *oder* an Swaption-Preisen. Will man beispielsweise Bermudan Swaptions mit Hilfe eines HULL-WHITE-Modelles bewerten, so wird man dieses mit Hilfe des obigen Satzes entsprechend ausschließlich an Europäischen Swaptions kalibrieren, nach Möglichkeit an den in der Bermudan Swaption eingebetteten Europäischen Swaptions, sofern diese liquide genug sind.

3.3.2   Europäische Swaptions mit dem Swap-Market-Model

In vollständiger Analogie zur Bewertung eines Caps im LIBOR-Market-Model erhalten wir die BLACK76-Bewertungsformel für Europäische Swaptions im Swap-Market-Model (SMM).

SATZ 3.9 *Der faire Preis* PSw *einer Europäischen Payer-Swaption auf einen Swap mit erstem Fixing in T_0, Zahlungsterminen $\mathcal{T}$ und fester Seite K ist unter dem Swap-Market-Model (2.71) gegeben durch*

$$\mathrm{PSw}^{SMM}(t,T_0,\mathcal{T},K) = C_{1,n}(t) \cdot \left[S_{1,n}(t) \cdot \Phi(d_1^S) - K \cdot \Phi(d_2^S) \right] \qquad (3.29)$$

mit

$$
\begin{aligned}
d_1^S &:= d_1^S(K,S_{1,n}(t),\widehat{v}) = \frac{\log \frac{S_{1,n}(t)}{K} + \frac{\widehat{v}^2}{2}}{\widehat{v}} \qquad \text{und} \\
d_2^S &:= d_2^S(K,S_{1,n}(t),\widehat{v}) = d_1^S - \widehat{v},
\end{aligned}
$$

sowie

$$\widehat{v}^2 := \widehat{v}_{1,n}^2(t,\mathcal{T}) = \int_t^{\mathcal{T}} \sigma_{1,n}^2(u)du . \qquad (3.30)$$

BEWEIS: Aus (2.38) folgt mit (1.30) durch Übergang zum Swap-Maß $\mathbb{Q}^S$

$$\mathrm{PSw}^{SMM}(t,T_0,\mathcal{T},K) \;=\; C_{1,n}(t) \cdot \mathbb{E}^{\mathbb{Q}^S}\left([S_{1,n}(T_0) - K]^+ \Big| \mathcal{F}_t \right) .$$

Da die Swap-Rate $S_{1,n}$ aber der Dynamik (2.71) folgt, ist $S_{1,n}(T_0)$ lognormalverteilt unter $\mathbb{Q}^S$, so dass sich sofort die behauptete Formel ergibt.

$\square$

Auf dieselbe Weise lässt sich auch der Wert RSw einer Europäischen Receiver-Swaption unter dem Swap-Market-Model ermitteln, der sich mit den Voraussetzungen und Bezeichnungen von SATZ 3.9 zu

$$\mathrm{RSw}^{SMM}(t,T_0,\mathcal{T},K) \;=\; C_{1,n}(t) \cdot \left[K \cdot \Phi(-d_2^S) - S_{1,n}(t) \cdot \Phi(-d_1^S) \right] \qquad (3.31)$$

errechnet.
Multipliziert man (3.29) aus, so erhält man unter Verwendung von (1.22)

$$\mathrm{PSw}^{SMM}(t,T_0,\mathcal{T},K) = \Phi(d_1^S) \cdot [P(t,T_0) - P(t,T_n)] - \sum_{j=1}^{n} \tau_j \cdot K \cdot \Phi(d_2^S) \cdot P(t,T_j) .$$

Diese Darstellung des BLACK76-Swaptionpreises als Linearkombination von Zerobondpreisen liefert die Möglichkeit, eine selbstfinanzierende Replikationsstrategie, deren Existenz in GRUNDANNAHME 2.1 grundsätzlich postuliert wurde, explizit zu konstruieren, was wir hier alledings nicht durchführen wollen (s. JAMSHIDIAN [45]).

Es ist offensichtlich, dass die **Kalibrierung des SMM** an den BLACK76-Swaption-Preisen völlig analog zur Kalibrierung des LIBOR-Market-Models an den BLACK76-Cap-Preisen erfolgt, indem man entsprechend parametrisierte Ansätze für die deterministische Volatilitätsfunktionen $\sigma_{1,n}(\cdot)$ unterstellt.

Die im Euro-Markt gehandelten Swaptions unterscheiden sich im Auszahlungsprofil von dem in (1.30) beschriebenen. An dessen Stelle tritt nämlich

$$\phi(S_{1,n}(T_0)) = [S_{1,n}(T_0) - K]^+ \cdot \sum_{j=1}^{n} \frac{\tau_j}{(1 + S_{1,n}(T_0))^{\tau_{0,j}}} \tag{3.32}$$

mit der Year Fraction $\tau_{0,j} := (T_j - T_0)_{DC(S_{1,n})}$. Europäische Swaptions mit einer solchen Auszahlungsfunktion nennen wir **cash-settled**, da die Annahme einer flachen Renditekurve auf dem Niveau der Swap-Rate $S_{1,n}(T_0)$ zum Ausübungszeitpunkt T_0 die Berechnung des Cash-Ausgleiches stark vereinfacht.

Zur Bewertung solcher Cash-settled-Swaptions bedient man sich im Allgemeinen der Näherung, dass die unter dem Numéraire

$$G_{1,n}(t) := \sum_{j=1}^{n} \frac{\tau_j}{(1 + S_{1,n}(T_0))^{\tau_{0,j}}}$$

generierte Dynamik der Swap-Rate zumindest näherungsweise durch die des Swap-Market-Models gegeben ist, weshalb man über

$$\mathbb{E}\left(e^{-\int_0^{T_0} r(s)ds} \cdot G_{\alpha,\beta}(T_0) \cdot [S_{1,n}(T_0) - K]^+ \Big| \mathcal{F}_t\right) \approx$$

$$\approx G_{1,n}(0) \cdot P(t,T_0) \cdot \mathbb{E}^{\mathbb{Q}^S}\left([S_{1,n}(T_0) - K]^+ | \mathcal{F}_t\right)$$

zu der folgenden im Markt verwendeten (näherungsweisen) Bewertungsformel gelangt.

SATZ 3.10 *Der Preis einer cash-settled Payer-Swaption ist (näherungsweise) durch*

$$\mathrm{PSw}_{\mathrm{cash}}(t,T_0,\mathcal{T},K) = G_{1,n}(0) \cdot P(t,T_0) \cdot \left[S_{1,n}(t) \cdot \Phi(d_1^S) - K \cdot \Phi(d_2^S)\right] \tag{3.33}$$

mit d_j, $j \in \{1,2\}$, und $\widehat{v}^2 := \widehat{v}_{1,n}^2(t,T)$ aus SATZ 2.7 gegeben.

Man beachte, dass mit dieser Bewertungsformel die zugehörigen Swaption Volatilitäten aus den im Euro-Markt quotierten Swap-Preisen ermittelt werden müssen. Der Übersichtlichkeit halber beschränken wir uns fortan jedoch wieder auf die Plain Vanilla Swaptions, die durch das Auszahlungsprofil (1.30) gegeben sind.

Für die Verwendung von Swap-Rate- an Stelle von LIBOR-Market-Models plädieren HUANG und SCAILLET [35]. Wir folgen hier jedoch REBONATO [70] und der in den Kreditinstituten vorzufindenden Praxis, welche dem LMM (zumindest zur Zeit) den Vorzug geben.

3.3.3   Europäische Swaptions mit dem LIBOR-Market-Model

Dass sich die (Forward-)Swap-Rate $S_{1,n}(t)$ nach (1.23) bzw. (1.24) und (1.25) mit Hilfe der Forward-Rates $F(\,\cdot\,;T_{j-1},T_j)$, $j \in \{1,...,n\}$, ausdrücken lässt, legt den Einsatz des LIBOR-Market-Models zur Bewertung Europäischer Swaptions nahe. Verwenden wir daher statt des Swap-Maßes $\mathbb{Q}^S$ das T_0-Forward-Maß $\mathbb{Q}^{T_0}$, erhalten wir aus (2.39) für eine Europäische Payer-Swaption

$$\mathrm{PSw}(t,T_0,\mathcal{T},K) = P(t,T_0) \cdot \mathbb{E}^{T_0}\left([S_{1,n}(T_0) - K]^+ \cdot \sum_{j=1}^{n} \tau_j P(T_0,T_j)\Big|\mathcal{F}_t \right).$$

Gemäß (1.23) bzw. (1.24) ist die Verteilung von $S_{1,n}(T_0)$ unter $\mathbb{Q}^{T_0}$ durch die *gemeinsame* Verteilung der Forward-Rates $F(t;T_{j-1},T_j)$, $j \in \{1,...,n\}$, in $t = T_0$ bestimmt, deren Dynamik unter $\mathbb{Q}^{T_0}$ nach SATZ 2.15 durch (2.66),

$$dF(t) = \sigma_j(t) \cdot F(t) \cdot \sum_{l=1}^{j} \frac{\varrho_{k,l} \cdot \tau_l \cdot \sigma_l(t) \cdot F(t;T_{l-1},T_l)}{1 + \tau_l \cdot F(t;T_{l-1},T_l)} dt + \sigma_j(t) \cdot F(t)dW_t^j ,$$

für $F(t) := F(t;T_{j-1},T_j)$ mit $dW_t^j dW_t^k = \varrho_{j,k}\,dt$ für j und k aus $\{1,...,n\}$ gegeben ist.

Eine Anwendung der ITÔ-Formel (A.17) liefert damit das folgende System stochastischer Differenzialgleichungen für die logarithmierten Forward-Rates $g_j := \log F(\cdot;T_{j-1},T_j)$,

$$dg_j(t) = \left(\sigma_j(t) \cdot \sum_{l=1}^{j} \frac{\varrho_{j,l} \cdot \tau_l \cdot \sigma_l(t) \cdot e^{g_l(t)}}{1 + \tau_l \cdot e^{g_l(t)}} - \frac{\sigma_j(t)^2}{2} \right) dt + \sigma_j(t)dW_t^j , \quad (3.34)$$

$j \in \{1,...,n\}$, welches einen rein deterministischen Drift besitzt.

Um nun die Europäische Swaption im LIBOR-Market-Model zu bewerten, verwenden wir eine Monte-Carlo-Simulation, welche je m Realisationen der n logarithmierten Forward-Rates $g_j^k(T_0) = \log F(T_0; T_{j-1}, T_j)$, $j \in \{1,...,n\}$, $k \in \{1,...,m\}$, erzeugt. Mit diesen erhalten wir nämlich mit (1.23) gerade m Realisationen der terminalen Swap-Rate

$$\widehat{S}_{1,n}^k(T_0) = \frac{1 - \prod\limits_{j=1}^{n} \left(1 + \tau_j \cdot e^{g_j^k(T_0)}\right)^{-1}}{\sum\limits_{l=1}^{n} \tau_l \cdot \prod\limits_{j=1}^{l} \left(1 + \tau_j \cdot e^{g_j^k(T_0)}\right)^{-1}} \,, \quad k \in \{1,...,m\}, \quad (3.35)$$

aus denen mit $P(T_0, T_j) := \prod\limits_{l=1}^{j} (1 + \tau_l \cdot F(T_0; T_{l-1}, T_l))^{-1}$ schließlich die Monte-Carlo-Näherung

$$\frac{1}{m} \cdot \sum_{k=1}^{m} \phi(\widehat{S}_{1,n}^k(T_0))$$

$$= \frac{1}{m} \cdot \sum_{k=1}^{m} \left(\left[\widehat{S}_{1,n}^k(T_0) - K\right]^+ \cdot \sum_{j=1}^{n} \tau_j \cdot \prod_{l=1}^{j} \left(1 + \tau_l \cdot e^{g_l^k(T_0)}\right)^{-1} \right) \quad (3.36)$$

für die bedingte Erwartung

$$\mathbb{E}^{T_0} \left([S_{1,n}(T_0) - K]^+ \cdot \sum_{j=1}^{n} \tau_j \cdot P(T_0, T_j) \Big| \mathcal{F}_t \right)$$

und somit (nach Diskontierung) für den Preis $\mathrm{PSw}(t, T_0, \mathcal{T}, K)$ der Europäischen Payer-Swaption unter dem LMM erzeugt wird.

Zur Erzeugung der m Realisationen $g_j^k(T_0)$ diskretisieren wir das System (3.34) stochastischer Differenzialgleichungen. Dazu wählen wir eine Zeitdiskretisierung der Schrittweite Δt und gehen von den Differenzialen zu Differenzen über. Dies liefert eine Approximation

$$\widetilde{g}_j(t + \Delta t) \;=\; g_j(t) + \left(\sigma_j(t) \cdot \sum_{l=1}^{j} \frac{\varrho_{j,l} \cdot \tau_l \cdot \sigma_l(t) \cdot e^{g_l(t)}}{1 + \tau_l \cdot e^{g_l(t)}} - \frac{\sigma_j(t)^2}{2} \right) \cdot \Delta t +$$

$$+ \sigma_j(t) \cdot \left(W_{t+\Delta t}^j - W_t^j \right) ,$$

des Funktionswertes der exakten Lösung g_j an der Stützstelle $t + \Delta t$. In der Literatur ist diese unter der Bezeichnung ***Euler-Verfahren*** bekannt und stellt das einfachste numerische Verfahren zur Lösung stochastischer Differenzialgleichungen dar. Für hinreichend kleine Schrittweiten Δt erweist sich dieses einfache Verfahren bereits als sehr genau, denn man kann zeigen, dass ein $\delta_0 \in \mathbb{R}^+$ und ein $c_0 := c_0(T_0) \in \mathbb{R}^+$ existieren, so dass

$$\mathbb{E}^{T_0}\left(\widetilde{g}_j(T_0) - g_j(T_0)\right) \leq c_0 \cdot \Delta t$$

für alle $\Delta t \leq \delta_0$ gilt (siehe hierzu und allgemein zur Numerik von SDEs das klassische Lehrbuch von KLOEDEN & PLATEN [52] sowie SEYDEL [78]).

Aus Punkt (4) der DEFINITION A.4 eines WIENER-Prozesses wissen wir, dass die Differenz $W_{t+\Delta t} - W_t$ normalverteilt mit Erwartungswert 0 und Varianz Δt ist, so dass wir als Näherung

$$\widetilde{g}_j(t + \Delta t) = \widetilde{g}_j(t) + \left(\sigma_j(t) \cdot \sum_{l=1}^{j} \frac{\varrho_{j,l} \cdot \tau_l \cdot \sigma_l(t) \cdot e^{\widetilde{g}_l(t)}}{1 + \tau_l \cdot e^{\widetilde{g}_l(t)}} - \frac{\sigma_j(t)^2}{2}\right) \cdot \Delta t +$$
$$+ \sigma_j(t) \cdot \zeta_j \cdot \sqrt{\Delta t} \tag{3.37}$$

erhalten, worin jeweils n Zufallsvariablen

$$\zeta_j \sim \mathcal{N}(0,1) \quad \text{mit} \quad \mathbb{E}(\zeta_j \cdot \zeta_l) = \varrho_{j,l} \tag{3.38}$$

gezogen werden.

SATZ 3.11 *Es sei $m \in \mathbb{N}$, $M \in \mathbb{N}$ und $t_\ell := t + \ell \cdot \Delta t$, $\ell \in \{0,...,M\}$, mit $\Delta t := \frac{T_0 - t}{M}$. Für $k \in \{1,...,m\}$ ermittele man*

$$g_j^k(T_0) := \widetilde{g}_j^k(t_M)$$

mit dem EULER-Verfahren (3.37) zum jeweiligen Startwert

$$\widetilde{g}_j^k(t_0) := g_j(t) = \log F(t; T_{j-1}, T_j)$$

für $j \in \{1,...,n\}$ und damit weiter noch $\widehat{S}_{1,n}^k(T_0)$ gemäß (3.35). Einen Schätzwert für den fairen Preis $\mathrm{PSw}(t, T_0, \mathcal{T}, K)$ einer Payer-Swaption im LMM erhält man somit durch Monte-Carlo-Simulation zu

$$\frac{P(t,T_0)}{m} \cdot \sum_{k=1}^{m} \left(\left[\widehat{S}_{1,n}^k(T_0) - K\right]^+ \cdot \sum_{j=1}^{n} \tau_j \cdot \prod_{l=1}^{j} \left(1 + \tau_l \cdot e^{\widetilde{g}_l^k(T_0)}\right)^{-1}\right).$$

Neben der Tatsache, dass mit dem beschriebenen Verfahren der Preis eines Zinsinstrumentes mit nahezu beliebigem Auszahlungsprofil ermittelt werden kann, lässt sich die Methode an einigen Punkten noch verallgemeinern bzw. verbessern:

So kann eine Varianzreduktion (vgl. Abschnitt 2.5) vorgenommen werden, indem man in der Darstellung (2.64) der gemeinsamen Verteilung aller Forward-Raten die Anzahl der stochastischen Faktoren reduziert. Zur Wahl einer geeigneten Zahl von Faktoren, welche einerseits klein genug ist, um eine spürbare Verbesserung der Rechenzeiten herbeizuführen, aber noch groß genug, um auch exotische Produkte angemessen bewerten zu können, verweisen wir auf [22].

An Stelle des EULER-Verfahrens verwenden GLASSERMAN und ZHAO
[25] eine Diskretisierung der SDE, wobei die diskretisierte Form selbst wieder
arbitragefrei ist. Als ein weiteres Diskretisierungsverfahren sei auf die Methode der schnellen Driftapproximation verwiesen, siehe JÄCKEL [42] sowie
die Arbeiten [41] und [68]. Für eine hinreichend kleine Schrittweite liefert das
EULER-Verfahren jedoch äußerst gute Ergebnisse und ist daher das bislang
in der Praxis am häufigsten anzutreffende Verfahren.

3.3.4 Rebonato-Formel für die Swaption Volatilität

Die durch das Swap-Market-Model generierte Dynamik impliziert eine log-
normalverteilte Swap-Rate, wohingegen das LMM eine **nicht** lognormale
Swap-Rate erzeugt. Dennoch zeigt sich in der Praxis, dass die durch das
LIBOR-Market-Model erzeugte Verteilung der Swap-Rate zumindest "nahezu" lognormal ist.

So wissen wir beispielsweise schon aus (1.24), dass sich die Swap-Rate
als gewichtete Linearkombination der Forward-Rates

$$S_{1,n}(t) = \sum_{j=1}^{n} w_j(t) \cdot F(t; T_{j-1}, T_j)$$

mit von diesen abhängigen Gewichten

$$w_j(t) = \frac{\tau_j \cdot \prod_{k=1}^{j} (1 + \tau_k \cdot F(t; T_{k-1}, T_k))^{-1}}{\sum_{k=1}^{n} \tau_k \cdot \prod_{l=1}^{k} (1 + \tau_l \cdot F(t; T_{l-1}, T_l))^{-1}}$$

schreiben lässt. Empirische Untersuchungen belegen aber, dass sich die Gewichte $w_j(t)$ im Zeitverlauf bei Änderung der Forward-Rates selbst nur
sehr wenig ändern, was eine Approximation der Gewichte durch ihre An-
fangswerte $w_j(0)$ und somit die Näherung

$$S_{1,n}(t) \approx S_{1,n}^0(t) := \sum_{j=1}^{n} w_j(0) \cdot F(t; T_{j-1}, T_j)$$

nahelegt. Damit folgt für die quadratische Variation von $d \log S_{1,n}(t)$

$$\langle d \log S_{1,n}(t) \rangle = \left\langle \frac{dS_{1,n}(t)}{S_{1,n}(t)} \right\rangle \approx \left\langle \frac{dS_{1,n}^0(t)}{S_{1,n}(t)}, \frac{dS_{1,n}^0(t)}{S_{1,n}(t)} \right\rangle =$$

$$= \frac{\sum_{j=1}^{n} \sum_{k=1}^{n} w_j(0) \cdot w_k(0) \cdot F(t; T_{j-1}, T_j) \cdot F(t; T_{k-1}, T_k) \cdot \sigma_j(t) \cdot \varrho_{j,k} \cdot \sigma_k(t)}{S_{1,n}(t)^2},$$

aus der man eine auf dem LIBOR-Market-Model basierende analytische Näherung für die BLACK76-Volatilität $\widehat{v}$ erhält, indem man alle darin auftretenden Forward-Rates durch diejenigen zum Zeitpunkt $t = 0$ bekannten schätzt:

SATZ 3.12 *Durch*

$$v_R^2 = \frac{\displaystyle\sum_{j,k=1}^{n} w_j(0)w_k(0)F(0;T_{j-1},T_j)F(0;T_{k-1},T_k) \cdot \int_0^{T_0} \sigma_j(u)\varrho_{j,k}\sigma_k(u)du}{S_{1,n}(0)^2}$$

$$(3.39)$$

ist eine auf dem LMM basierende analytische Näherung für die BLACK76-*Volatilität* $\widehat{v} = \widehat{v}_{1,n}(0,T_0)$ *aus (3.30) gegeben, welche auch als* **Rebonato Formel** *bezeichnet wird.*

In analoger Weise lässt sich übrigens auch eine analytische Näherungsformel für die BLACK76-Cap(let)-Volatilität im SMM gewinnen, indem die LIBOR-Rate als gewichtetes Mittel zweier aufeinanderfolgender Co-terminaler Swap-Rates darstellt (vgl. HUANG & SCAILLET [35]).

Die REBONATO-Formel wird in der Praxis dazu verwendet, das LMM (auch) *an Swaption-Preisen zu kalibrieren.* Dabei verwendet man eine zeitabhängige Korrelationsstruktur $(\varrho_{j,k}(t))_{(j,k)\in\{\ldots,n\}^2}$ im LMM. Wie schon bei den instantanen Volatilitätsfunktionen $\sigma_j(\cdot)$ zieht man auch hier eine zeithomogene funktionale Form heran, wie beispielsweise

$$\varrho_{j,k}(t) := \beta_1 + (1 - \beta_1) \cdot \exp(-\beta_2 \cdot |T_j - T_k|) , \qquad (3.40)$$

um die instantanen Korrelationen zu modellieren. Dies entpuppt sich jedoch aus mehreren Gründen als ein komplexeres Problem (vgl. hierzu auch [1] und [15]):

Zum einen liegt dies darin begründet, dass es – im Gegensatz zur instantanen Volatilität, die die einzige wirkliche Bewertungsgröße für Caps darstellt – kein Plain-Vanilla Zinsinstrument gibt, dessen Bewertung ausschließlich von der Korrelationsstruktur abhängt. Zum anderen zeigen sich gerade Europäische Swaptions relativ unempfindlich gegenüber der Wahl der funktionalen Form der Korrelationsfunktion, wie entsprechende Untersuchungen (vgl. z.B. [13]) belegen. Ganz zu schweigen von den wohlbekannten statistischen Problemen der empirischen Schätzung von Korrelationen. Diese rühren vor allem daher, dass die Forward-Rates aus verschiedenen Bereichen der Renditekurve bzw. verschiedenen Instrumenten abgeleitet werden, wie in Kapitel 1 beschrieben: am kurzen Ende der Zinskurve geht man hierzu im Allgemeinen aus von LIBOR-Termingeldraten, im mittleren

Laufzeitbereich von Futures und für alle Laufzeiten länger als zwei Jahre von Par Swap-Rates, welche zudem noch allesamt aus Märkten mit unterschiedlichen Closing-Zeiten zu ziehen sind, was eine zusätzliche temporale Asynchronität hervorruft.

Gerade auch vor diesem Hintergrund ist eine vorsichtige und gute Wahl der ATM-Swaption-Matrix unerlässlich, um möglichst viel an ökonomischer Information aus den Marktpreisen zu extrahieren. Daher sollte hierfür nie allein auf eine einzige Marktdatenquelle für die Swaption-Matrix zurückgegriffen werden, zumal nicht jeder ihrer Einträge einem regelmäßigen Update (dem sog. *re-marking* der Quotierungen) unterliegen muss.

Es ist somit unbedingt zu empfehlen, das eingesetzte LMM zunächst nur auf einer speziell gewählten Submatrix der liquidesten Swaptions zu kalibrieren und mit dem so kalibrierten Modell die Konsistenz der verbliebenen Einträge der Swaption-Matrix zu überprüfen.

BEMERKUNG 3.10 *Aus den quotierten* BLACK76-*Volatilitäten für Europäische Swaptions können wir mit der* REBONATO-*Formel* (3.39) *die Parameter der Volatilitätsfunktionen* (3.21) *und Korrelationen* (3.40) *ermitteln.*

Bei der ausschließlichen Kalibrierung eines LMM auf Caps bzw. auf Swaptions ist nach REBONATO [70] jedoch stets die zwischen den beiden liquiden Zinsoptionsmärkten messbare Diskrepanz zu berücksichtigen: Diese spiegelt sich u.a. darin wider, dass die bei einer Kalibrierung ausschließlich an Swaption-Preisen ermittelten LMM-Volatilitätsfunktionen σ_j stets unterhalb der bei Kalibrierung ausschließlich an Caps gewonnenen Volatilitätsfunktionen liegen, also Swaptions im Vergleich zu Caps "zu preiswert" bewertet werden (vgl. REBONATO [70], S. 224ff.). Ein möglicher Grund für dieses Phänomen kann in Angebots- und Nachfrageaspekten bestehen: Denn Investmentbanken sind meist *Caps short*, weil sie diese an Unternehmen in größerem Umfang verkaufen, die sich damit gegen die Änderung der variablen Zinsen Ihrer Finanzierungen absichern wollen. Andererseits begibt sich die Investmentbank aber in einer *Long Position* in *Swaptions*, da sie diese indirekt eingebettet als Kündigungsrechte bei Anleihen einkaufen. Für eine ausführliche Diskussion dieser wichtigen Fragestellung sei wiederum auf REBONATO, S. 252ff., verwiesen.

3.4 Bermudan Swaptions im LIBOR-Market-Model

In BEISPIEL 2.7 haben wir gesehen, wie die wichtigen Bermudan Swaptions im theoretischen Rahmen behandelt werden können.

Bei Short-Rate Modellen können Amerikanische bzw. Bermudan Swaptions mit Hilfe von Trinomialbäumen bewertet werden, indem an jedem Knotenpunkt, der auch Ausübungstermin der Option ist, konkret überprüft wird, ob der innere Wert des Derivats zu einer so genannten *vorzeitigen Ausübung (early exercise)* des Optionsrechtes Anlass gibt oder nicht. Dies entspricht der natürlichen Umsetzung der in BEISPIEL 2.7 dargestellten rekursiven Bewertungssystematik für Bermudan Swaptions. Dabei ist wesentlich, dass wir bei Baum- und Gitterkonstruktionen *rückwärts* in der Zeit operieren, also alle später möglicherweise zu erwartenden Cashflows zum Entscheidungszeitpunkt bereits kennen. Im Gegensatz dazu stellen diese Produkte im LIBOR-Market-Model, das sich im Wesentlichen auf die Monte-Carlo-Simulation zur Bewertung stützt, eine kleine Herausforderung dar.

3.4.1 Andersens Methode für Amerikanische Optionen

Die Grundidee des Verfahrens von ANDERSEN besteht darin, den Bereich, in dem es zu einer vorzeitigen Ausübung der Option kommt, zu approximieren: Für diese Parametrisierung des Randes der sog. *Early Exercise Region* wird zunächst eine kleinere Zahl von Startpfaden generiert, an Hand derer die Early Exercise Region zu jedem Zeitpunkt beschrieben wird. Diese Approximation ist dann die Grundlage für die Bewertung der Option mittels einer hinreichend großen Anzahl von Monte-Carlo-Simulationsschritten.

Zur Demonstration der Methodik betrachten wir das einfache Beispiel eines Amerikanischen Puts auf einen Bond im Rahmen der BLACK-SCHOLES Welt, der sich bei einem Strike von $X = 1{,}10$ an jedem der Zeitpunkte $t \in \{1,2,3\}$ ausüben lasse. Aktuell habe der Bond den Kurs $S_0 = 1{,}00$ und der risikolose kontinuierliche Zinssatz liege bei $r = 6\%$ p.a.

Im *ersten Schritt* generiert man ausgehend von der BLACK-SCHOLES-Dynamik (vgl. (2.18))

$$dS_t = r \cdot S_t dt + \sigma S_t dW_t$$

mit Hilfe des EULER-Verfahrens eine gewisse Zahl n von Pfaden, welche wir exemplarisch mit dem Payoff in $T = 3$, gegeben durch $\phi(S_3) = (X - S_3)^+$, in der folgenden Tabelle (für $n = 8$) zusammenstellen. Für einen späteren Vergleich enthält diese auch den Wert der Europäischen Variante dieses Puts (gemäß unserer kleinen Monte-Carlo-Simulation):

Pfad ω	$S_0(\omega)$	$S_1(\omega)$	$S_2(\omega)$	$S_3(\omega)$	$\phi(S_3)$
1	1,00	0,91	1,27	1,42	0,00
2	1,00	0,86	0,77	0,90	0,20
3	1,00	1,13	1,29	1,67	0,00
4	1,00	1,16	0,92	1,23	0,00
5	1,00	1,22	1,07	1,03	0,07
6	1,00	0,93	0,97	0,92	0,18
7	1,00	0,92	0,84	1,01	0,09
8	1,00	0,90	1,12	1,21	0,00
Europäische Option: $\dfrac{e^{-3\cdot 0,06}}{8}\sum\limits_{\omega=1}^{8}\phi(S_3(\omega)) =$					0,06

Wie bei einem Gitter oder Trinomialbaum arbeiten wir uns beginnend mit dem letztmöglichen Ausübungstermin rückwärts in der Zeit bis zum heutigen Zeitpunkt $t = 0$ vor und erstellen dabei eine Cashflow-Tabelle, aus der wir schließlich den Wert des Amerikanischen Puts ablesen können. Die Parametrisierung des Randes der Early Exercise Region geschieht hierin durch Angabe des kritischen Preises $H(t) := S^*(t)$ des Underlyings zum Zeitpunkt t, unterhalb dessen die Option vorzeitig auszuüben ist.

Für $t = T = 3$ erhalten wir das in obiger Tabelle dargestellte Auszahlungsprofil, welches zeigt, das $S^*(3) = X = 1,10$ zu wählen ist, da ein rational agierender Halter der Option diese ausüben wird, wenn sie im Geld ist.

Für $t = 2$ fragen wir nach dem maximalen Wert des Puts unter den gegebenen 8 Realisationen $S_2(\omega)$, $\omega \in \Omega := \{1,...,8\}$, unter der Prämisse, dass der Rand der Early Exercise Region durch eine der Realisationen gegeben ist.

Dazu sortieren wir den generierten Vektor S_2 zuerst einmal so, dass die möglichen Preise des Underlyings aufsteigend angeordnet sind, d.h. wir bestimmen ein $m \in \{1,...,8\}$ und s_j, $j \in \{1,...,m\}$, so dass

$$\{S_2(\omega) : \omega \in \Omega\} = \{s_j : j \in \{1,...,m\}\}$$

und

$$s_j < s_{j+1} \quad \text{für alle } j \in \{1,...,m-1\}$$

gilt. Im vorliegenden Beispiel ergibt sich so $m = 8$ und der Vektor

$$s = (s_j)_{j\in\{1,...,8\}} = (0{,}77; 0{,}84; 0{,}92; 0{,}97; 1{,}07; 1{,}12; 1{,}27; 1{,}29)\ .$$

Damit berechnen wir jeweils den potenziellen Cashflow unter dem Szenario, dass $S^*(2)$ aus dem Intervall $\mathcal{I}_j := [s_{j-1}; s_j)$, $j \in \{1,...,m\}$, gewählt wird, worin wir $s_0 := 0$ gesetzt haben. Als Cashflow ergibt sich dabei entweder der auf $t = 2$ diskontierte Wert der Auszahlung in $t = 3$ oder, im Falle, dass $S_2(\omega) < S^*(2)$ ist, der durch vorzeitige Ausübung der Option erzielte Cashflow. Dies lässt sich leicht in *MS Excel*® durch

$$\text{WENN}(S_t(\omega) > s_j; \phi(S_{t+1}(\omega)) \cdot e^{-0{,}06 \cdot ((t+1)-t)}; \phi(S_t(\omega)))$$

realisieren, woraus wir die folgende Tabelle erhalten:

$S^*(2) \in$	$\mathcal{I}_0$	$\mathcal{I}_1$	$\mathcal{I}_2$	$\mathcal{I}_3$	$\mathcal{I}_4$	$\mathcal{I}_5$	$\mathcal{I}_6$	$\mathcal{I}_7$	$\mathcal{I}_8$
$\omega \setminus s_{j-1}$	0,00	0,77	0,84	0,92	0,97	1,07	1,12	1,27	1,29
1	0,00	0,00	0,00	0,00	0,00	0,00	0,00	0,00	0,00
2	0,19	0,33	0,33	0,33	0,33	0,33	0,33	0,33	0,33
3	0,00	0,00	0,00	0,00	0,00	0,00	0,00	0,00	0,00
4	0,00	0,00	0,00	0,18	0,18	0,18	0,18	0,18	0,18
5	0,07	0,07	0,07	0,07	0,07	0,03	0,03	0,03	0,03
6	0,17	0,17	0,17	0,17	0,13	0,13	0,13	0,13	0,13
7	0,08	0,08	0,26	0,26	0,26	0,26	0,26	0,26	0,26
8	0,00	0,00	0,00	0,00	0,00	0,00	0,00	0,00	0,00
	0,06	0,08	0,10	**0,13**	0,12	0,12	0,12	0,12	0,12

Der maximale Wert des Puts wird mit 0,13 also erreicht, wenn wir $S^*(2) \in \mathcal{I}_3 = [0{,}92; 0{,}97)$ wählen. Dies liefert die Parametrisierung des Randes der Early Exercise Region zum Zeitpunkt $t = 2$.

In völliger Analogie gehen wir nun auch wieder für den Zeitpunkt $t = 1$ vor und bestimmen zuerst die möglichen Stufen für die Parametrisierung basierend auf den generierten Realisationen. Wir erhalten hier für $m = 7$ den Vektor

$$s = (0{,}86; 0{,}90; 0{,}92; 0{,}93; 1{,}13; 1{,}16; 1{,}22) \, ,$$

mit dem wir die möglichen Cashflows und somit die Werte des Puts in Abhängigkeit von der Wahl des Randwertes $S^*(1) \in \mathcal{I}_j := [s_{j-1}; s_j)$ bestimmen:

$S^*(1) \in$	$\mathcal{I}_0$	$\mathcal{I}_1$	$\mathcal{I}_2$	$\mathcal{I}_3$	$\mathcal{I}_4$	$\mathcal{I}_5$	$\mathcal{I}_6$	$\mathcal{I}_7$
$\omega \setminus s_{j-1}$	0,00	0,86	0,90	0,92	0,93	1,13	1,16	1,22
1	0,00	0,00	0,00	0,18	0,18	0,18	0,18	0,18
2	0,31	0,24	0,24	0,24	0,24	0,24	0,24	0,24
3	0,00	0,00	0,00	0,00	0,00	0,00	0,00	0,00
4	0,17	0,17	0,17	0,17	0,17	0,17	0,00	0,00
5	0,06	0,06	0,06	0,06	0,06	0,06	0,06	0,00
6	0,16	0,16	0,16	0,16	0,17	0,17	0,17	0,17
7	0,24	0,24	0,24	0,18	0,18	0,18	0,18	0,18
8	0,00	0,00	0,20	0,20	0,20	0,20	0,20	0,20
	0,12	0,11	0,13	0,14	**0,15**	**0,15**	0,13	0,12

Eine genaue Betrachtung der sich unter den verschiedenen Szenarien für
die Parametrisierung ergebenden Cashflows zeigt, dass sowohl das Szenario
$S^*(1) \in [0{,}93; 1{,}13)$ als auch der Fall $S^*(1) \in [1{,}13; 1{,}16)$ bei einer Rechengenauigkeit von zwei Nachkommastellen dieselben Cashflows und somit denselben (maximalen) Wert des Puts ausweisen, weshalb wir $S^*(1) \in [0{,}93; 1{,}16)$
als Parametrisierung wählen können. Somit erhält man als Wert des Amerikanischen Puts zum Zeitpunkt $t = 1$ nun 0,15.

Diskontiert man dies auf den Abschlusszeitpunkt (also $t = 0$), so erhält
man 0,14 als Wert der Amerikanischen Put-Option, da dieser Wert offensichtlich größer ist als ein Early Exercise zum aktuellen Zeitpunkt. Dabei
zeigt sich bereits, dass der Wert der Amerikanischen Option mit 0,06 in der
Tat größer ist als der der Europäischen Option.

Mit diesem Verfahren haben wir nun bereits auf einer kleinen Menge
von nur acht Pfaden eine erste Näherung für den Wert des Amerikanischen
Puts bestimmt. Wichtiger jedoch ist, dass wir durch diese Verfahrensweise
die Early Exercise Region approximieren mit Hilfe der Funktion

$$H(t) = \begin{cases} 1{,}16 & , \quad t = 1 \\ 0{,}97 & , \quad t = 2 \\ 1{,}10 & , \quad t = 3 \end{cases}$$

können, welche wir durch Wahl des jeweils maximalen $S^*(t)$, $t \in \{1,2,3\}$,
erhalten. Mit einer völlig neuen und natürlich größeren Stichprobe kann
man nun diese Information nutzen, um eine bessere Näherung für den Preis
der Amerikanischen Puts zu erhalten.

3.4.2 Die Methode von Andersen für LMM

Aus Beispiel 2.7 wissen wir, dass sich der Wert einer Bermudan Swaption rekursiv mit Hilfe der in diese eingebetteten Europäischen Swaptions gewonnen werden kann. In Fortführung dieses Beispiels betrachten wir auch hier eine n-NC-m Bermudan Receiver Swaption und verwenden die dort eingeführte Terminologie, d.h. bezeichnen mit $\mathrm{RS}(T_{j-1})$ den Wert des zu Grunde liegenden Receiver Swaps zum Zeitpunkt T_{j-1}, $j \in \{m+1,...,n\}$, und setzen

$$N_j := \frac{\mathrm{RS}(T_{j-1})}{P(T_{m+j-1},T_n)} = \frac{(K - S_{j,n}(T_{j-1})) \cdot \sum_{k=j}^{n} \tau_k \cdot P(T_{j-1},T_k)}{P(T_{m+j-1},T_n)} .$$

An Stelle der rekursiv definierten Zufallsvariablen C_k, $k \in \{1,...,n-m\}$, welche den Wert der Bermudan Swaption an den Zeitpunkten T_{m+k-1} darstellen, betrachtet ANDERSEN [2] eine Approximation der *Indikatorfunktion für die optimale Ausübung* der Swaption entlang eines simulierten Pfades,

$$I(T_{l-1})(\omega) := \begin{cases} 1 & , \quad \text{Ausübung für den Pfad } \omega \text{ in } T_{l-1} \text{ optimal} \\ 0 & , \quad \text{sonst} \end{cases} ,$$

welche genau wie die C_k von den Werten der in der Bermudan Swaption eingebetteten Receiver Swaps zu den Zeitpunkten T_{l-1} aber zusätzlich noch vom Wert einer weiteren Funktion H abhängt, die wie im vorigen Abschnitt auch hier die Parametrisierung des Randes der Early Exercise Region bezeichnen wird:

$$I(T_{l-1}) \approx f(\mathrm{RS}(T_{l-1}),\mathrm{RS}(T_l),...,\mathrm{RS}(T_{n-1}); H(T_{l-1})) . \tag{3.41}$$

Hierbei ist f stets so zu wählen, dass

$$I(T_{n-1}) = \begin{cases} 1 & , \quad \text{falls } \mathrm{RS}(T_{n-1}) > 0 \\ 0 & , \quad \text{sonst} \end{cases}$$

gilt, so dass jede Bermudan Swaption zumindest am letzten Ausübungstermin auch ausgeübt wird, sofern sie im Geld ist. Die Ausübung würde den Wert C_{n-m} ergeben, wobei wir an T_{m+k-1}, $k \in \{1,...,m-n-1\}$, den Wert

$$C_k = I(T_{m+k-1}) \cdot N_{m+k-1} + (1 - I(T_{m+k-1})) \cdot C_{k+1} \tag{3.42}$$

haben.

Beispielsweise kann eine solche Näherung f in (3.41) gegeben sein durch

$$I(T_j) = \begin{cases} 1 & , \quad \text{falls } \mathrm{RS}(T_{j-1}) > \max \left\{ H(T_{j-1}), \max_{k \in \{j,...,n-1\}} \mathrm{RS}(T_k) \right\} \\ 0 & , \quad \text{sonst} \end{cases} ,$$

wonach eine Ausübung nur dann in Frage kommt, wenn der Wert des Receiver Swaps einerseits oberhalb des Randes der Early Exercise Region liegt und andererseits auch oberhalb der Forward-Start-Werte auf diesen Swap an den verbleibenden Ausübungszeitpunkten.

Nach Wahl einer solchen Funktion f haben wir nun, wie im vorigen Abschnitt, zunächst die Funktion H bzw. deren Werte zu den Zeiten T_{j-1}, $j \in \{m+1,...,n\}$ zu bestimmen, was algorithmisch wie folgt geschehen kann (vgl. ANDERSEN [2] und BRIGO & MERCURIO [12]):

1. Wir wählen eine Funktion f (z.B. oben angegebene) und kalibrieren unser LIBOR-Market-Model an den in der n-NC-m Bermudan Receiver Swaption eingebetteten Europäischen Swaptions, indem wir unter Verwendung der REBONATO-Formel die instantanen Volatilitätsfunktionen $\sigma_j(\cdot)$ und instantanen Korrelationen $\varrho_{j,k}(\cdot)$ ermitteln.

2. Gemäß der in Abschnitt 3.3.3 beschriebenen Systematik generieren wir sodann eine gewisse Zahl $n := |\Omega|$ von Szenarien $\omega \in \Omega$ mit Hilfe der Monte-Carlo-Simulation aus der Dynamik des LMM, aus welchen die Werte der Europäischen Receiver-Swaptions $\mathrm{RS}(T_{l-1})$, $l \in \{m+1,...,n\}$, und die Diskontierungsfaktoren $\delta_l := \frac{1}{1+\tau_l \cdot F(T_{l-1};T_{l-1},T_l)}$, $l \in \{1,...,n\}$, wie in SATZ 3.11 erzeugt werden.

3. Die Werte $H(T_{l-1})$ für $l \in \{m+1,...,n\}$ ergeben sich rekursiv wie folgt:

   3.1 Der letzte Funktionswert $H(T_{n-1})$ ist durch

   $$f(\mathrm{RS}(T_{n-1}),H(T_{n-1})) = I(T_{n-1}) = 1\!\!1_{\{\mathrm{RS}(T_{n-1})>0\}}$$

   bestimmt, was bedeutet, dass wir die Option ausüben, sofern der Barwert des letzten Swap in T_{n-1} einen positiven Wert besitzt. Wir setzen nun $l := n-1$ und $\mathrm{B}(T_n) := \max\{\mathrm{RS}(T_{n-1}),0\}$.

   3.2 Die Ermittlung von $H(T_{l-1})$ geschieht nun genau wie im vorangegangenen Beispiel des Amerikanischen Puts: Für jeden Pfad $\omega \in \Omega$ löst man das (eindimensionale) Optimierungsproblem

   $$H^\omega(T_{l-1}) = \underset{H \in \mathbb{R}^+}{\mathrm{argsup}} \left\{ f(...,H) \cdot \mathrm{RS}(T_l) + (1 - f(...,H)) \cdot \delta_{l-1}\mathrm{B}(T_l) \right\}$$

   in Anlehnung an (3.42), wobei I durch f approximiert wird und wir zur Abkürzung

   $$f(...,H) := f(\mathrm{RS}(T_{l-1}),\mathrm{RS}(T_l),...,\mathrm{RS}(T_{n-1}),H)$$

geschrieben haben. Der Wert der Bermudan Swaption in T_{l-1} ist nun (wie in unserem Rechenbeispiel oben) durch das zugehörige $H^* := H^\omega(T_{l-1})$ gegeben zu

$$B(T_{l-1}) := f(...,H^*) \cdot RS(T_{l-1}) + (1 - f(...,H^*)) \cdot \delta_{l-1} \cdot B(T_l) \,,$$

also das Supremum aller Werte der Bermudan Swaption. Danach wird über alle Szenarien $\omega \in \Omega$ gemittelt, was

$$H(T_{l-1}) := \frac{1}{n} \sum_{\omega=1}^{n} H^\omega(T_{l-1})$$

liefert.

   3.3 Ist nun $l - 1 = m$, so gehen wir über zu Punkt **4.**, ansonsten verkleinern wir l um 1 und wiederholen Schritt 3.2.

4. Nachdem die Funktion H an den Stellen T_k, $k \in \{m,...,n - 1\}$ erklärt wurde, berechnen wir den Wert der Bermudan Swaption durch eine neue Monte-Carlo-Simulation mit einer größeren Zahl von Pfaden, wobei zur Bewertung auf die Funktion H, also den parametrisierten Rand der Early Exercise Region, zurückgegriffen wird.

3.4.3   Ergänzende Bemerkungen

Die Early Exercise Region wird beim Verfahren von ANDERSEN durch niederdimensionale Parametrisierung in einer separaten Monte-Carlo-Simulation des LMM approximiert. Da dies eine suboptimale Ausübungsregion liefert, erhalten wir natürlich nur eine *untere Schranke* für den Preis der Bermudan Swaption. Eine *obere Schranke* für den Preis einer Bermudan Swaption geben JOSHI und THEIS [49] unter Verwendung eines SMM an.

Dagegen entwickeln ANDERSEN und BROADIE in [3] einen Algorithmus, mit dem sie sowohl obere als auch untere Schranken erhalten.

Neben der dargestellten Methode existieren noch eine Reihe weiterer Verfahren zur Bewertung von Bermudan Swaption bzw. allgemeiner Optionen Amerikanischen Typs. Für einen Überblick verweisen wir insbesondere auf BRIGO & MERCURIO [12].

PEDERSEN [66] führt beispielsweise nicht-rekombinierende stochastische Baumkonstruktionen ein (das sind solche, bei denen sich die Pfade nicht wie in den von uns betrachteten Bäumen an den Knoten jeweils kreuzen; siehe auch JÄCKEL [42]) und vergleicht die Ergebnisse dieser Methode der sog. *bushy trees* mit denen unter den Ansätzen von ANDERSEN [2] und

LONGSTAFF & SCHWARTZ [57] erhaltenen. Ferner geht er auf die von LONG-STAFF, SANTA-CLARA & SCHWARTZ in ihrem Artikel [56] *Throwing Away a Billion Dollars* aufgeworfene Frage nach der Anzahl der Faktoren ein, welche das zu Grunde liegende LMM für eine angemessene Ausübungsstrategie besitzen sollte. Nach FAN, GUPTA & RITCHKEN [22] ist für die Bewertung einer Bermudan Swaption ein Einfaktor-Modell ausreichend, wohingegen für Hedging-Zwecke Mehrfaktor-Modelle unbedingt bevorzugt werden sollten.

Im ersten Schritt des obigen Algorithmus haben wir das verwendete LIBOR-Market-Model an die eingebetteten Europäischen Swaptions kalibriert. Die Idee dahinter bestand darin, dass eine sinnvolle Hedging-Strategie stets auf diesen aufsetzen wird und man daher das Modell so kalibrieren sollte, dass diese exakt bewertet werden.

Dabei haben wir uns im Rahmen unserer Möglichkeiten hier darauf beschränkt, die Kalibrierung an Europäischen ATM-Swaptions durchzuführen und dabei den so genannten *Smile-Effekt* völlig unberücksichtigt zu lassen. Betrachtet man nämlich die implizite BLACK76-Volatilität von quotierten Caps oder Europäischen Swaption als Funktion des Strikes, so fällt auf, dass diese nicht – wie vom BLACK76-Modell her erwartet – für alle Strikes konstant denselben Wert hat, sondern meist eine monoton fallende oder parabelförmig-"lächelnde" Gestalt, was als *Volatility Skew* bzw. im zweiten Falle als *Volatility Smile* (oder *Volatilitäts-Smile*) bezeichnet wird. Dieser Effekt kann von den hier betrachteten LMM nicht erfasst werden und bedarf neuer Modellierungsansätze, wie beispielsweise der *Constant Elasticity of Variance* oder stochastischen instantanen Volatilitäten. Jedoch gestaltet sich deren Kalibrierung i.d.R. äußerst schwierig, insbesondere mit Blick auf die im Allgemeinen weniger gute statistische Qualität von OTM- oder ITM-Preisen von Europäischen Swaptions und Caps. Für eine eingehende Lektüre sei auf REBONATO [70] verwiesen.

4 Risiken

Der Handel in Zinsderivaten bringt für eine Bank eine Vielzahl von Risiken mit sich. Wir werden in diesem Kapitel die verschiedenen Arten von Risiken charakterisieren, die Bedeutung der Steuerung bzw. Überwachung dieser Risiken für Banken darlegen und schließlich die Methoden zur Messung von Marktrisiken behandeln. Stellvertretend für die umfangreiche Literatur seien hier die Werke von DOWD [18], HOLTON [34], HULL [36], JORION [48], WILMOTT [84] und ZAGST [85] genannt.

4.1 Risikoarten

In den ersten drei Kapiteln haben wir gesehen, dass der Wert eines Zinsderivats von verschiedenen Marktdaten abhängig ist. Im Falle eines Swaps ist dies etwa die zum Bewertungszeitpunkt am Markt quotierte Swap-Zinskurve, und im Falle einer Zinsoption kommt zusätzlich zur Zinskurve noch die jeweilige implizite Volatilität als Bewertungsparameter mit ins Spiel.

Stellen wir uns eine Bank vor, in deren Portfolio sich eine Vielzahl unterschiedlicher Zinsderivate befinden - für eine größere Bank könnten dies einige zehntausend derartiger Positionen sein. Für die Bank ist es naturgemäß von allergrößtem Interesse zu wissen, wie sich der Wert aller im Portfolio befindlichen Derivate ändert, wenn die zu Grunde liegenden Marktdaten schwanken. Warum möchte die Bank dies wissen? Einerseits geht es darum, potenzielle Wertverluste in den Portfolien zu identifizieren, andererseits aber auch darum, Gewinnmöglichkeiten abzuschätzen. Die möglichen Verluste müssen der Bank bekannt sein, um ausreichende Eigenkapitalreserven zur Deckung dieser Verluste bereitzustellen, während die Gewinne entscheidend sind für die Höhe der in den einzelnen Portfolien (und auf Gesamtbankebene) erwirtschafteten Renditen auf das von den Anteilseignern eingesetzte Kapital. Es leuchtet unmittelbar ein, dass Verlust- und Gewinnmöglichkeiten zwei Seiten derselben Medaille sind, weshalb zur Erzielung von Gewinnen immer auch das bewusste und kontrollierte Eingehen von Risiken gehört!

Aus den erwähnten Gründen haben Finanzinstitute heutzutage leistungsfähige Risikoüberwachungs- und Risiko-Management Systeme im Einsatz, die eine zeitnahe (im Idealfall permanente, im Regelfall tägliche) Überwachung und Berechnung der Verlustrisiken ermöglichen. Darüber hinaus geben solche Systeme wichtige Steuerimpulse, z.B. im Hinblick darauf, ob und wie gegebenenfalls ein Portfolio aus Zinsderivaten umstrukturiert werden muss, um ein vorgegebenes Risikoniveau zu erreichen.

Bisher haben wir den Begriff Risiko nur intuitiv im Sinne eines "potenziellen Verlustes" verwendet. Für die Steuerung einer Bank ist selbstverständlich eine weitaus präzisere, differenziertere und insbesondere quantifizierbare Risikodefinition erforderlich. Wir stellen daher im Folgenden zunächst die verschiedenen Risikoarten näher dar, um später in den Abschnitten 4.3 und 4.4 eine mathematische Beschreibung des sog. Marktpreisrisikos zu geben. Welche Risikoarten gibt es also?

Der bereits erwähnte Begriff *Marktpreisrisiko* beinhaltet mögliche Wertverluste (oder allgemeiner: Wertveränderungen) eines Portfolios von Finanzinstrumenten (in unserem Fall Zinsderivate), die sich auf Grund von Änderungen der Marktdaten (also z.B. Zinskurven, Anleihepreise und Volatilitäten) ergeben. Bezieht man in die Betrachtung neben Zinsderivaten auch noch aktien- oder fremdwährungsbezogene Produkte ein, so ist das Spektrum der Marktdaten natürlich entsprechend zu erweitern um Aktienkurse, Wechselkurse und deren Volatilitäten. Wir betrachten als Beispiel das Risiko eines Zinsswaps. Aus Kapitel 1 ergibt sich, dass der Inhaber eines Zinsswaps, wenn er feste Zinsen zahlt und variable Zinsen empfängt, dem Risiko fallender Zinsen ausgesetzt ist. Wenn sich nämlich die gesamte Swapkurve parallel nach unten verschiebt, verringert sich der Barwert des Swaps. Umgekehrt bedeutet eine Parallelverschiebung der Swapkurve nach oben ein Wertzunahme des Swaps. Der Inhaber des Swaps wird nun etwa daran interessiert sein, zu wissen mit welcher Wahrscheinlichkeit und in welchem Ausmaß mögliche Veränderungen der für ihn relevanten Swapkurve in einem spezifizierten Zeitraum auftreten können, und wie hoch dann die jeweilige Barwertänderung seines Produkts ist. Neben Parallelverschiebungen der Swapkurve kommen natürlich auch andere Szenarien in Frage. Derartige Fragestellungen werden im Kontext der Marktrisikomessung behandelt, wobei es sich im erwähnten Beispiel um das sog. *Zinsänderungsrisiko* als Teil des Marktrisikos handelt.

Betrachten wir nun die Situation eines Händlers, der eine Option, etwa einen Cap, erworben hat. Wie wir aus den in Kapitel 3 hergeleiteten Bewertungsformeln wissen, wird der Wert des Caps ansteigen, wenn sich der zu Grunde liegende Zinssatz nach oben bewegt. Andererseits wird der Wert des Caps jedoch fallen, wenn die implizite Volatilität fällt (*Volatilitätsrisiko*). An dieser Stelle wird bereits deutlich, dass das Risiko (ebenso wie der Wert) eines Finanzinstruments und erst recht das Risiko eines Portfolios in der

Regel von mehreren verschiedenen Marktdaten abhängt. Dementsprechend ist bei der Marktrisikoberechnung zu analysieren, welche Änderungen der Marktdaten zu Gewinnen bzw. zu Verlusten führen, wie wahrscheinlich diese Änderungen sind und in welcher Höhe Gewinne oder Verluste auftreten können. Insbesondere ist ein Maß für die gegenseitigen Abhängigkeiten solcher Marktdatenänderungen zu spezifizieren. All dies muss eine im praktischen Einsatz befindliche Methodik zu Marktrisikoberechnung leisten, wobei die Anzahl der zu betrachtenden Marktparameter bei größeren Banken im Bereich einiger tausend liegt.

Während sich die bisherigen Ausführungen ausschließlich auf Marktrisiken beschränken, kommen in der Realität noch eine ganze Reihe weiterer Risiken hinzu. Von besonderer Bedeutung ist das sog. *Kreditrisiko*, welches die Gefahr beschreibt, dass ein Geschäftspartner, mit dem ein Zinsderivategeschäft (oder irgend ein anderes Geschäft) abgeschlossen wurde, seinen daraus entstehenden Zahlungsverpflichtungen nicht oder nur teilweise nachkommt. Man stelle sich etwa vor, dass der Inhaber einer Call-Bondoption bei Fälligkeit der Option das Recht hat, eine Anleihe mit Marktpreis 100 zum Preis von 90 (= Strike der Option) von seinem Kontrahenten zu erwerben. Im Ergebnis schuldet der Kontrahent dem Inhaber der Option also den Geldbetrag 10. Sollte der Kontrahent auf Grund seiner schlechten Bonität jedoch nicht in der Lage sein, seine Schuld zu begleichen, so wird der Optionsinhaber einen Verlust in Höhe von 10 erleiden. Dieses Risiko, das Kreditrisiko, versucht man dadurch zu quantifizieren, indem man die aktuelle und künftige Kreditwürdigkeit des Kontrahenten analysiert. Mathematisch ausgedrückt bedeutet dies, dass man die Wahrscheinlichkeit eines Ausfalls (Zahlungsunfähigkeit) im Zeitablauf modelliert. Eine solche Modellierung hat sich auf alle Geschäftspartner einer Bank zu erstrecken, und die verschiedensten Aspekte, wie etwa *Länderrisiko* (= Kreditrisiko in Bezug auf Staaten) und *Branchenrisiken* mit einzubeziehen. Auch die gegenseitigen Abhängigkeiten der Kreditwürdigkeiten einzelner Kontrahenten sind zu betrachten - hier liegt die eigentliche Herausforderung der Kreditrisikomodellierung. Die Entwicklung aussagekräftiger und praxistauglicher Kreditrisikomodelle ist derzeit Gegenstand zahlreicher Forschungsarbeiten und längst noch nicht abgeschlossen. Es sollte erwähnt werden, dass derartige Modelle nicht ausschließlich zur Messung von Risiken, sondern auch zur Bewertung von speziellen Derivaten (sog. Kreditderivaten) Anwendung finden. Im Rahmen dieser Darstellung wird auf Kreditrisiken nicht näher eingegangen - die Komplexität dieses Themas rechtfertigt ein eigenes Lehrbuch.

Eine weitere Risikoart, die beim Management eines Zinsderivateportfolios von Relevanz ist, ist das sog. *Marktliquiditätsrisiko*. Dieses Risiko besteht darin, dass ein Händler, der z.B. ein Zinsderivat handeln möchte, das entsprechende Geschäft nicht zum theoretisch ermittelten Preis oder nicht in der gewünschten Größenordnung abschließen kann, da sich im entsprechenden Marktsegment kein Geschäftspartner findet. Ein Besipiel hierfür ist etwa der Handel von Zinsderivaten in wenig liquiden Währungen: Da die Anzahl der Marktteilnehmer hier deutlich kleiner ist als in hochliquiden Währungen, sind die Modellannahmen der in den ersten drei Kapiteln dargestellten Bewertungsmodelle zu erweitern um eine Komponente, welche die Angebots- und Nachfragesituation und deren Einfluss auf den Preis quantifiziert.

Der Vollständigkeit halber erwähnen wir an dieser Stelle noch einige weitere Risiken, die im Zusammenhang mit dem Handel in Zinsderivaten zu beachten sind. Es sind dies das sog. *Institutsliquiditätsrisiko* (Gefahr der eingeschränkten Fähigkeit zur Kreditaufnahme einer Bank am Kapitalmarkt), das *Modellrisiko* (Gefahr der Verwendung ungeeigneter Bewertungsmodelle) sowie die *rechtlichen Risiken* und schließlich die *operationellen Risiken* (Risiken, die z.B. aus Fehlfunktionen von IT-Systemen oder Arbeitsabläufen herrühren), deren Verfahren zur Messung gerade erst in der Entwicklung begriffen sind.

Bevor wir in den nachfolgenden Abschnitten die Einzelheiten der Marktrisikomessung darlegen, geben wir noch einen Überblick über das Umfeld, in dem sich die Marktrisikomessung heutzutage in der Finanzwelt abspielt. Auslöser für die rasante Entwicklung von Marktrisiko-Management Systemen seit den neunziger Jahren waren und sind

- veränderte Rahmenbedingungen in der Finanzwelt durch starkes Umsatzwachstum im Derivategschäft und höhere Volatilitäten bei Marktparametern,

- Entwicklung neuartiger Derivateprodukte zum Einsatz für Risikotransfers (Hedging) und Spekulationszwecke,

- spektakuläre Verluste aus Derivategeschäften,

- Verknappung des als Risikopuffer zur Verfügung stehenden Eigenkapitals der Finanzinstitute,

- Weiterentwicklung gesetzlicher Anforderungen an Kreditinstitute mit dem Ziel der Sicherung der Finanzmarktstabilität.

4.2   Aufgaben des Risiko-Controllings und -Managements

Die am Ende des letzten Abschnitts genannten Entwicklungen führten seit
den 90er Jahren bei Banken verstärkt zum Aufbau eigener Abteilungen,
deren Aufgabe die Messung und Überwachung von Risiken ist. Welche Bedeutung haben diese Abteilungen für die Geschäftstätigkeit einer Bank?
Nun, der Vorstand eines Kreditinstituts hat die Aufgabe, eine Geschäfts-
und Risikostrategie zu definieren, um das von den Kapitalgebern eingezahlte
Kapital sinnvoll zu investieren und angemessen zu verzinsen. Die konkrete
Umsetzung der beschlossenen Risikostrategie beinhaltet eine Reihe verschiedener Komponenten, welche die notwendigen Grundlagen für Management-
entscheidungen liefern:

- Ein System zur Identifizierung aller Risiken,

- ein System zur Messung von Risiken,

- ein System zur Begrenzung (*Limitierung*) und Überwachung von Risiken.

Hinter dem Begriff System verbergen sich in diesem Kontext die folgenden
Aspekte:

- Aufbau einer leistungsfähigen und dem Umfang der Geschäftstätigkeit
  angepassten IT-Infrastruktur, um Portfoliodaten und Marktdaten vollständig, korrekt und zeitnah abbilden zu können.

- Die Schaffung adäquater organisatorischer Strukturen zur Kontrolle von
  Risiken.

- Die Etablierung einer geeigenten mathematisch-statistischen Methodik
  für die Modellierung von Risiken und auch für die Bewertung von Portfolien sowie die Schaffung eines *Limitsystems*.

All diese Aufgabenstellungen fallen in den Zuständigkeitsbereich von Risiko-
Controlling und Risiko-Management Abteilungen. Während dem Risiko-Management in der Praxis meist eher eine proaktive Steuerung von Risiken
zukommt im Sinne einer bewussten Abwägung vor dem Eingehen von Risiken,
ist das Risiko-Controlling eher überwachend tätig, in dem es bereits ent-
standene Risiken analysiert und den Einfluss möglicher Szenarien auf das
Portfolio der Bank abzuschätzen sucht.

Die permamente methodische Weiterentwicklung von Risikomessverfahren erlaubt es dem Management einer Bank, das vorhandene Kapital zur Abpufferung von Risiken sinnvoll auf die einzelnen Bereiche der Bank aufzuteilen. Je genauer dabei die Methodik, um so exakter werden die gegenseitigen Abhängigkeitsverhältnisse zwischen den zahlreichen Risikoarten quantifiziert und um so realistischer sind die Annahmen im Hinblick auf das statistische Verhalten der zu Grunde liegenden Marktparameter im Zeitablauf. Damit wird eine möglichst faire Aufteilung des Kapitals auf einzelne Bereiche gewährleistet, in dem Risikoüber- oder Risikounterschätzungen vermieden werden können und so die unproduktive Verwendung von Risikokapital ausgeschlossen ist. Die zur **Risikosteuerung** herangezogenen mathematischen Modelle liefern als Output verschiedenartigste Kennziffern, auf denen dann eine effiziente Unternehmenssteuerung aufbauen kann. Allerdings ist dabei zu beachten, dass die meisten dieser Modelle eine Prognose über künftige Entwicklungen auf der Grundlage vergangener Erfahrungen (d.h. historischen Zeitreihen) treffen. Um mögliche künftige Abweichungen von der Historie (etwa einen unerwarteten Kurssturz an den Märkten auf Grund extremer Ereignisse) nicht unberücksichtigt zu lassen, sind rein vergangenheitsbezogene Analysen stets auch durch zusätzliche Szenarioanalysen (z.B. sog. **Stresstests**) zu ergänzen. Im Bereich der Marktpreisrisikomessung etwa zeigt sich immer wieder, dass die aus der Vergangenheit vorliegenden Korrelationsinformationen über gewisse Marktsegmente im Falle extremer Ereignisse ihre Gültigkeit verlieren. Grundsätzlich erfordert der Einsatz mathematischer Modelle in der Praxis stets auch eine Kontrolle hinsichtlich der Zuverlässigkeit dieser Modelle. Problematisch sind meistens die getroffenen Modellannahmen im Hinblick auf statistische Eigenschaften der Marktdaten und Wertveränderung der Portfolien bei gegebenen Marktdatenänderungen. Der zuletzt genannte Punkt rührt aus den idealisierten Annahmen, die bei allen Bewertungsmodellen getroffen werden, und ist somit eine Ausprägung des Modellrisikos. Neben den erwähnten Schwierigkeiten im Zusammenhang mit der korrekten Risikoermittlung wird das Management einer Bank mit der Erfordernis konfrontiert, eine möglichst häufige und exakte Bestimmung der Gewinne und Verluste aus den gehandelten Produkten, also z.B. Zinsderivaten, vorzunehmen. Aufgrund der aufsichtsrechtlichen Vorgaben, wirtschaftlichen Erfolg und Risiken von den Handelsabteilungen unabhängig zu messen, ist jedes Kreditinstitut gezwungen, das gesamte know-how in Bezug auf Infrastruktur, Bewertungsmodelle und Marktgegebenheiten in den Risiko-Controlling oder Risiko-Management Abteilungen vorzuhalten.

4.3 Risikomaße

4.3.1 Formaler Rahmen

Zur mathematischen Beschreibung von Marktrisiken existiert eine Reihe unterschiedlicher Konzepte. Wir beginnen mit der Dartsellung des formalen Rahmens zur Modellierung von Handelsaktivitäten in Finanzmärkten: Es sei $(\Omega,\mathcal{F},\mathbb{P})$ der zur Analyse beobachteter Phänomene dienende Wahrscheinlichkeitsraum mit dem Reale-Welt-Maß $\mathbb{P}$, welches im Zusammenhang mit Risikobetrachtungen anstelle des risikoneutralen Maßes Verwendung findet. Der Wahrscheinlichkeitsraum ist ausgestattet mit einer Filtration $(\mathcal{F}_t)_{t\in[0;T^*]}$, wobei das Zeitintervall $[0;T^*]$ so gewählt ist, dass der Fälligkeitszeitpunkt aller betrachteten Finanzinstrumente maximal bei T^* liegt. Die Messung des Marktpreisrisikos bezieht sich hier auf ein fixiertes Portfolio aus n Zinsinstrumenten, deren Barwerte PV_j, $j \in \{1,...,n\}$, durch adaptierte stochastische Prozesse

$$(PV_j(t))_{t\in[0;T^*]}$$

auf $(\Omega,\mathcal{F},\mathbb{P})$ gegeben sind. Zu beachten ist, dass wir für diejenigen Finanzinstrumente im Portfolio, deren Fälligkeitszeitpunkt s vor T^* liegt, die Konvention

$$PV_j(t) := PV_j(s) \qquad \text{für} \quad t \in [s; T^*]$$

wählen. Der Vektor

$$\varphi := (\varphi_1, \ldots, \varphi_n) \in \mathbb{R}^n$$

beschreibt eine im Zeitablauf konstante Zusammensetzung des Portfolios. Für einen Zeitpunkt $t \in [0; T^*]$ gibt die Zufallsvariable

$$PV(\varphi,t) := \sum_{j=1}^{n} \varphi_j \cdot PV_j(t)$$

den zufälligen Marktwert des Portfolios zur Zeit t an. Es ist also

$$(PV(\varphi,t))_{t\in[0;T^*]}$$

ein stochastischer Prozess, und die bzgl. $\mathcal{F}_0$ messbare, konstante Zufallsvariable $PV(\varphi,0)$ repräsentiert den aktuellen Wert des Portfolios. Wir identifizieren diese Zufallsvariable stets mit ihrem konstanten Wert, schreiben also $PV(\varphi,0) \in \mathbb{R}$. Alle im folgenden dargestellten Ansätze zur Risikomessung gehen von dieser Zufallsvariable aus. Wir unterscheiden die folgenden Typen von Risikomaßen:

- Sensitivitätsmaße,

- szenariobasierte Risikomaße.

Zu den szenariobasierten Risikomaßen zählen insbesondere die in den Abschnitten 4.3.4 bis 4.3.7 behandelten Risikomaße. Während die Sensitivitätsmaße den Einfluss von kleineren, kurzfristig auftretenden Marktdatenänderungen auf den Portfoliowert $PV(\varphi,0)$ quantifizieren, steht bei den szenariobasierten Risikomaßen die Abweichung des Portfoliowertes $PV(\varphi,T)$ vom aktuellen Portfoliowert $PV(\varphi,0)$ über einen längeren Betrachtungshorizont $[0;T]$ unter Zugrundelegung größerer Marktdatenänderungen im Mittelpunkt des Interesses. Bei der Verwendung von Sensitivitätsmaßen wird unterstellt, dass der jeweilige Händler kontinuierlich sein Portfolio den jeweiligen Marktgegebenheiten anpasst, um so das Risiko zu steuern. Dem gegenüber beruhen szenariobasierte Risikomaße auf der Annahme einer unveränderten Portfoliozusammensetzung während des Planungshorizonts $[0;T] \subseteq [0;T^*]$.

4.3.2 Sensitivitätsmaße

Sensitivitätsmaße quantifizieren den Einfluss von kleinen Marktdatenänderungen auf den Wert von Finanzinstrumenten. Mathematisch gesehen handelt es sich dabei um partielle Ableitungen einer Bewertungsformel nach den zu Grunde liegenden Marktdatenvariablen. Im Folgenden beschreibe die Funktion

$$PV : \mathbb{R}^m \times [0;T] \to \mathbb{R}, \qquad T > 0,$$

den Werteverlauf eines einzelnen Zinsinstruments oder eines Portfolios von Zinsinstrumenten in Abhängigkeit vom zugehörigen Vektor

$$s := (s_1,\ldots,s_m)^T \in \mathbb{R}^m, \qquad m \in \mathbb{N},$$

dessen Komponenten die für die Bewertung relevanten Marktparameter darstellen, und vom Zeitpunkt $t \in [0;T]$. Der Zusammenhang zu den im letzten Abschnitt genannten Zufallsvariablen $PV_j(t), PV(\varphi,t)$ ist wie folgt: Wir nehmen hier an, dass diese Zufallsvariablen in der Form

$$PV_j(t) = PV_j(S(t),t)$$

bzw.

$$PV(\varphi,t) = PV(S(t),t)$$

gegeben sind, wobei der Zufallsprozess $(S(t))_{t\in[0;T]}$ die künftige Entwicklung der Marktdaten beschreibt, und die Funktionen $PV_j(\cdot,t), PV(\cdot,t)$ den Marktwert zur Zeit t in Abhängigkeit von einer gegebenen Realisation $S(t) = s$. Bei der Bildung von partiellen Ableitungen setzen wir von nun an stets stillschweigend die Differenzierbarkeit der betrachteten Funktionen voraus.

DEFINITION 4.1 *Die Ableitungen*

$$\delta_j(s) := \left.\frac{\partial PV}{\partial s_j}\right|_{(s,0)}, \qquad \Gamma_{j,k}(s) := \left.\frac{\partial^2 PV}{\partial s_j \partial s_k}\right|_{(s,0)}, \qquad \theta(s) := \left.\frac{\partial PV}{\partial t}\right|_{(s,0)}$$

werden als **Delta-, Gamma-** *bzw.* **Theta-Sensitivitäten** *bezeichnet.*

BEMERKUNG 4.1 *Handelt es sich bei einem Parameter s_j um eine Volatilität σ bzw. um einen Zinssatz r, der im Bewertungsmodell nicht-stochastisch ist, so nennt man die Sensitivitäten*

$$\mathcal{V}(s) := \left.\frac{\partial PV}{\partial \sigma}\right|_{(s,0)} \qquad bzw. \qquad \varrho(s) := \left.\frac{\partial PV}{\partial r}\right|_{(s,0)}$$

auch **Vega** *bzw.* **Rho.** *Die Delta-, Gamma-, Rho-, Theta-, Vega-Sensitivitäten bilden die sog.* **Griechen.**

Im Zusammenhang mit dem Risiko-Management von Marktrisiken wird die Wertänderung eines Portfolios bei gegebenem $s = \bar{s}$ häufig approximativ über ein TAYLOR-Polynom der Form

$$\begin{aligned} \Delta PV \quad &:= \quad PV(\bar{s} + \Delta s, \Delta t) - PV(\bar{s}, 0) \\ &\approx \quad \sum_{j=1}^{m} \delta_j(\bar{s}) \cdot \Delta s_j + \theta(\bar{s}) \cdot \Delta t + \frac{1}{2}\Delta s^T \cdot \Gamma \cdot \Delta s \end{aligned} \qquad (4.1)$$

dargestellt mit der HESSE-Matrix $\Gamma = (\Gamma_{j,k}(\bar{s})) \in \mathbb{R}^{m \times m}$.

BEISPIEL 4.1 *Wir betrachten den Barwert einer Zerobond-Call-Option im* HULL-WHITE-*Modell. Ist T die Laufzeit der Option, T_B die Laufzeit des Zerobonds, r die Short-Rate, σ der Volatilitätsparameter, X der Strike und $P(r,t,T_B)$ der Preis des der Option zu Grunde liegenden Zerobonds, so gilt gemäß* SATZ 3.1

$$C_P^{HW}(r,t,T,T_B,X) = P(r,t,T_B) \cdot \Phi(d_1) - X \cdot P(r,t,T) \cdot \Phi(d_2).$$

Die Formeln für d_1 und d_2 wurden in (3.3) und (3.4) angegeben. Wir verwenden im Folgenden $s_1 := P(r,0,T_B)$, $s_2 := \sigma$ sowie abkürzend $PV(s_1,s_2,0) := C_P^{HW}(r,0,T,T_B,X)$ (wobei die Parameter s_1 bzw. s_2 hier die Abhängigkeit der Bewertungsformel von $P(r,0,T_B)$ bzw. σ anzeigt) und berechnen

$$\begin{aligned} \delta_1(s_1,s_2) \quad &= \quad \left.\frac{\partial PV}{\partial s_1}\right|_{(s_1,s_2,0)} \\ &= \quad \Phi(d_1) + s_1 \cdot \varphi(d_1) \cdot \frac{\partial d_1}{\partial s_1} - X \cdot P(r,0,T) \cdot \varphi(d_2) \cdot \frac{\partial d_2}{\partial s_1}. \end{aligned}$$

Wegen $\frac{\partial d_1}{\partial s_1} = \frac{\partial d_2}{\partial s_1} = \frac{1}{\sigma_P(0,T,T_B)\cdot s_1}$ (zur Definition von $\sigma_P(0,T,T_B)$ vgl. (2.58)) folgt nach kurzer Rechnung

$$\delta_1(s_1,s_2) = \Phi(d_1).$$

Mittels dieser Delta-Sensitivität kann der Einfluss von Preisänderungen des Underlyings auf den Wert der Option ermittelt werden. Die Variabilität des Deltas in Bezug auf das Underlying wird durch die Gamma-Sensitivität

$$\Gamma_{1,1}(s_1,s_2) = \frac{\partial^2 PV}{\partial s_1^2}\bigg|_{(s_1,s_2,0)} = \frac{\partial \delta_1(s_1,s_2)}{\partial s_1} = \frac{\varphi(d_1)}{\sigma_P(0,T,T_B)\cdot s_1}$$

erfasst.

Um den Einfluss von Änderungen des Volatilitätsparameters σ auf den Optionspreis zu bestimmen, ermitteln wir nun die Vega-Sensitivität

$$\begin{aligned}
\delta_2(s_1,s_2) &= \frac{\partial PV}{\partial s_2}\bigg|_{(s_1,s_2,0)} \\
&= s_1 \cdot \varphi(d_1) \cdot \frac{\partial d_1}{\partial s_2} - X \cdot P(r,0,T) \cdot \varphi(d_2) \cdot \frac{\partial d_2}{\partial s_2}.
\end{aligned}$$

Mit $d_2 = d_1 - \sigma_P(0,T,T_B)$ (vgl. (3.4)) folgt $\frac{\partial d_2}{\partial s_2} = \frac{\partial d_1}{\partial s_2} - \frac{\partial \sigma_P(0,T,T_B)}{\partial s_2}$ und damit nach kurzer Rechnung

$$X \cdot P(r,0,T) \cdot \varphi(d_2) \cdot \frac{\partial d_2}{\partial s_2} = s_1 \cdot \varphi(d_1) \cdot \frac{\partial d_1}{\partial s_2} - s_1 \cdot \varphi(d_1) \cdot \frac{\partial \sigma_P(0,T,T_B)}{\partial \sigma}.$$

Insgesamt erhalten wir also die Beziehung

$$\delta_2(s_1,s_2) = s_1 \cdot \varphi(d_1) \cdot \frac{\partial \sigma_P(0,T,T_B)}{\partial \sigma}.$$

Die im Beispiel hergeleiteten Sensitivitäten stimmen formal mit den Sensitivitäten des BLACK76-Modells überein, wenn man die Konvention $\sigma_P(0,T,T_B) := \sqrt{T} \cdot \sigma$ verwendet, wobei σ dann die BLACK76-Volatilität darstellt und wobei die Formeln für d_1 und d_2 entsprechend dem BLACK76-Modell anzupassen sind (vgl. BEMERKUNG 3.2). Daraus wird deutlich, dass die Berechnung von Sensitivitäten natürlich immer von der Parametrisierung des jeweils verwendeten Zinsstrukturmodells abhängig ist.

Zur besseren Veranschaulichung stellen wir die im obigen Beispiel errechneten Sensitivitäten grafisch dar und diskutieren deren Eigenschaften. Die erste Grafik zeigt δ_1 in Abhängigkeit von s_1 für verschiedene Restlaufzeiten T der Option. Die beiden Parameter σ und a des HULL-WHITE-Modells sind hier konstant gehalten ($\sigma := 2\%$, $a := 0.1$), ebenso wie die übrigen Parameter aus dem Optionsgeschäft ($X := 0.95$, $T_B := 5$ Jahre).

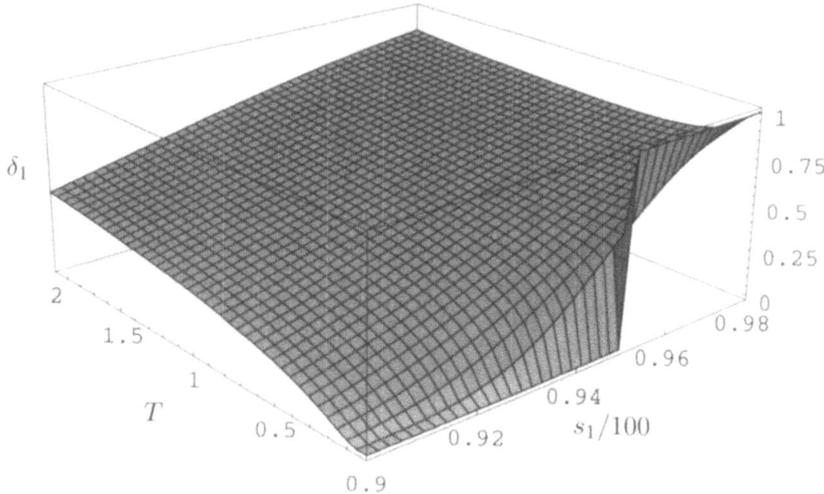

Deutlich zu erkennen ist hier, dass sich die Delta-Sensitivität mit abnehmender Restlaufzeit einer unstetigen Grenzfunktion annähert. Deshalb ist bei at-the-money Optionen mit sehr kurzer Restlaufzeit die alleinige Verwendung der Delta-Sensitivität als Risikomaß ungeeignet. Es ist zusätzlich die Veränderung des Deltas anhand der zweiten Ableitung des Optionspreises nach s_1, also der Gamma-Sensitivität, zu messen.

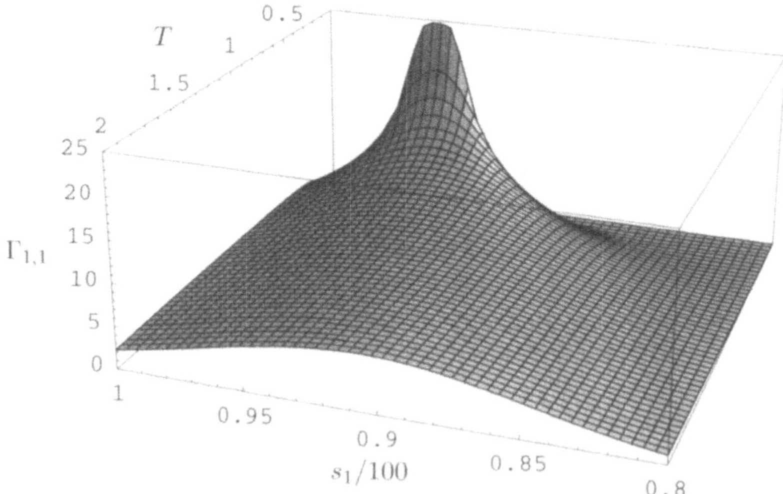

Aus der Grafik ist zu entnehmen, dass sich der Wert der Gamma-Sensitivität einer at-the-money Option mit abnehmender Restlaufzeit dem Wert ∞ annähert. Daraus ergibt sich, dass auch die Verwendung von Gamma-Sensitivitäten für derartige Optionen nur bedingt geeignet ist.

In der folgenden Grafik wird die Vega-Sensitivität δ_2 in Abhängigkeit von s_1 für verschiedene Restlaufzeiten T der Option dargestellt. Die übrigen Parameter sind wieder konstant gehalten.

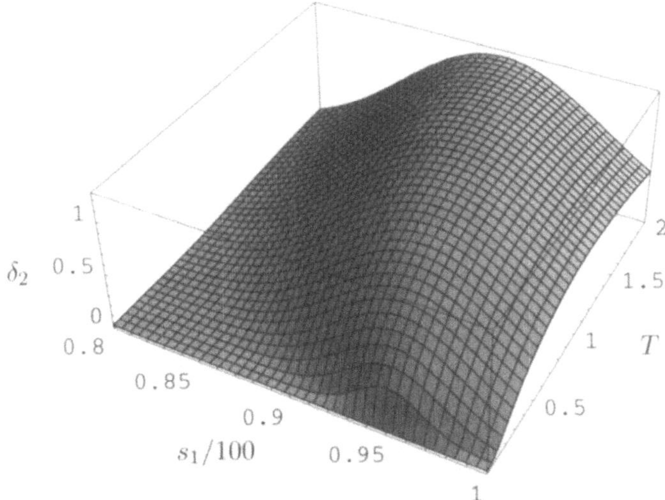

Es zeigt sich, dass der Einfluss von Volatilitätsänderungen auf den Optionspreis am größten ist bei at-the-money Optionen und solchen mit langer Laufzeit.

Sensitivitäten spielen auch beim Risiko-Management von **Anleiheportfolien** eine wichtige Rolle. Es gibt hier - je nach Anwendungsbereich - unterschiedliche Typen von Sensitivitäten. Wir gehen zunächst auf die traditionellen Sensitivitätsmaße **Duration** und **Konvexität** ein, deren Verwendung vor allem bei Managern von Anleiheportfolien im täglichen Risiko-Management sehr verbreitet ist. Es handelt sich um Maße zur Messung des Zinsänderungsrisikos.

Im Folgenden sei B eine festverzinsliche Anleihe, die zu vordefinierten Zeitpunkten $\mathcal{T} := \{T_j : j \in \{1,\dots,n\}\}$, $T_n \leq T^*$ Zahlungen in Höhe von $\mathcal{C} := \{C_j : j \in \{1,\dots,n\}\}$ garantiert. Ist y_B die Rendite dieser Anleihe, so gilt gemäß (1.11) bei stetiger Verzinsung für den Barwert von B zum aktuellen Betrachtungszeitpunkt $t = 0$:

$$PV(y_B,0) \ := \ B(0,\mathcal{T},\mathcal{C}) \ = \ \sum_{j=1}^{n} C_j \cdot e^{-y_B \cdot T_j}. \tag{4.2}$$

Die für einen Portfolio-Manager relevante Frage ist nun beispielsweise, wie lange das in die Anleihe investierte Kapital gebunden ist. Ein Maß hierfür stellt die Duration dar. Sie ist definiert als die gewichtete Summe der Zahlungszeitpunkte T_j, wobei die Gewichte die mit der Rendite abgezinsten Zahlungen C_j, dividiert durch den Barwert der Anleihe sind:

DEFINITION 4.2 *Die Größe*

$$D(y_B) \ := \ \sum_{j=1}^{n} T_j \cdot \frac{C_j \cdot e^{-y_B \cdot T_j}}{PV(y_B,0)}$$

heißt (**Macaulay-**) **Duration** *der Anleihe B.*

BEMERKUNG 4.2 *Mit* $g_j \ := \ \frac{C_j \cdot e^{-y_B T_j}}{PV(y_B,0)}$ *folgt* $g_j \geq 0$ *und* $\sum_{j=1}^{n} g_j \ = \ 1$ *für alle* $j \in \{1,\ldots,n\}$, *also handelt es sich tatsächlich um eine gewichtete Summe in obiger Definition.*

Interessanterweise lässt sich anhand der Duration auch die wichtige Frage klären, wie stark der Preis der Anleihe bei einer Renditeänderung variiert. Betrachten wir zunächst einen Renditeanstieg um einen BP. Die zugehörige Preisänderung wird üblicherweise als **PVBP (Present Value of a Basis Point)** oder auch als **PV01** bezeichnet. Der in diesem Zusammenhang entscheidende Marktparameter ist $s_1 := y_B$ mit den zugehörigen Sensitivitäten

$$\delta_1(s_1) \ = \ \delta_1(y_B) = \frac{\partial PV(y_B,0)}{\partial y_B} = \sum_{j=1}^{n} -T_j \cdot C_j \cdot e^{-y_B T_j} \qquad \text{und}$$

$$\Gamma_{1,1}(s_1) \ = \ \Gamma_{1,1}(y_B) = \frac{\partial^2 PV(y_B,0)}{\partial y_B^2} = \sum_{j=1}^{n} T_j^2 \cdot C_j \cdot e^{-y_B T_j}.$$

Es gilt nun

$$PVBP \ = \ PV(y_B + 1BP,0) - PV(y_B,0)$$
$$\approx \ \delta_1(y_B) \cdot 1BP + \frac{1}{2} \cdot \Gamma_{1,1}(y_B) \cdot (1BP)^2.$$

In der Praxis interessiert man sich auch für die relative Änderung des Anleihepreises bei einem Renditeanstieg um einen BP:

$$\frac{PV(y_B + 1BP, 0) - PV(y_B, 0)}{PV(y_B, 0)} = \frac{PVBP}{PV(y_B, 0)}$$

$$\approx \frac{\delta_1(y_B)}{PV(y_B, 0)} \cdot 1BP + \frac{1}{2} \cdot \frac{\Gamma_{1,1}(y_B)}{PV(y_B, 0)} \cdot (1BP)^2. \qquad (4.3)$$

Wegen

$$\frac{\delta_1(y_B)}{PV(y_B, 0)} = \sum_{j=1}^{n} -T_j \cdot \frac{C_j \cdot e^{-y_B T_j}}{PV(y_B, 0)}$$

folgt

$$D(y_B) = -\frac{\delta_1(y_B)}{PV(y_B, 0)},$$

also ist die Duration in diesem Fall ein approximatives Maß für die relative Wertänderung der Anleihe bei einem Renditeanstieg um einen BP. Das Minuszeichen lässt sich so deuten, dass der Anleihepreis bei zunehmenden Renditen fällt.

Für die oben definierte Gamma-Sensitivität wird üblicherweise die Bezeichnung **Konvexität** ($Konv(y_B)$) verwendet. Mit Gleichung (4.3) erhalten wir nun die für kleine Renditeänderungen Δy in der Praxis vielfach zitierte Beziehung

$$\begin{aligned} \Delta PV \quad &:= \quad PV(y_B + \Delta y, 0) - PV(y_B, 0) \\ &\approx \quad -D(y_B) \cdot PV(y_B, 0) \cdot \Delta y + \frac{1}{2} \cdot Konv(y_B) \cdot (\Delta y)^2. \end{aligned}$$

BEISPIEL 4.2

1. *Ein Zerobond mit Laufzeit $T \in [0; T^*]$ und Barwert $P(0, T) = e^{-y_T \cdot T}$ hat die Duration*

$$D(y_T) = -\frac{\delta_1(y_T)}{P(0, T)} = \frac{T \cdot e^{-y_T \cdot T}}{e^{-y_T \cdot T}} = T,$$

d.h. die Kapitalbindungsdauer beträgt - wie erwartet - T Jahre.

2. *Wir betrachten einen Floater mit Nominal 1, Spread $s = 0$, Zinsperioden $[T_{j-1}, T_j]$ und Fixingzeitpunkten T_{j-1}, $j \in \{1, \ldots, n\}$. Der Barwert ist zur Zeit $t \in [0; T_0]$ nach (1.20) gegeben durch*

$$PV^{FRN}(t) = P(0, T_0),$$

also liegt eine Duration von T_0 vor.

In den bisherigen Betrachtungen zur Duration haben wir mit stetigen Renditen gerechnet. Im Fall einer diskreten Verzinsung, also

$$PV(y_B,0) = \sum_{j=1}^{n} C_j \cdot \frac{1}{(1+y_B)^{T_j}}$$

ergibt sich für die Duration analog zum stetigen Fall

$$D(y_B) = \sum_{j=1}^{n} T_j \cdot \frac{C_j \cdot \frac{1}{(1+y_B)^{T_j}}}{PV(y_B,0)}.$$

Außerdem betrachtet man hier noch eine weitere Kenngröße:

DEFINITION 4.3 *Bei Verwendung einer diskreten Verzinsung ist die* **modifizierte Duration** *einer Anleihe B gegeben durch*

$$modD(y_B) := \frac{D(y_B)}{1+y_B}.$$

Es gilt in linearer Näherung

$$\Delta PV \quad \approx \quad \delta_1(y_B) \cdot \Delta y = -\sum_{j=1}^{n} C_j \cdot T_j \cdot \frac{1}{(1+y_B)^{T_j+1}} \cdot \Delta y$$

$$= \quad \frac{-D(y_B)}{1+y_B} \cdot PV(y_B,0) \cdot \Delta y = -modD(y_B) \cdot PV(y_B,0) \cdot \Delta y,$$

also

$$modD(y_B) \approx -\frac{\frac{\Delta PV}{\Delta y}}{PV(y_B,0)}.$$

Wir betrachten nun den für die Anwendung wichtigen Fall der ***Duration eines Portfolios*** aus Anleihen, Zerobonds oder Floatern. Dabei gehen wir von einem Portfolio P aus, das aus Long Positionen in einer Anzahl m derartiger Instrumente besteht, die mit $B_1,\ldots,B_m$ bezeichnet werden. Es sei y_{B_k} die Rendite von B_k. Das Portfolio enthalte $\varphi_k > 0$ Stücke des Instruments B_k mit jeweils positivem Marktwert $PV(y_{B_k},0)$ $(k \in \{1,\ldots m\})$, also gilt mit der Notation aus Abschnitt 4.3 für den Barwert des Portfolios

$$PV(\varphi,0) = \sum_{k=1}^{m} \varphi_k PV(y_{B_k},0) > 0.$$

Um das Durationskonzept auf ein solches Portfolio anwenden zu können, müssen wir die vereinfachende Annahme treffen, dass alle B_k derselben Renditeänderung ausgesetzt werden - was natürlich nur für Finanzinstrumente aus einem Marktsegment (etwa Staatsanleihen eines bestimmten Staates) unterstellt werden kann. Da es sich um Instrumente unterschiedlicher Zinsbindung handelt, gehen wir also implizit von einer Parallelverschiebung der Renditekurve aus. Somit können nicht-parallele Renditekurvenänderungen über das Risikomaß Duration also nicht abgebildet werden.

Mit diesen Vorbereitungen können wir nun die Portfolioduration des Portfolios P definieren.

DEFINITION 4.4 *Gegeben sei das oben betrachtete Portfolio P mit m verschiedenen Instrumenten B_j, deren Durationen D_j, und deren Marktwerte $PV(B_j)$, $j \in \{1, \dots, m\}$, seien. Die* **Duration des Portfolios** *P ist dann definiert durch*

$$D(P) := \sum_{k=1}^{m} \frac{\varphi_k \cdot PV(B_k)}{PV(\varphi, 0)} \cdot D_k.$$

Es handelt sich also um eine gewichtete Summe aller Durationen der in P befindlichen Instrumente.

BEMERKUNG 4.3 *Für das Portfolio P gilt in linearer Näherung*

$$\begin{aligned}
\Delta P &= \sum_{k=1}^{m} \varphi_k \Delta PV(y_{B_k}, 0) \approx \sum_{k=1}^{m} \varphi_k \cdot (-D(y_{B_k})) \cdot PV(y_{B_k}, 0) \cdot \Delta y \\
&= \sum_{k=1}^{m} PV(\varphi, 0) \cdot \frac{\varphi_k \cdot PV(B_k)}{PV(\varphi, 0)} \cdot (-D_k) \cdot \Delta y \\
&= -PV(\varphi, 0) \cdot D(P) \cdot \Delta y.
\end{aligned}$$

BEISPIEL 4.3 *(Durationshedging)*
Um das Zinsänderungsrisiko eines Portfolios aus Long Positionen in Staatsanleihen zu hedgen, wird der Portfolio-Manager typischerweise Anleihefuture-Positionen eingehen, und zwar dergestalt, dass die Anleihen synthetisch über eine Future-Position verkauft werden. Zur Bestimmung der für diese Hedging-Strategie erforderlichen Future-Position verfährt man wie folgt: Zunächst sei $f(0, T)$ der Clean Futures-Preis an der Terminbörse zur Zeit 0 (aktueller Zeitpunkt) mit Settlementdatum T, und $f_{dirty} := f_{dirty}(0, T)$ sei der entsprechende Kontraktwert vermehrt um aufgelaufene Stückzinsen zwischen

*dem letzten Kupontermin T_{k-1} der aktuellen CtD-Anleihe vor T und dem
Zeitpunkt T. Ist $PV(CtD)$ der aktuelle Barwert der CtD-Anleihe, und liegen
im Intervall $[0;T]$ keine Kuponzahlungen, dann gilt $I(0,T) = 0$ (vgl. (1.15)),
und daher gemäß Abschnitt 1.2.7*

$$f(0,T) = PV(CtD) \cdot \frac{1 + R_{impl} \cdot T}{PF} - \frac{\text{Stückzinsen}(0,T_{k-1},T)}{PF},$$

wobei PF *der Preisfaktor ist. Mit $s_1 := R(0,T)$ folgt in linearer Näherung
bei einer angenommenen Parallelverschiebung der Renditekurve um Δy*

$$\frac{\Delta f(0,T)}{\Delta y} \approx \frac{\Delta PV(CtD)}{\Delta y} \cdot \frac{1 + R_{impl} \cdot T}{PF} + PV(CtD) \cdot \frac{\frac{\Delta(1+R_{impl} \cdot T)}{\Delta y}}{PF}$$

$$\approx -D(CtD) \cdot PV(CtD) \cdot \frac{1 + R_{impl} \cdot T}{PF}$$

$$+ PV(CtD) \cdot T \cdot \frac{1 + R_{impl} \cdot T}{PF}.$$

*Hierbei haben wir $D(CtD)$ für die Duration der CtD-Anleihe verwendet
sowie die Beziehung*

$$\frac{\Delta(1 + R_{impl} \cdot T)}{\Delta y} \approx \frac{\partial(1 + R_{impl} \cdot T)}{\partial s_1} = \frac{\partial e^{R(0,T) \cdot T}}{\partial s_1}$$

$$= T \cdot e^{R(0,T) \cdot T} = T \cdot (1 + R_{impl} \cdot T).$$

Kombinieren wir die bisherigen Überlegungen miteinander, so folgt

$$\frac{\Delta f(0,T)}{\Delta y} \approx \left(f(0,T) + \frac{\text{Stückzinsen}(0,T_{k-1},T)}{PF}\right) \cdot (-D(CtD) + T).$$

*Nun sei $D^*(CtD) := D(CtD) - T$, was sich als Approximation für die Du-
ration der Cheapest-to-Deliver-Anleihe am Settlementtag des Futures interpretieren lässt. Das Änderungsverhalten des Kontraktpreises bei einer Renditeänderung von Δy wird somit approximativ durch*

$$\Delta f(0,T) \approx -f_{dirty} \cdot D^*(CtD) \cdot \Delta y$$

*wiedergegeben. Dabei nehmen wir vereinfachend an, dass die Cheapest-to-
Deliver Anleihe nach der Renditeänderung Δy nicht wechselt. Ist nun
$PV(\varphi,0)$ der Marktwert des Anleiheportfolios und $D(P)$ dessen Duration, so
sind zur Absicherung des Zinsänderungsrisikos bei einer Renditeverschiebung
um Δy genau*

$$\frac{PV(\varphi,0) \cdot D(P)}{f_{dirty} \cdot D^*(CtD)}$$

Positionen im Futurekontrakt einzugehen. Für den Marktwert $PV_{ges.}$ des Gesamtportfolios gilt dann nämlich

$$\begin{aligned}
\Delta PV_{ges.} &\approx -PV(\varphi,0) \cdot D(P) \cdot \Delta y \\
&\quad - \frac{PV(\varphi,0) \cdot D(P)}{f_{dirty} \cdot D^*(CtD)} \cdot (-f_{dirty} \cdot D^*(CtD) \cdot \Delta y) \\
&= 0.
\end{aligned}$$

Wie bereits erwähnt, hat das Durationskonzept eine Reihe von Schwächen. Vor allem stellt es nur auf Parallelverschiebungen der Renditekurve ab, so dass die Auswirkungen nicht-paralleler Zinskurvenänderungen nicht erfasst werden können. Des weiteren können gewisse Zinsderivate, wie Swaps, nicht sinnvoll in das Durationskonzept mit einbezogen werden, und nichtlineare Effekte bei der Barwertänderung bleiben außen vor, weshalb Derivate mit optionalem Charakter oder auch Anleihen mit Kündigungsrechten nicht adäquat abzubilden sind. Aus diesem Grund benötigt man flexiblere Sensitivitätsmaße, die durch die sog. *Zerosensitivitäten* bereitgestellt werden. Diese Sensitivitäten erlauben es dem Risiko-Controller und der Risiko-Managerin, eine sinnvolle Aggregation über alle Instrumentklassen und Portfolien hinweg vorzunehmen.

In den ersten drei Kapiteln haben wir gesehen, dass die Modelle zur Bewertung von Zinsprodukten stets die Zerobondpreise unterschiedlicher Fälligkeiten als Grundbausteine verwenden. Diese Preise hängen über die Beziehung

$$P(t,T) = e^{-R(t,T) \cdot (T-t)}, \quad T \in (0;T^*]$$

wiederum von den Zerozinssätzen $R(t,T)$ ab. Ist nun $PV(s,0)$ der Barwert eines Zinsinstruments in Abhängigkeit vom Zerozinssatz $s = R(0,T)$, so liegt es nahe, die Sensitivität gegenüber Änderungen der Zerozinskurve über die Zerosensitivität

$$\frac{\partial PV(s,0)}{\partial s}$$

zu beschreiben. An dieser Stelle wird bereits deutlich, dass im Unterschied zum Durationskonzept statt nur einer Variable für die Analyse der Zinsänderung (Δy) hier beliebig viele Variablen ($R(0,T)$, $T \in (0;T^*]$) vorkommen können. In der Praxis versucht man, die potenziellen künftigen Veränderungen der gesamten Zerozinskurve für Zwecke der Risikomessung durch eine vorgegebene Anzahl m von *Risikofaktoren* zu modellieren. Zu diesem

Zweck werden einzelne Zerozinssätze $R(0,T_1),\ldots,R(0,T_m)$, $T_j \in (0;T^*]$, $T_m = T^*$ ausgewählt, und zwar so, dass sich die Barwertfunktion des betrachteten Portfolios in der Form

$$PV(s_1,\ldots,s_m,0)$$

schreiben lässt, mit $s_j := R(0,T_j)$. Dabei ist zu beachten, dass der Wert des Portfolios im Allgemeinen natürlich noch von anderen Risikofaktoren, etwa Volatilitäten, abhängen kann, die in obiger Notation unberücksichtigt bleiben. Die Fälligkeiten T_j entsprechen gerade den Fälligkeiten oder Zahlungszeitpunkten der Instrumente im Portfolio. Tatsächlich möchte man jedoch meist die als Risikofaktoren ausgewählten Zinssätze (die sog. **Key-Rates**) a priori festlegen, unabhängig von den im Portfolio enthaltenen Produkten. Neben praktischen Erwägungen gibt es dafür ökonomische Gründe, denn in gewissen Segmenten der Zinskurve findet u. U. eine größere Handelsaktivität am Markt statt, so dass die entsprechenden Zinssätze in besserer Qualität zur Verfügung stehen als andere. Die erwähnte Vorgehensweise impliziert, dass die Barwertfunktionen der verschiedenen Instrumente dann im Allgemeinen abhängig sind von Zerozinssätzen $R(0,T)$, die nicht unter den ausgewählten Risikofaktoren vorkommen. Damit man auch in diesem Fall Sensitivitäten definieren kann, geht man wie folgt vor: Es sei $\{z_1,\ldots,z_p\}$ die Menge der als Risikofaktoren ausgewählten Zerozinssätze, $z_k = R(0,\tau_k)$ ($\tau_k \in [0;T^*]$, $\tau_p = T^*$), und $\{s_1,\ldots,s_m\}$ die zur Portfoliobewertung benötigte Menge der Zero-Rates mit Fälligkeiten T_j. Zu jedem $j \in \{1,\ldots,m\}$ existiert ein $k_j \in \{1,\ldots,p\}$ mit $T_j \in [\tau_{k_j};\tau_{k_j+1}]$. Man wählt nun eine lineare Interpolation der Form

$$\Delta s_j := \lambda_j \Delta z_{k_j} + (1 - \lambda_j)\Delta z_{k_j+1}, \quad \lambda_j \in [0;1],$$

so dass die Veränderung des Zerozinssatzes s_j ausschließlich durch die Veränderung der Key-Rates z_{k_j} und z_{k_j+1} bestimmt wird. Zur Wahl von λ_j bietet sich

$$\lambda_j := \frac{\tau_{k_j+1} - T_j}{\tau_{k_j+1} - \tau_{k_j}}$$

an, wobei wir hier komplexere Interpolationsverfahren nicht näher darlegen wollen. Für jedes $k \in \{1,\ldots,p\}$ sei $J_k \subseteq \{1,\ldots,m\}$ die Menge aller Indizes mit $T_j \in [\tau_{k-1};\tau_k]$ oder $T_j \in [\tau_k;\tau_{k+1}]$, d.h. J_k umfasst die Indizes aller Zinssätze s_j, die von einer Auslenkung von z_k betroffen sind. Nun ergeben sich die Sensitivitäten des Portfoliowertes bzgl. der Key-Rates über die Zerosensitivitäten:

$$\frac{\partial PV(\cdot,0)}{\partial z_k} = \sum_{j\in J_k} \frac{\partial PV(\cdot,0)}{\partial s_j} \cdot \frac{\partial s_j}{\partial z_k} = \sum_{j\in J_k} \frac{\partial PV(\cdot,0)}{\partial s_j} \cdot \lambda_j.$$

In analoger Weise können auch die zweiten Ableitungen ausgerechnet werden.

Die Aufgabe eines Risiko-Managers oder Händlers von Zinsinstrumenten besteht u.a. darin, sein Portfolio gegenüber kleinen Marktdatenänderungen, die in einem überschaubaren Zeitraum auftreten (etwa innerhalb eines Handelstages oder zwischen zwei Handelstagen), zu immunisieren. Für diesen Zweck eignet sich besonders das sog. *sensitivitätsbasierte Hedging*. Ziel ist es, ausgehend von einer Menge spezifizierter Risikofaktoren (z.B. Zinssätze, Zerobondpreise, Volatilitäten) die Portfoliozusammensetzung so zu wählen, dass die Sensitivitäten bzgl. der Risikofaktoren minimal werden oder den Wert 0 annehmen. Dies ist für die Praxis von großer Relevanz, da eine Bank auf diese Weise ihre Position gezielt steuern kann, in Abhängigkeit von der von ihr vertretenen Zinsmeinung. Möchte sie sich etwa gegen Schwankungen der Zinskurve im Laufzeitbereich fünf bis zehn Jahre absichern, so wird sie die Hedge-Position so wählen, dass für den Portfoliowert gilt $\frac{\partial PV(\cdot,0)}{\partial z_k} \approx 0$ für alle Zerozinssätze $z_k = R(0,T_k)$ mit Fälligkeiten $T_k \in \{5,\ldots,10\}$. Die Bestimmung geeigneter Hedge-Portfolios ist gleichbedeutend mit der Lösung eines Optimierungsproblems: Es sei $PV(s,0) = \sum_{j=1}^{n} \varphi_j \cdot PV_j(s,0)$ der Barwert des abzusichernden Portfolios zum Zeitpunkt 0 mit Marktparametern $s = (s_1,\ldots,s_m)^T \in \mathbb{R}^m$ und Position φ_j im $j-$ten Finanzinstrument (Barwert $PV_j(s,0)$). Ferner sei $PV_{Hedge}(s,0) = \sum_{k=1}^{l} \psi_k \cdot PV_{Hedge,k}(s,0)$ der Barwert eines Portfolios aus l Hedge-Instrumenten, mit Position ψ_k im $k-$ten Instrument, dessen Wert $PV_{Hedge,k}(s,0)$ sei. Wir wählen nun einen Vektor $\alpha := (\alpha_1,\ldots,\alpha_m) \in [0;1]^m$ bzw. eine Matrix $\beta := (\beta_{i,j})_{i,j\in\{1,\ldots,m\}} \in [0;1]^{m\times m}$.

Das Ziel des Hedgings besteht nun darin, ein Hedge-Portfolio mit Positionen $\psi := (\psi_1,\ldots,\psi_l)$ zu finden, so dass bei gegebenen Marktdaten $s = \bar{s} \in \mathbb{R}^m$ eine der folgenden Forderungen erfüllt wird:

1. Die Summe der Quadrate der ersten Ableitungen des Gesamtportfolios bzgl. aller Risikofaktoren wird minimal (*Hedge erster Ordnung* oder *Delta-Hedge*):

$$\sum_{j=1}^{m} \alpha_j \left(\frac{\partial PV(\bar{s},0)}{\partial s_j} - \frac{\partial PV_{Hedge}(\bar{s},0)}{\partial s_j} \right)^2 \stackrel{!}{=} \min.$$

2. Die Summe der Quadrate der zweiten Ableitungen des Gesamtportfolios bzgl. aller Risikofaktoren wird minimal (*Hedge zweiter Ordnung* oder *Gamma-Hedge*):

$$\sum_{i,j=1}^{m} \beta_{i,j} \left(\frac{\partial^2 PV(\bar{s},0)}{\partial s_i \partial s_j} - \frac{\partial^2 PV_{Hedge}(\bar{s},0)}{\partial s_i \partial s_j} \right)^2 \stackrel{!}{=} \min.$$

3. Die Summe der Quadrate der ersten und zweiten Ableitungen des Gesamtportfolios bzgl. aller Risikofaktoren wird minimal:

$$\lambda \ \cdot \ \sum_{j=1}^{m} \alpha_j \left(\frac{\partial PV(\bar{s},0)}{\partial s_j} - \frac{\partial PV_{Hedge}(\bar{s},0)}{\partial s_j} \right)^2 +$$

$$(1-\lambda) \ \cdot \ \sum_{i,j=1}^{m} \beta_{i,j} \left(\frac{\partial^2 PV(\bar{s},0)}{\partial s_i \partial s_j} - \frac{\partial^2 PV_{Hedge}(\bar{s},0)}{\partial s_i \partial s_j} \right)^2 \overset{!}{=} \min.$$

Dies soll jeweils unter der Nebenbedingung $\psi \in M \subseteq \mathbb{R}^l$ gelten. Die Menge M bezeichnet dabei die zulässigen Hedge-Portfolios. Damit die oben erwähnten Optimierungsprobleme eine Lösung besitzen, treffen wir die Annahme, dass $M = \mathbb{R}^k$ gilt oder dass M durch lineare Ungleichungen beschrieben wird. Im Allgemeinen wird M durch praktische Erfordernisse, etwa maximal mögliche Handelsvolumina, beschränkt sein. Über die Wahl der α_j bzw. der $\beta_{i,j}$ lässt sich steuern, welche Risikofaktoren in die Minimierung einbezogen werden. Soll das Hedging etwa nur bzgl. eines einzelnen Risikofaktors s_{j^*} durchgeführt werden, so ist $\alpha_{j^*} = 1$, $\alpha_j = 0$ $(j \neq j^*)$ bzw. $\beta_{j^*,j^*} = 1$, $\beta_{i,j} = 0$ $((i,j) \neq (j^*,j^*))$ zu wählen. Der Parameter $\lambda \in [0;1]$ im dritten Fall steuert den Anteil des Hedgings erster bzw. zweiter Ordnung; die beiden ersten Fälle treten hier als Grenzfälle auf. Der dritte Fall beschreibt die Situation eines Händlers, der einen Delta-Hedge aufbauen möchte bei gleichzeitiger Minimierung des Gamma-Exposures, um eine Hedge-Anpassung bei geringen Marktschwankungen entbehrlich zu machen.

Natürlich stellt sich die Frage der Lösbarkeit obiger Optimierungsprobleme. Da sie von der Form

$$\psi \cdot Q \cdot \psi^T + \psi \cdot r + s \overset{!}{=} \min., \quad \psi \in M, \quad Q \in \mathbb{R}^{l \times l}, \quad r \in \mathbb{R}^l, \quad s \in \mathbb{R}$$

sind, wobei Q symmetrisch ist, liegt eine eindeutige Lösung genau dann vor, wenn Q positiv definit, die zu minimierende Zielfunktion nach unten beschränkt und M eine nichtleere Menge ist, welche die o.g. Bedingungen erfüllt. Wenn die Optimierung nur bzgl. eines einzigen Risikofaktors durchgeführt werden soll und gleichzeitig $M = \mathbb{R}^l$ gilt sowie geeignete Hedge-Instrumente zur Verfügung stehen, so nimmt die Zielfunktion der Optimierungsprobleme sogar den Wert 0 als Minimum an.

BEISPIEL 4.4

Wir betrachten eine Call-Option mit Laufzeit T und Strike X auf einen Zerobond mit Laufzeit $T_B \geq T$. Nach BEISPIEL 4.1 *gilt für die Gamma-Sensitivität bzgl. des Risikofaktors $s_1 = P(r,0,T_B)$ bei gegebener Volatilität*

$s_2 = \sigma$ *im* HULL-WHITE-*Modell:* $\Gamma_{1,1}(s_1,s_2) = \frac{\varphi(d_1)}{\sigma_P(0,T,T_B)\cdot s_1}$. *Zur Konstruktion eines Gamma-Hedges der Option bzgl. s_1 kommen nur solche Zinsinstrumente in Frage, deren Gamma-Sensitivität bzgl. s_1 von Null verschieden ist. Dies bedeutet, dass ein Hedge-Portfolio Optionspositionen enthalten muss. Die einfachste Möglichkeit zur Bildung eines Hedge-Portfolios besteht darin, eine Position der Größe ψ_1 in einer Option mit Laufzeit $\widetilde{T}$ aufzubauen, wobei Strike und Underlying mit der o.g. Option identisch sind. Mit den Bezeichnungen des oben definierten Gamma-Hedges gilt dann also $m = 1$, $l = 1$, $\beta_{1,1} = 1$, $M = \mathbb{R}$, und gesucht ist die Größe $\psi_1 = \psi_1^*$ mit*

$$\left(\frac{\varphi(d_1)}{\sigma_P(0,T,T_B) \cdot s_1} - \psi_1^* \cdot \frac{\varphi(d_1)}{\sigma_P(0,\widetilde{T},T_B) \cdot s_1} \right)^2 \overset{!}{=} min.$$

Als eindeutige Lösung findet man

$$\psi_1^* = \frac{\sigma_P(0,\widetilde{T},T_B)}{\sigma_P(0,T,T_B)},$$

und der Wert der Zielfunktion ist für diese Lösung gleich 0. Für $\widetilde{T} = T$ gilt erwartungsgemäß $\psi_1^* = 1$.

An diesem Beispiel lässt sich das im ersten Abschnitt dieses Kapitels erwähnte Modellrisiko verdeutlichen: Falls die Annahmen des HULL-WHITE-*Modells den realen Werteverlauf der Option nicht zutreffend beschreiben, so ist auch der konstruierte Hedge nicht korrekt und suggeriert eine risikomäßig geschlossene Position, die in Wahrheit noch Risiken beinhaltet. Es könnte beispielsweise sein, dass eine am Markt vorliegende Änderung des Volatilitäts-Smiles (vgl. Abschnitt 3.4.3) bei der Kalibrierung des* HULL-WHITE-*Modells nicht korrekt berücksichtigt wurde, was ggf. zu abweichenden Sensitivitäten und damit zu inkorrektem Hedging führt.*

4.3.3 Portfoliotheorie und das CAPM

Die Grundannahme der 1959 von MARKOWITZ begründeten **Portfoliotheorie** besteht darin, dass Investoren die Zusammensetzung ihrer Portfolien einerseits auf Basis ihres erwarteten Ertrages μ wählen, andererseits aber auch auf Basis der Standardabweichung σ (oder der Varianz Var) des künftigen Ertrages. Dabei kann die Größe σ bzw. Var als ein Maß für das Marktrisiko des Portfolios angesehen werden. MARKOWITZ vertrat die folgenden Grundideen:

- Während der Portfolioertrag die gewichtete Summe der Erträge aller Portfolioinstrumente ist, ist das Portfoliorisiko typischerweise kleiner als die gewichtete Summe aller Einzelrisiken.

- Bei gegebener Portfoliozusammensetzung aus gekauften Wertpapieren ist das Portfoliorisiko um so kleiner, je geringer die Korrelationen der Einzelerträge sind (*Diversifikationseffekt*).

- Das Risiko eines einzelnen Wertpapiers setzt sich aus zwei Komponenten zusammen: Einem diversifizierbaren Teil (*unsystematisches Risiko*) und einem nicht diversifizierbaren Teil (*systematisches Risiko*), den der Investor in jedem Fall tragen muss.

Jeder Investor strebt nun gemäß dieser Theorie eine Portfoliozusammensetzung mit einem hohen Ertrag und gleichzeitig möglichst geringem Risiko an. Ein solches *optimales Portfolio* (oder *risikoeffizientes Portfolio*) kann dadurch bestimmt werden, dass man entweder unter allen Portfolien mit einem vorgegebenen Wert von σ dasjenige mit dem maximalen μ wählt, oder aber indem man ausgehend von allen Portfolien mit einem fest gewählten erwarteten Ertrag μ dasjenige mit dem kleinsten σ heranzieht. Die Entscheidung des Investors besteht nun darin, aus der Menge aller in diesem Sinne optimalen Portfolien dasjenige auszuwählen, bei dem das Verhältnis zwischen μ und σ seiner Risikopräferenz entspricht. Risikofreudige Investoren wählen ein Portfolio mit höherem erwarteten Ertrag und höherem Risiko, während risikoaverse Investoren eine Kombination aus geringerem erwarteten Ertrag und geringerem Risiko vorziehen.

Die Portfoliotheorie bildet zusammen mit dem **Capital Asset Pricing Model (CAPM)** (SHARPE, 1964) die Grundlage der Verfahren zur Quantifizierung von Portfoliorisiken. Im Capital Asset Pricing Modell gilt die Beziehung

$$\mathbb{E}(R_j) \ = \ r_f \ + \ \beta_j \cdot (\mathbb{E}(R_M) \ - r_f). \tag{4.4}$$

Dabei ist $\mathbb{E}(R_j)$ der erwartete Ertrag des Wertpapiers j, $\mathbb{E}(R_M)$ ist der erwartete Ertrag des Portfolios aller am Markt vorhandenen Wertpapiere (*Marktportfolio*), r_f ist der aktuelle risikolose Zins und $\beta_j := \frac{\mathrm{Cov}(R_j,R_M)}{\mathrm{Var}(R_M)}$.

Ausgehend von Gleichung (4.4) wird bei der Quantifizierung von Marktpreisrisiken häufig das folgende lineare Regressionsmodell aufgestellt:

$$R_{j,t} - r_{f,t} \ = \ \alpha_j \ + \ \beta_j(R_{I,t} - r_{f,t}) \ + \ \varepsilon_{j,t}. \tag{4.5}$$

Es ist hier $R_{j,t}$ der Ertrag des Wertpapiers j im Zeitraum t bis $t+\Delta t$ und entsprechend $R_{I,t}$ der Ertrag eines marktrepräsentativen Index oder Portfolios, $r_{f,t}$ der zur Zeit t gültige risikolose Zinssatz sowie $\varepsilon_{j,t}$ die Residualgröße. Nimmt man an, dass $R_{I,t}$ und $\varepsilon_{j,t}$ unkorreliert sind, so folgt aus (4.5)

$$\text{Var}(R_{j,t}) = \beta_j^2 \cdot \text{Var}(R_{I,t}) + \text{Var}(\varepsilon_{j,t}).$$

Hierbei handelt es sich um eine Aufpsaltung des Risikos $\text{Var}(R_{j,t})$ in orthogonale Komponenten: den systematischen Teil $\text{Var}(R_{I,t})$ und den unsystematischen Teil $\text{Var}(\varepsilon_{j,t})$. Aus Zeitreihen beobachteter Erträge $R_{j,t}$ und $R_{I,t}$ kann die Größe β_j mittels Gleichung (4.5) geschätzt werden mit dem Schätzer

$$\hat{\beta}_j := \frac{\widehat{\text{Cov}}(R_{j,t}, R_{I,t})}{\widehat{\text{Var}}(R_{I,t})}.$$

Nachdem die Werte $\text{Var}(R_{j,t})$, $\text{Var}(R_{I,t})$ und β_j statistisch geschätzt wurden, liefert Gleichung (4.5) durch Auflösen nach der Residualvolatilität einen statistischen Schätzer für diese Größe. In diesem Zusammenhang treten in der Praxis gewisse Probleme auf, da die nötigen Voraussetzungen nicht immer gegeben sind: Das Vorhandensein einer ausreichend langen Zeitreihe von Werten eines standardisierten, marktrepräsentativen Indexes, die Stationarität der Zeitreihe der Betas und eine möglichst geringe Residualvolatilität.

BEISPIEL 4.5 *(Hedge-Ratio)*
Wir betrachten ein Portfolio P, bestehend aus einer Menge von gekauften Anleihen. Die Zufallsvariable $R_{P,0}$ beschreibe den Ertrag des Portfolios im Zeitraum $t = 0$ (aktueller Zeitpunkt) bis $t = \Delta t > 0$. Das Zinsrisiko werde durch die Größe $\text{Var}(R_{P,0})$ gemessen. Dieses Risiko soll durch Hinzufügen einer gewissen Anzahl ψ von Stücken eines Hedge-Instruments (etwa eines Anleihe-Futures) minimiert werden. Bezeichnet $R_{Hedge,0}$ den zufälligen Ertrag des Hedge-Instruments im o.g. Zeitraum, so gilt für das Risiko Var_{ges} des Gesamtportfolios aus Anleihen und dem Hedge-Instrument die Beziehung

$$\begin{aligned}
\text{Var}_{ges} &= \text{Var}(R_{P,0} + \psi \cdot R_{Hedge,0}) \\
&= \text{Var}(R_{P,0}) + \psi^2 \cdot \text{Var}(R_{Hedge,0}) + 2 \cdot \psi \cdot \text{Cov}(R_{P,0}, R_{Hedge,0}).
\end{aligned}$$

Unter der Annahme $\mathbb{E}(R_{P,0}) = \mathbb{E}(R_{Hedge,0}) = 0$ folgt bei gegebener Korrelation $\text{Corr}(R_{P,0}, R_{Hedge,0}) = \rho$:

$$\text{Var}_{ges} = \text{Var}(R_{P,0}) + \psi^2 \cdot \text{Var}(R_{Hedge,0}) + 2 \cdot \psi \cdot \rho \cdot \sigma(R_{P,0}) \cdot \sigma(R_{Hedge,0}).$$

Mit dem Regressionsansatz

$$R_{P,0} = \alpha + \beta \cdot R_{Hedge,0} + \varepsilon \qquad (\mathrm{Cov}(R_{Hedge,0}, \varepsilon) = 0)$$

ergibt sich $\mathrm{Var}(R_{P,0}) = \beta^2 \cdot \mathrm{Var}(R_{Hedge,0}) + \mathrm{Var}(\varepsilon)$, *also*

$$\begin{aligned}
\mathrm{Var}_{ges} = {} & \beta^2 \cdot \mathrm{Var}(R_{Hedge,0}) + \psi^2 \cdot \mathrm{Var}(R_{Hedge,0}) \\
& + 2 \cdot \psi \cdot \rho \cdot \sigma(R_{P,0}) \cdot \sigma(R_{Hedge,0}) + \mathrm{Var}(\varepsilon).
\end{aligned}$$

Wir bestimmen nun ψ *so, dass* Var_{ges} *minimal wird. Dies ist aufgrund der letzten Gleichung äquivalent zu* $\mathrm{Var}_{ges} = \mathrm{Var}(\varepsilon)$, *also zu*

$$\psi^2 + 2 \cdot \rho \cdot \frac{\sigma(R_{P,0})}{\sigma(R_{Hedge,0})} \cdot \psi + \beta^2 = 0.$$

Wegen

$$\beta = \frac{\mathrm{Cov}(R_{P,0}, R_{Hedge,0})}{\mathrm{Var}(R_{Hedge,0})} = \rho \cdot \frac{\sigma(R_{P,0})}{\sigma(R_{Hedge,0})}$$

ist dies gleichbedeutend mit

$$\psi^2 + 2 \cdot \rho \cdot \frac{\sigma(R_{P,0})}{\sigma(R_{Hedge,0})} \cdot \psi + \left(\rho \cdot \frac{\sigma(R_{P,0})}{\sigma(R_{Hedge,0})} \right)^2 = 0,$$

d.h.

$$\psi = -\rho \cdot \frac{\sigma(R_{P,0})}{\sigma(R_{Hedge,0})}.$$

Bei dieser Größe handelt es sich um das sog. Hedge-Ratio.

4.3.4 Value-at-Risk

Die meisten Kreditinstitute verwenden heutzutage das Risikomaß **Value-at-Risk (VaR)** zur Überwachung, Begrenzung und Steuerung ihres Marktrisikos auf Portfoliobasis. Der *VaR* eines Portfolios ist eine Kennzahl, welche die Menge von Kapital angibt, die zur Deckung potenzieller Verluste benötigt wird. Da sich das *VaR*-Maß gut zur Aggregation von Risiken über beliebig viele Instrumente bzw. Portfolien hinweg eignet, wie wir später sehen werden, wird es in der Praxis standardmäßig als Grundlage für die Festlegung von Portfoliolimiten eingesetzt. Wir verwenden im Folgenden die in Abschnitt 4.3.1 eingeführten Bezeichnungen: Der Vektor $\varphi := (\varphi_1, \ldots, \varphi_n) \in \mathbb{R}^n$ beschreibt die Zusammensetzung eines Portfolios von n Instrumenten, und die auf dem Wahrscheinlichkeitsraum $(\Omega, \mathcal{F}, \mathbb{P})$ definierte Zufallsvariable

$$PV(\varphi,t) := \sum_{j=1}^{n} \varphi_j \cdot PV_j(t), \qquad t \in [0;T^*]$$

gibt den zufälligen Marktwert des Portfolios zur Zeit t an ($t = 0$ ist der aktuelle Zeitpunkt). Im Mittelpunkt des Interesses stehen nun die zufälligen Wertänderungen des Portfolios im Zeitraum $[0;T] \subseteq [0;T^*]$, wobei es sich jetzt im Unterschied zur Betrachtung bei den Sensitivitätsmaßen um größere Zeiträume $[0;T]$ handeln kann. Wir führen die Zufallsvariable

$$\Delta PV(\varphi,T) := PV(\varphi,T) - PV(\varphi,0) \qquad (\textit{Portfoliowertänderung})$$

ein.

DEFINITION 4.5 *Für ein gegebenes* Konfidenzniveau $1 - \alpha \in (0;1)$ *und eine gegebene* Haltedauer $T > 0$ *ist der* **Value-at-Risk (VaR)** *des oben betrachteten Portfolios definiert durch*

$$VaR(\alpha,\varphi,T) := -\sup\{x \in \mathbb{R} : \mathbb{P}(\Delta PV(\varphi,T) \leq x) \leq \alpha\}.$$

Es handelt sich beim VaR also um das negative $\alpha-Quantil$ der Wahrscheinlichkeitsverteilung von $\Delta PV(\varphi,T)$. Der VaR gibt denjenigen Geldbetrag an, der erforderlich ist, um einen Portfolioverlust auszugleichen, der mit einer Wahrscheinlichkeit von höchstens α bis zum Zeitpunkt T nicht überschritten wird. In der Praxis verwendet man meist Werte für α zwischen 95% und 99% und für T zwischen einem und zehn Tagen.

Um für ein gegebenes Portfolio den VaR rechnerisch zu ermitteln, muss man die Verteilung $\Delta PV(\varphi,T)$ kennen. Dazu ist zunächst zu eruieren, welche Risikofaktoren die Wertentwicklung des Portfolios beeinflussen. Wir geben daher einen kurzen Überblick über die in der Praxis am häufigsten verwendeten Risikofaktoren bei Zinsportfolien:

Enthält das Portfolio *Anleihen*, so kommen als Risikofaktoren typischerweise Renditesätze oder Zerozinssätze in Frage. Nun werden am Markt eine ganze Reihe verschiedenartiger solcher Zinssätze quotiert, in Abhängigkeit vom jeweiligen *Marktsegment*: Die Sätze unterscheiden sich nach den Kriterien Währung, Laufzeit und Emittentengruppe der Anleihen, für die sie preisbestimmend sind. Beispielsweise wird eine Anleihe, deren Preis in USD quotiert wird, im Allgemeinen sehr stark durch die Entwicklung der Zinskurve für amerikanische Staatsanleihen beeinflusst. Das gilt auch dann, wenn die Anleihe selbst keine amerikanische Staatsanleihe ist, sondern etwa von einem internationalen Konzern emittiert wurde. Außerdem ist durch die Laufzeit T der Anleihe implizit vorgegeben, dass ihre Preisentwicklung von der T-jährigen USD-Rendite abhängig ist. Schließlich gehört die Anleihe zu einer Emittentengruppe, die defniert ist durch den Industriesektor, zu dem der Emittent gehört (z.B. Telekommunikationsbranche, Hypothekenbank usw.) und durch die Kreditwürdigkeit des Emittenten. Im Allgemeinen wird die Rendite einer Anleihe B, welche nicht von einem Staat emittiert wurde, größer sein als die Rendite $y_{Staat,Währung,T}$ einer entsprechenden Staatsanleihe mit identischen Ausstattungsmerkmalen (Währung, Laufzeit, Kuponhöhe), da eine nichtstaatlicher Emittent typischerweise eine geringere Bonität aufweist und nichtstaatliche Anleihen oft eine geringere Liquidität haben als Staatsanleihen. Der vom Emittenten, der Währung und der Laufzeit abhängige Renditeunterschied wird in der Praxis als *Credit Spread* bezeichnet, kurz $cs_{Emittent,Währung,T}$. Bezeichnen wir die Rendite der in Rede stehenden Anleihe B mit y_B (vgl. (4.2)), so ergibt sich aus dem bisher Gesagten, dass eine Zerlegung der Form

$$\Delta y_B = \beta_1 \cdot \Delta y_{Staat,Währung,T} + \beta_2 \cdot \Delta cs_{Emittent,Währung,T} \qquad (4.6)$$

in Frage kommt. Hierbei bezeichnen die Größen Δy_B, $\Delta y_{Staat,Währung,T}$ und $\Delta cs_{Emittent,Währung,T}$ die zufälligen künftigen Änderungen der Variablen y_B, $y_{Staat,Währung,T}$ und $cs_{Emittent,Währung,T}$. Die Paramter β_1,β_2 sind dabei aus historischen Zeitreihen über eine Regression zu bestimmen. Als Ergebnis unserer Überlegungen erhalten wir also, dass die für Anleihen relevanten Risikofaktoren die Größen $y_{Staat,Währung,T}$ und $cs_{Emittent,Währung,T}$ sind. Natürlich kann man statt der Renditesätze auch die entsprechenden Zerozinssätze heranziehen. Die in Gleichung (4.6) vorgenommene Renditezerlegung stellt eine Anwendung der in Abschnitt 4.3.3 erwähnten Zerlegung in systematisches und unsystematisches Risiko dar.

Für Portfolien mit *Swaps, FRAs, Floatern* sind als Risikofaktoren - entsprechend den in Kapitel 1 dargestellten Bewertungsformeln - Swapsätze, kurzfristige Zinssätze und Forward-Zinssätze zu verwenden.

Für *börsengehandelte Produkte* (z.B. Futures) basieren die Risikofaktoren auf den entsprechenden Börsenpreisen der Instrumente.

Am schwierigsten gestaltet sich die Wahl der Risikofaktoren bei *Optionsportfolien*. Hier spielen neben den Zerozinssätzen auch die in die jeweiligen Bewertungsformeln einfließenden Volatilitäten eine Rolle.

Nach diesem kurzen Überblick zu den relevanten Risikofaktoren wenden wir uns nun der Frage der konkreten Modellierung von $\Delta PV(\varphi,T)$ zu. Der Zufallsvektor

$$S(t) := (S_1(t),\ldots,S_m(t))^T : \Omega \longrightarrow \mathbb{R}^m \qquad (t \in [0;T^*])$$

beschreibe die für das Portfolio relevanten Marktdaten (Risikofaktoren). Es sei $\xi(t) := (\xi_1(t),\ldots,\xi_m(t))^T$ $(t \in [0;T^*])$ mit

$$\xi_k(t) = S_k(t) - S_k(0) \quad \text{oder} \quad \xi_k(t) = \log\left(\frac{S_k(t)}{S_k(0)}\right), \qquad S_k(t), S_k(0) > 0,$$

der Zufallsvektor der *absoluten* bzw. *logarithmischen* Risikofaktoränderungen. Zur Wahl der $\xi_k(t)$ kommen wir später. Die künftigen Portfoliowerte werden durch die Zufallsvariablen

$$PV(\varphi,t) = PV(S(t),t) = \sum_{j=1}^{n} \varphi_j \cdot PV_j(S(t),t), \qquad t \in [0;T^*]$$

(vgl. Notation in Abschnitt 4.3.2) dargestellt. Wir definieren die Funktion $f : \mathbb{R}^m \to \mathbb{R}$ durch

$$f(s) := PV((\eta_1(s_1),\ldots,\eta_m(s_m))^T,T) - PV(S(0),0), \qquad (4.7)$$

wobei

$$\eta_k(s_k) := \begin{cases} S_k(0) + s_k & : \quad \xi_k(t) = S_k(t) - S_k(0) \\ S_k(0) \cdot \exp(s_k) & : \quad \xi_k(t) = \log\left(\frac{S_k(t)}{S_k(0)}\right) \end{cases}$$

Dann folgt

$$\begin{aligned} \Delta PV(\varphi,T) &= PV(\varphi,T) - PV(\varphi,0) = PV(S(T),T) - PV(S(0),0) \\ &= f(\xi(T)) \end{aligned}$$

Somit ergibt sich die Verteilung der Zufallsvariablen $\Delta PV(\varphi,T)$ aus der Verteilung der Zufallsvariablen $\xi(T)$, indem man diese mit der durch das Portfolio festgelegten Funktion f verknüpft. Im Falle, dass $\xi(T)$ nur endlich viele Werte x_l annehmen kann, gilt

$$\mathbb{P}(\Delta PV(\varphi,T) \le x) = \sum_{x_l \,:\, f(x_l) \le x} \mathbb{P}(\xi(T) = x_l). \qquad (4.8)$$

Es handelt sich also um eine diskrete Verteilungsfunktion.

Im Allgemeinen ist die Verteilungsannahme für $\xi(T)$ so zu treffen, dass sie im Einklang mit den beobachteten Daten steht. Hierzu ist zunächst eine Analyse von Marktdaten erforderlich, aus denen sich eine Zeitreihe von in der Vergangenheit beobachteten Marktdatenänderungen ergibt. Darauf aufbauend wird, bei gegebenem $\Delta t > 0$, dann ein stochastisches Modell für das Verhalten des Vektors $\xi(t + \Delta t) - \xi(t)$ der Risikofaktoränderungen im Zeitablauf erstellt. Dabei werden Techniken aus der **Zeitreihenanalyse** verwendet, einem Teilgebiet der Statistik, bei dem es darum geht, gewisse zufällige Phänomene (in unserem Fall Marktdatenänderungen), bei denen zeitliche Abhängigkeiten bestehen, zu beschreiben.

Wir erläutern zunächst den formalen Rahmen der Zeitreihenanalyse, bevor wir auf die Modellierung von $\xi(T)$ zurückkommen: Gegeben sei eine Folge von integrierbaren Zufallsvektoren U_j, $j \in \mathbb{Z}$, auf einem Wahrscheinlichkeitsraum $(\Omega, \mathcal{F}, \mathbb{P})$, $U_j : \Omega \to \mathbb{R}^m$. Die $(U_j)_{j \in \mathbb{Z}}$ bilden einen stochastischen Prozess, und wir interpretieren j als einen Zeitpunkt, wobei $j = 0$ der aktuelle Zeitpunkt sei. Wir nehmen an, dass für einige Zufallsvektoren $U_{-1}, U_{-2}, \ldots, U_{-n}$ historische Beobachtungen vorliegen, anhand derer gewisse Abhängigkeiten zwischen den Werten der U_j vermutet werden. Es sei $\mathcal{F}_j := \sigma(U_k, \ k \leq j)$ die von den U_k, $k \leq j$, erzeugte σ-Algebra, welche die zum Zeitpunkt j über die Vergangenheit der U_k vorliegenden Informationen beschreibt. Nun gilt

$$U_j = \mathbb{E}(U_j \,|\, \mathcal{F}_{j-1}) + (U_j - \mathbb{E}(U_j \,|\, \mathcal{F}_{j-1})) = \mathbb{E}(U_j \,|\, \mathcal{F}_{j-1}) + \varepsilon_j \quad (j \in \mathbb{Z}) \ (4.9)$$

mit $\varepsilon_j := U_j - \mathbb{E}(U_j \,|\, \mathcal{F}_{j-1})$. Dabei ist

$$\mathbb{E}(\varepsilon_j \,|\, \mathcal{F}_{j-1}) = \mathbb{E}(U_j \,|\, \mathcal{F}_{j-1}) - \mathbb{E}(\mathbb{E}(U_j \,|\, \mathcal{F}_{j-1}) \,|\, \mathcal{F}_{j-1}) = 0.$$

Gleichung (4.9) lässt sich so interpretieren, dass U_j aufgespalten wird in einen Teil, der aus vergangenen Beobachtungen erklärbar ist ($\mathbb{E}(U_j \,|\, \mathcal{F}_{j-1})$) und einen zufälligen Störterm ε_j, der im Mittel den Wert 0 annimmt (*Noise Variable* oder *Innovation*). In der Zeitreihenanalyse werden nun gewisse Vorgaben für die funktionale Form des Ausdrucks $\mathbb{E}(U_j \,|\, \mathcal{F}_{j-1})$ gemacht, z.B.

$$\mathbb{E}(U_j \,|\, \mathcal{F}_{j-1}) \ = \ g(U_{j-l} \,|\, l \in \mathbb{N}) \qquad (g \text{ messbar}).$$

Das bekannteste, im Zusammenhang mit der Marktrisikomodellierung meist verwendete Modell, ist der sogenannte *autoregressive Prozess p-ter Ordnung* $(AR(p))$, $p \in \mathbb{N}$, mit

$$\mathbb{E}(U_j \,|\, \mathcal{F}_{j-1}) \ := \ g(U_{j-1}, \ldots, U_{j-p}) \ := \ \sum_{l=1}^{p} a_l \cdot U_{j-l} \qquad (a_l \in \mathbb{R}),$$

d.h. (vgl. (4.9)): $U_j = \sum_{l=1}^{p} a_l \cdot U_{j-l} + \varepsilon_j$. Die vergangenen Beobachtungen gehen also linear in die *Prognoseverteilung* $\mathcal{L}(U_j \,|\, U_{j-1}, \ldots, U_{j-p})$ ein. Im Spezialfall $p = 1$ gilt mit $a_1 := a \in \mathbb{R}$:

$$U_j = a \cdot U_{j-1} + \varepsilon_j, \tag{4.10}$$

also folgt für $|a| < 1$: $U_j = \sum_{l=0}^{\infty} a^l \cdot \varepsilon_{j-l}$. Wir nehmen im Folgenden an, dass die Innovationen $(\varepsilon_j)_{j \in \mathbb{Z}}$ stochastisch unabhängig und identisch verteilt (i.i.d., für engl. *independent identically distributed*) sind. Weiterhin unterstellen wir, dass die Zufallsvektoren ε_j und U_{j-1} für alle $j \in \mathbb{Z}$ stochastisch unabhängig sind. Zur Modellierung der Marktdatenänderungen setzen wir (bei vorgegebenem $\Delta t := \frac{T}{M} > 0$, $M \in \mathbb{N}$, und für $j \in \mathbb{Z}, j \leq M$) nun:

$$U_j := \xi(j \cdot \Delta t) - \xi((j-1) \cdot \Delta t). \tag{4.11}$$

Die $k-$te Komponente des Zufallsvektors U_j ist dann also gegeben durch $S_k(j \cdot \Delta t) - S_k((j-1) \cdot \Delta t)$ oder durch $\log(S_k(j \cdot \Delta t)/S_k((j-1) \cdot \Delta t))$. Hierbei haben wir die zulässigen Argumente für $\xi(\cdot), S(\cdot)$ auf $(-\infty, T^*]$ erweitert, wobei dann die Zufallsvariable $S(t)$ für $t < 0$ die Marktdaten zum Zeitpunkt t in der Vergangenheit beschreibt. Empirische Beobachtungen legen die Hypothese nahe, dass eine Modellierung der Form

$$U_j = a \cdot U_{j-1} + \varepsilon_j, \qquad \varepsilon_j \text{ i.i.d. } \sim \mathcal{N}(0, \Delta t \cdot \Sigma) \tag{4.12}$$

mit den o.g. Annahmen bzgl. $(\varepsilon_j)_{j \in \mathbb{Z}}$ in Frage kommt. In diesem Modell gilt

$$\begin{aligned}
\mathbb{E}(U_j \,|\, U_{j-1}) &= a \cdot U_{j-1} \qquad \text{und} \\
\mathrm{Var}(U_j \,|\, U_{j-1}) &= \mathbb{E}((U_j - \mathbb{E}(U_j \,|\, U_{j-1})) \cdot (U_j - \mathbb{E}(U_j \,|\, U_{j-1}))^T \,|\, U_{j-1}) \\
&= \mathbb{E}(\varepsilon_j \cdot \varepsilon_j^T \,|\, U_{j-1}) = \mathbb{E}(\varepsilon_j \cdot \varepsilon_j^T) = \Delta t \cdot \Sigma.
\end{aligned}$$

Die bedingte Verteilung des Zufallsvektors U_j, gegeben $U_{j-1} = u_{j-1}$, ist aufgrund von (4.12) die Verteilung $\mathcal{N}(a \cdot u_{j-1}, \Delta t \cdot \Sigma)$. In der Praxis wird meist $a = 0$ verwendet, und Σ wird aus einer Zeitreihe, deren Länge oft ein Jahr ist, statistisch geschätzt. Ist $\Delta t = 1\,\mathrm{Tag} = \frac{1}{250}$ Jahr (Annahme von 250 Geschäftstagen pro Geschäftsjahr), so lautet ein möglicher Schätzer für Σ :

$$\hat{\Sigma} = \frac{1}{\Delta t} \cdot \frac{1}{250} \cdot \sum_{j=0}^{249} \varepsilon_{-j} \cdot \varepsilon_{-j}^T,$$

wobei $\varepsilon_{-j} = U_{-j} - a \cdot U_{-j-1} = U_{-j}$. Auch andere Schätzer für Σ werden verwendet, etwa solche, bei denen kürzer zurückliegende Beobachtungen ein höheres Gewicht erhalten. Ein prinzipielles Problem im Zusammenhang mit der Schätzung von Σ ist die Tatsache, dass die Anzahl der Risikofaktoren meist deutlich größer als die in die Schätzung von Σ eingehenden Datenpunkte (250 im obigen Beispiel) ist, so dass die Matrix $\hat{\Sigma} \in \mathbb{R}^{m \times m}$ den Rang $250 \ll m$ besitzt, also singulär ist. Warum dies problematisch ist, wird sich später bei der VaR-Berechnung zeigen. Man versucht dem im Allgemeinen durch eine Dimensionsreduktion im Raum der Risikofaktoren zu begegnen, auf die wir später zu sprechen kommen.

Nun sind wir in der Lage, die Verteilung von $\xi(T)$ zu modellieren. Es gilt für $T \in (0; T^*], \Delta t = \frac{T}{M}$:

$$\xi(T) = \xi(T) - \xi(0) = \sum_{j=1}^{M} (\xi(j \cdot \Delta t) - \xi((j-1) \cdot \Delta t)) = \sum_{j=1}^{M} U_j = \sum_{j=1}^{M} \varepsilon_j.$$

Die Verteilung von $\xi(T)$ ist somit gegeben durch die multivariate Normalverteilung $\mathcal{N}(0, T \cdot \Sigma)$. Für alle Indizes k mit $\xi_k(t) = S_k(t) - S_k(0)$ ist daher die Zufallsvariable $S_k(T)$ normalverteilt, und für die übrigen Indizes mit $\xi_k(t) = \log(S_k(t)/S_k(0))$ ist die Zufallsvariable $\log(S_k(T))$ normalverteilt, d.h. $S_k(T)$ ist lognormalverteilt. Welche Verteilungsannahme für einen Marktparameter jeweils die geeignete ist, muss im Einzelfall anhand der vorliegenden Zeitreihen entschieden werden. Die Lognormalverteilungsannahme bietet sich bei Risikofaktoren an, die nur positive Werte annehmen (Zinssätze, Volatilitäten), während die Normalverteilungsannahme bei Risikofaktoren mit möglichen negativen Werten (z.B. Credit Spreads) in Frage kommt.

Die hier dargestellte Modellierung der Verteilung von $\xi(T)$ ist in der Praxis häufig anzutreffen. Die Gründe für die Verwendung der multivariaten Normalverteilung sind:

- Aus dem Zentralen Grenzwertsatz ergibt sich eine theoretische Fundierung für die Annahme normalverteilter Marktdatenänderungen, sofern sich diese jeweils additiv aus einer großen Zahl unabhängiger, identisch verteilter Zufallsschocks mit endlicher Varianz zusammensetzen.

- Die Randverteilungen hängen nur von zwei Parametern (Mittelwert und Varianz) ab, die leicht zu schätzen sind.

- Die Abhängigkeitsstruktur der Randverteilungen lässt sich in eindeutiger Weise über die Korrelationsmatrix abbilden, die auch bei einer großen Anzahl von Risikofaktoren verhältnismäßig leicht zu schätzen ist. Dies gilt für alle *elliptischen Verteilungen*, d.h. Verteilungen, deren Dichten auf Ellipsoiden im $\mathbb{R}^m$ konstante Werte annehmen (z.B. multivariate Normal- oder t-Verteilungen).

Die Normalverteilungsannahme hat allerdings die folgenden Schwächen:

- Empirische Analysen von Marktdatenänderungen zeigen systematische Abweichungen der Randverteilungen von Normalverteilungen. Teilweise können diese durch Verwendung zeitveränderlicher Volatilitäten ausgeglichen werden. Dennoch sind extreme Ereignisse in einigen Fällen deutlich häufiger zu beobachten, als diese unter der Normalverteilungsannahme prognostiziert werden (sog. *fat tail*-Problematik).

- Simultan auftretende extreme Ereignisse mehrerer Risikofaktoren können selbst bei hohen Korrelationen durch die multivariate Normalverteilung nicht adäquat prognostiziert werden. Falls die Randverteilungen nicht zur Klasse der elliptischen Verteilungen gehören, ist die Korrelation als Maßzahl für lineare Zusammenhänge ungeeignet, denn in diesem Fall treten meist nichtlineare Abhängigkeitsstrukturen auf. All diese Aspekte werden in [21] näher analysiert.

Bevor wir zur Ermittlung der Verteilung von $PV(\varphi,T)$ und zur VaR-Berechnung kommen, gehen wir kurz auf einige Alternativen zur oben dargestellten Modellierung von $\xi(T)$ ein.

Wir haben oben die Beziehung $\mathrm{Var}(U_j \,|\, U_{j-1}) = \Delta t \cdot \Sigma$ hergeleitet. Betrachten wir nur einen einzelnen Risikofaktor, und nennen dessen Volatilitätsparameter σ, so besagt diese Beziehung, das die bedingte Volatilität von U_j, gegeben U_{j-1}, unabhängig von U_{j-1} ist. Empirische Beobachtungen legen jedoch den Schluss nahe, dass für manche Risikofaktoren die bedingten Volatilitäten abhängig von vergangenen Realisierungen der U_j sind. Zur Abbildung derartiger Phänomene macht man den Modellansatz (4.10), verlangt aber nicht mehr die Unabhängigkeit der $(\varepsilon_j)_{j\in\mathbb{Z}}$. Vielmehr fordert man

$$\mathbb{E}(\varepsilon_j \,|\, \mathcal{F}_{j-1}) = 0, \qquad \mathrm{Var}(\varepsilon_j \,|\, \mathcal{F}_{j-1}) = \beta + \lambda \cdot \varepsilon_{j-1}^2 \quad (\beta > 0,\ \lambda \geq 0),$$

wobei $\mathcal{F}_j := \sigma(U_j,U_{j-1},\ldots,\varepsilon_j,\varepsilon_{j-1},\ldots)$. Dann gilt $\mathbb{E}(U_j \,|\, \mathcal{F}_{j-1}) = a \cdot U_{j-1}$ und

$$\mathrm{Var}(U_j \,|\, \mathcal{F}_{j-1}) = \beta + \lambda \cdot \varepsilon_{j-1}^2 = \beta + \lambda \cdot (U_{j-1} - a \cdot U_{j-2})^2.$$

Somit hängt die bedingte Varianz von vorhergehenden Werten der Folge $(U_j)_{j\in\mathbb{Z}}$ ab, was eine Modellierung zeitveränderlicher Volatilitäten erlaubt. Dieses Modell ist unter dem Namen **ARCH-Modell** (**A**utoregressive **Co**nditional **H**eteroscedasticity) bekannt.

Anstelle der Normalverteilung können die Komponenten von $\xi(T)$ auch über ***t-Verteilungen*** modelliert werden. Diese haben den Vorteil, dass sie im Vergleich zur Normalverteilung mehr Masse in den Verteilungsenden besitzen (Lösung der fat tail-Problematik), dass sie durch nur einen Parameter (den Freiheitsgrad) beschrieben werden und dass die multivariate t-Verteilung als elliptische Verteilung über eine Korrelationsmatrix parametrisiert werden kann. Allerdings sind alle Randverteilungen einer multivariaten t-Verteilung gegeben durch t-Verteilungen mit identischen Freiheitsgraden, so dass alle Risikofaktoren dann implizit bzgl. der Verteilungsenden dieselbe Struktur haben. Dies kann nur dadurch behoben werden, dass man eine multivariate Verteilung außerhalb der Familie der elliptischen Verteilungen wählt, deren Randverteilungen dann beliebige t-Verteilungen sein können. Hierzu gibt es verschiedene Möglichkeiten - mit dem Nachteil, dass zusätzliche Parameter zur Beschreibung der Abhängigkeitsstrukturen einzuführen sind.

Die Idee zur Verwendung von sog. ***Mischungsverteilungen*** basiert auf der Beobachtung, dass Marktdatenänderungen meist eher moderat ausfallen, abgesehen von gelegentlichen turbulenten Marktphasen. Daher liegt es nahe, zunächst eine Wahrscheinlichkeit dafür festzulegen, dass ein gegebener Handelstag als turbulent anzusehen ist, und dann die Markdatenänderungen, bedingt auf die Art des Handelstages, als normalverteilt zu spezifizieren, mit zwei unterschiedlichen Volatilitäten (eine für "ruhige" Tage und eine für "turbulente" Tage). Im Ergebnis ergibt sich eine sog. Mischungs-Normalverteilung, welche im Vergleich zur Normalverteilung mehr Masse in den Verteilungsenden besitzt.

Speziell zur Modellierung seltener, extremer Ereignisse wurde die sog. ***Extreme Value Theroy (EVT)*** entwickelt (vgl. [20]). Da es bei der VaR-Ermittlung gerade um die Betrachtung von Ereignissen in den Verteilungsenden geht, bietet sich die EVT als Hilfsmittel an. Allerdings sind zur Schätzung der benötigten Parameter mehrjährige Datenreihen erforderlich, und es können nur niedrigdimensionale Probleme mit wenigen Risikofaktoren behandelt werden, so dass praktische Gründe der Verwendung der EVT entgegenstehen.

Einen vielversprechenden Ansatz zur getrennten Modellierung von Randverteilungen und deren Abhängigkeitsstrukturen bilden die sog. ***Copulas***. Hierbei geht es darum, ausgehend von gegebenen stetigen Randverteilungen $F_1, \ldots, F_m$ der Komponenten $\xi_1(T), \ldots, \xi_m(T)$ von $\xi(T)$ eine multivariate Verteilung F für $\xi(T)$ zu finden, deren Randverteilungen gerade mit $F_1, \ldots, F_m$ übereinstimmen. Dazu dient der Ansatz

$$\begin{aligned}
F(x_1, \ldots, x_m) &= \mathbb{P}(F_1(\xi_1(T)) \leq F_1(x_1), \ldots, F_m(\xi_m(T)) \leq F_m(x_m)) \\
&=: C(F_1(x_1), \ldots, F_m(x_m)),
\end{aligned}$$

wobei $C(\cdot)$ die Verteilungsfunktion einer multivariaten Gleichverteilung auf $[0; 1]$ ist (beachte: die Zufallsvariablen $F_j(\xi_j(T))$ sind gleichverteilt auf $[0; 1]$). Zur Wahl der *Copula-Funktion* $C(\cdot)$ gibt es mehrere Möglichkeiten. Wir verweisen diesbezüglich auf die Literatur (vgl. etwa [21]).

Alle bisher dargestellten Vorgehensweisen beinhalten einen *parametrischen* Modellansatz für $\xi(T)$. In der Praxis werden auch nichtparametrische Ansätze verwendet, indem man die ***empirische Verteilung*** der Marktdatenänderungen zu Grunde legt, und damit mit Hilfe von (4.8) zu einer diskreten Verteilungsfunktion für $\Delta PV(\varphi, T)$ gelangt.

Wir wenden uns nun den verschiedenen Möglichkeiten zu, für ein Portfolio mit Haltedauer T die Verteilung von $\Delta PV(\varphi, T)$ und den VaR zu ermitteln. Dabei wird unterschieden zwischen *analytischen Methoden* und *Simulationsmethoden*.

Als Beispiel für analytische Methoden betrachten wir hier den **Varianz-Kovarianz-Ansatz** und den **Delta-Gamma-Ansatz.** In beiden Fällen treffen wir die Annahme $\xi(T) \sim \mathcal{N}(0, T \cdot \Sigma)$.

Beim Varianz-Kovarianz-Ansatz geht man davon aus, dass $\Delta PV(\varphi, T)$ eine lineare Funktion von $\xi(T)$ ist, d.h.

$$\Delta PV(\varphi, T) = f(\xi(T)) \quad \text{mit} \quad f(\xi) = \delta^T \cdot \xi, \quad \delta, \xi \in \mathbb{R}^m.$$

Dies ist (zumindest näherungsweise) immer dann erfüllt, wenn das Portfolio ausschließlich (oder ganz überwiegend) aus linearen, nichtoptionalen Zinsinstrumenten besteht. Es gilt dann $\frac{\partial f}{\partial \xi_j} = \delta_j$, d.h. δ_j ist die Delta-Sensitivität der Portfoliowertänderung bzgl. ξ_j. Weiter gilt

$$\Delta PV(\varphi, T) \sim \mathcal{N}\left(0, T \cdot \delta^T \cdot \Sigma \cdot \delta\right),$$

also ist $\Delta PV(\varphi, T)$ normalverteilt mit Varianz $\text{Var} := T \cdot \delta^T \cdot \Sigma \cdot \delta$. An dieser Stelle wird deutlich, dass die aus Zeitreihen geschätzte Matrix $\hat{\Sigma}$ positiv definit sein sollte, denn nur dann ist sichergestellt, dass die geschätzte Varianz $\hat{\sigma}^2 := T \cdot \delta^T \cdot \hat{\Sigma} \cdot \delta$ für jede Wahl von $\delta \neq 0$ positiv ist. Der VaR des Portfolios ist nun gegeben durch

$$VaR(\alpha, \varphi, T) = -\lambda_\alpha \cdot \sqrt{\sigma} = -\lambda_\alpha \cdot \sqrt{T} \cdot \sqrt{\delta^T \cdot \Sigma \cdot \delta}.$$

Dabei ist λ_α das $\alpha-$Quantil der Standardnormalverteilung.

Beim Delta-Gamma-Ansatz unterstellt man, dass f ein Polynom zweiten Grades ist:

$$f(\xi) = \delta^T \cdot \xi + \theta \cdot T + \frac{1}{2} \cdot \xi^T \cdot \Gamma \cdot \xi, \quad \Gamma = (\Gamma_{j,k}) \in \mathbb{R}^{m \times m},$$

mit $\frac{\partial f}{\partial \xi_j} = \delta_j, \frac{\partial f}{\partial T} = \theta, \frac{\partial^2 f}{\partial \xi_j \partial \xi_k} = \Gamma_{j,k}$. Dieser Ansatz ermöglicht es, auch nichtlineare Portfolien, d.h. solche mit Optionspositionen, zu behandeln. Dabei werden die Barwertfunktionen der Optionen approximiert durch das in (4.1) angegebene TAYLOR-Polynom für $\Delta t := T$. Es gilt nun:

SATZ 4.1 *Die Verteilungsfunktion von $f(\xi)$ ist beim Delta-Gamma-Ansatz analytisch bestimmbar.*

BEWEIS: (vgl. auch [19])
Per Hauptachsentransformation kann eine orthogonale Matrix $U \in \mathbb{R}^{m \times m}$ und eine Diagonalmatrix $D \in \mathbb{R}^{m \times m}$ gefunden werden mit

$$\Sigma = U \cdot D \cdot U^T, \tag{4.13}$$

wobei D die nichtnegativen Eigenwerte d_j, $j \in \{1, \ldots, m\}$, von Σ auf der Diagonalen enthält. Die Matrix

$$S := \sqrt{D} \cdot U^T \cdot \Gamma \cdot U \cdot \sqrt{D} \in \mathbb{R}^{m \times m}$$

ist eine symmetrische, positiv semidefinite Matrix. Deshalb existiert eine orthogonale Matrix $Q \in \mathbb{R}^{m \times m}$ und eine Diagonalmatrix $\Lambda \in \mathbb{R}^{m \times m}$ mit

$$S = Q \cdot \Lambda \cdot Q^T.$$

Auf der Diagonalen von Λ stehen die nichtnegativen Eigenwerte λ_j, $j \in \{1, \ldots, m\}$ von S. Nun sei

$$M := Q^T \cdot \sqrt{D} \cdot U^T.$$

Dann gilt $M^T \cdot M = U \cdot \sqrt{D} \cdot Q \cdot Q^T \cdot \sqrt{D} \cdot U^T = \Sigma$. Wir setzen

$$\tilde{\xi} := M^T \cdot \eta,$$

wobei η ein $m-$dimensional standardnormalverteilter Zufallsvektor ist. Es folgt

$$\tilde{\xi} \sim \mathcal{N}\left(0, M^T \cdot M\right) = \mathcal{N}(0, \Sigma) \sim \xi,$$

also haben $f(\xi)$ und $f(\tilde{\xi})$ identische Verteilungen, und wir können für Zwecke der VaR-Berechnung $f(\tilde{\xi})$ anstelle von $f(\xi)$ betrachten. Eine einfache Rechnung zeigt $\tilde{\xi}^T \cdot \Gamma \cdot \tilde{\xi} = \eta^T \cdot \Lambda \cdot \eta$, so dass

$$f(\tilde{\xi}) = \delta^T \cdot \tilde{\xi} + \theta \cdot T + \frac{1}{2} \cdot \tilde{\xi}^T \cdot \Gamma \cdot \tilde{\xi} = (M \cdot \delta)^T \cdot \eta + \theta \cdot T + \frac{1}{2} \cdot \eta^T \cdot \Lambda \cdot \eta.$$

Mit $\tilde{\delta} := (\tilde{\delta}_1, \ldots, \tilde{\delta}_m)^T := M \cdot \delta$ folgt

$$f(\tilde{\xi}) = \sum_{j=1}^{m} \left(\tilde{\delta}_j \cdot \eta_j + \frac{1}{2} \cdot \lambda_j \cdot \eta_j^2 \right) + \theta \cdot T.$$

Wegen $\eta_j \sim \mathcal{N}(0,1)$ gilt im Fall $\lambda_j \neq 0$ die Gleichung $\tilde{\delta}_j \cdot \eta_j + \frac{1}{2} \cdot \lambda_j \cdot \eta_j^2 = \frac{1}{2} \cdot \lambda_j \cdot (\eta_j + \frac{\tilde{\delta}_j}{\lambda_j})^2 - \frac{\tilde{\delta}_j^2}{2\lambda_j}$, und es ist $(\eta_j + \frac{\tilde{\delta}_j}{\lambda_j})^2$ eine Zufallvariable, deren Verteilung eine sog. *nichtzentrale Chiquadrat-Verteilung* χ_{1,l_j}^2 ist, die zwei Parameter besitzt: den *Freiheitsgrad* (in diesem Fall 1) und den *Nicht-Zentralitätsparameter* (in diesem Fall $l_j = \left(\frac{\tilde{\delta}_j}{\lambda_j}\right)^2$). Somit ergibt sich

$$f(\tilde{\xi}) = \sum_{j:\lambda_j \neq 0} \frac{1}{2} \cdot \lambda_j \cdot \left(\eta_j + \frac{\tilde{\delta}_j}{\lambda_j} \right)^2 + \sum_{j:\lambda_j = 0} \tilde{\delta}_j \cdot \eta_j - \sum_{j:\lambda_j \neq 0} \frac{\tilde{\delta}_j^2}{2\lambda_j} + \theta \cdot T.$$

Um nun die Verteilungsfunktion F dieser Zufallsvariablen zu bestimmen, zieht man die aus der Stochastik bekannte FOURIER-Umkehrformel

$$F(t) = \frac{1}{2} - \int_{\mathbb{R}} \mathrm{Im}\left(\frac{\varphi_{f(\tilde{\xi})}(x) \cdot \exp(-i \cdot x \cdot t)}{2\pi x} \right) dx \qquad (4.14)$$

heran, wobei $\varphi_{f(\tilde{\xi})}(x) := \mathbb{E}(\exp(i \cdot f(\tilde{\xi}) \cdot x))$ die *charakteristische Funktion* der Zufallsvariablen $f(\tilde{\xi})$ ist und $\mathrm{Im}(\cdot)$ den Imaginärteil bezeichnet. Da wir nun oben $f(\tilde{\xi})$ als Summe unabhängiger Zufallsvariablen dargestellt haben, ist $\varphi_{f(\tilde{\xi})}$ gerade das Produkt der charakteristischen Funktionen der Summanden in obiger Darstellung. Diese sind analytisch bestimmbar, denn die Summanden sind Zufallsvariablen mit nichtzentraler Chiquadrat-Verteilung bzw. mit Normalverteilung bzw. mit konstantem Wert. Es gilt für $a,\, b \in \mathbb{R}$:

$$\varphi_Y(x) = \begin{cases} \frac{1}{\sqrt{1-2\cdot b\cdot i\cdot x}} \cdot \exp(\frac{a^2 \cdot b\cdot i\cdot x}{1-2\cdot b\cdot i\cdot x}) & : \ Y = b\cdot(Z+a)^2,\, Z \sim \mathcal{N}(0,1) \\ \exp(-\frac{1}{2}a^2 \cdot x^2) & : \ Y = a\cdot Z,\, Z \sim \mathcal{N}(0,1) \\ \exp(a\cdot i\cdot x) & : \ Y = a \end{cases}$$

Setzt man diese Beziehungen nun in (4.14) ein, so erhalten wir die gewünschte analytische Darstellung von F.

$\square$

Mit der in diesem Satz bestimmten Funktion F ergibt sich das $\alpha-$Quantil der Verteilung von $f(\tilde{\xi})$ nun als numerische Näherungslösung der Gleichung $F(q_\alpha) = \alpha$ (vgl. auch [19]), und es folgt schließlich $VaR(\alpha,\varphi,T) = -q_\alpha$.

Die Vorteile der analytischen VaR-Methoden bestehen in der Praxis darin, dass sie mit einem relativ geringen Rechenaufwand auskommen, denn sie verwenden als Information über das jeweilige Portfolio lediglich die Delta- bzw. Gamma-Sensitivitäten und erfordern keine aufwändige exakte Neubewertung des Portfolios. Dies wird mit dem Nachteil erkauft, dass die Verteilung von $\Delta PV(\varphi,T)$ lediglich approximiert wird.

Unter den Simulationsmethoden sind die sog. **Monte-Carlo-Simulation** und die **Historische Simulation** die meist verwendeten. In beiden Fällen geht es darum, eine Anzahl möglicher künftiger Szenarien für die Zufallsvariable $\xi(T)$ zu simulieren, um dann die in (4.8) erwähnte diskrete Verteilung zu erzeugen. Daraus ergibt sich dann unmittelbar ein VaR-Schätzer für das Portfolio mittels des *empirischen Quantils* (vgl. z.B. [33]).

Bei der Historischen Simulation legt man die empirische Verteilung der in (4.11) betrachteten Größen zu Grunde, meist mit $T = \Delta t = 1\,\mathrm{Tag}$ und einer historischen Zeitreihe von einem Jahr (entspricht $N = 250$ Geschäftstagen). Diese Verteilung wird als nichtparametrische Schätzung für die zu prognostizierende Verteilung $\mathcal{L}(U_{\Delta t}\,|\,U_0, U_{-\Delta t}, \ldots, U_{-N\cdot\Delta t})$ verwendet. Mit $x_l := U_{-l\cdot\Delta t}$, $l \in \{0, -1, \ldots, -N\}$, wendet man dann (4.8) an. Für die Funktion f wird oft keine Approximation gewählt, sondern unmittelbar der Ausdruck in (4.7), was den Aufwand einer $(N+1)-$maligen Neubewertung des Portfolios impliziert. Für eine Diskussion verschiedener Varianten der Historischen Simulation und deren Vor- bzw. Nachteile sei auf PRITSKER [69] verwiesen.

Im Rahmen der Monte-Carlo-Simulation geht man von der Annahme $\xi(T) \sim \mathcal{N}(0, T \cdot \Sigma)$ aus und simuliert per Zufallszahlengenerator eine Anzahl N (typischerweise einige tausend) von Realisationen x_l von $\xi(T)$. Dazu werden zunächst N unabhängige, identisch verteilte m−dimensional standardnormalverteilte Zufallsvektoren Y_l erzeugt. Ist $\hat{\Sigma}$ die aus historischen Daten geschätzte positiv semidefinite Kovarianzmatrix und

$$\hat{\Sigma} = L \cdot L^T \qquad (L \in \mathbb{R}^{m \times m})$$

deren CHOLESKY-Zerlegung, so wird durch $X_l := L \cdot Y_l$ $(l \in \{1, \ldots, N\})$ eine Folge unabhängiger, identisch verteilter Zufallsvektoren definiert mit

$$X_l \sim \mathcal{N}(0, L \cdot L^T) = \mathcal{N}(0, \hat{\Sigma}).$$

Die N Realisationen x_l der X_l fließen nun in (4.8) ein (mit f wie in (4.7)), was $N + 1$ Portfolioneubewertung erfordert.

Die Monte-Carlo-Simulation ist mit einem sehr viel höheren Rechenaufwand verbunden als die Historische Simulation (wegen der deutlich größeren Anzahl N von Simulationen). Dafür liefert sie jedoch einen VaR-Schätzer von geringerer Varianz als bei der Historischen Simulation und sie bietet den Vorteil, beliebige vorgegebene Szenarien für die Verteilung von $\xi(T)$ außerhalb der Normalverteilungsannahme heranziehen zu können.

Wir betrachten das folgende Beispiel einer VaR-Berechnung:

BEISPIEL 4.6 *Der Vektor $\varphi := (\varphi_1, \varphi_2, \varphi_3) := (1, 1, -2)$ beschreibe die Zusammensetzung eines Portfolios, wobei φ_j jeweils die Position in einem Zerobond mit einer Laufzeit von j Jahren und Nominal 1.000.000 sei. Bezeichnet $S_j(t)$ den zur Zeit t gültigen j−jährigen Zerozinssatz, also $S_j(t) = R(t, j)$, so gilt für den Barwert des Portfolios zur Zeit $t \in [0; 1]$:*

$$PV(\varphi, t) = \sum_{j=1}^{3} \varphi_j \cdot PV_j(S_j(t), t) = 1.000.000 \cdot \sum_{j=1}^{3} \varphi_j \cdot \exp(-R(t, j) \cdot (j - t)).$$

Es sei $S_1(0) := 0{,}023$, $S_2(0) := 0{,}028$, $S_3(0) := 0{,}032$. Wir setzen nun $\xi_j := \xi_j(T) := \log(S_j(T) / S_j(0))$ sowie $\xi(T) := (\xi_1, \xi_2, \xi_3)^T$, wobei $T := \frac{1}{250}$ Jahr (= ein Geschäftstag). Die annualisierten Volatilitäten der ξ_j seien $\sigma(\xi_1) = 0{,}1$, $\sigma(\xi_2) = 0{,}12$, $\sigma(\xi_3) = 0{,}13$. Dabei handelt es sich um die mit 250 multiplizierten Volatilitäten von Zeitreihen täglicher Realisationen der ξ_j. Weiter sei $\rho(\xi_1, \xi_2) = \rho(\xi_2, \xi_3) = 0{,}8$ und $\rho(\xi_1, \xi_3) = 0{,}7$. Es gelte die Normalverteilungsannahme, also

$$\xi(T) \sim \mathcal{N}(0, T \cdot \Sigma) \quad mit \quad \Sigma := \begin{pmatrix} 0{,}01 & 0{,}0096 & 0{,}0091 \\ 0{,}0096 & 0{,}0144 & 0{,}0125 \\ 0{,}0091 & 0{,}0125 & 0{,}0169 \end{pmatrix}.$$

Mit

$$f(\xi(T)) := \sum_{j=1}^{3} \varphi_j \cdot (PV_j(S_j(0) \cdot \exp(\xi_j), T) - PV_j(S_j(0), 0))$$

folgt dann $\Delta PV(\varphi, T) = f(\xi(T))$. *Simuliert man nun mehrmals* $N = 50.000$
Realisationen von $\xi(T)$ *mittels einer Monte-Carlo-Simulation, so ergibt sich
als empirisches* $1\%-$*Quantil der Verteilung von* $\Delta PV(\varphi, T)$ *jeweils ein um*
-2.470 *schwankender Wert, so dass der Schätzwert für* $VaR(1\%, \varphi, 1\,Tag)$
also 2.470 *lautet. Eine durch Simulation erzeugte empirische Verteilung von*
$f(\xi(T))$ *zeigt die folgende Grafik.*

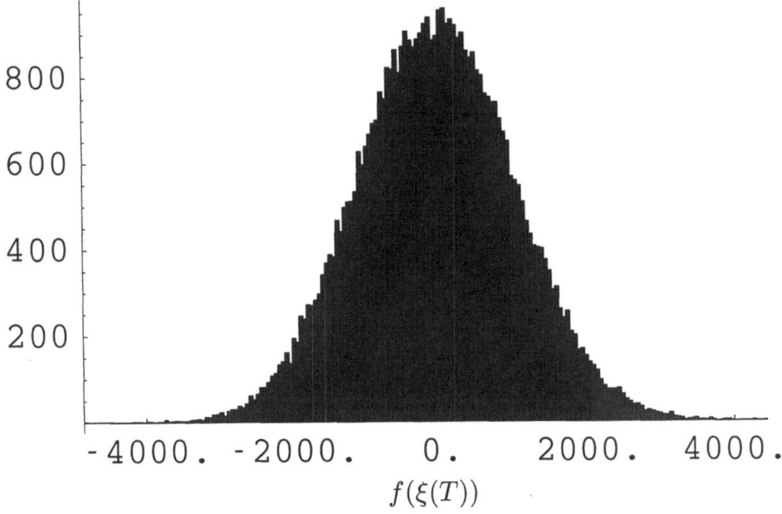

Der Varianz-Kovarianz-Ansatz liefert mit

$$\delta_j := \left. \frac{\partial PV_j(S_j(t), t)}{\partial S_j(t)} \right|_{t=0} = -S_j(0) \cdot j \cdot PV_j(S_j(0), 0)$$

den Schätzwert

$$-\lambda_{1\%} \cdot \sqrt{(\delta_1, \delta_2, \delta_3) \cdot \frac{1}{250} \cdot \Sigma \cdot (\delta_1, \delta_2, \delta_3)^T} = 2{,}33 \cdot 1.058{,}67 = 2.466{,}70$$

für $VaR(1\%, \varphi, 1\,Tag)$. *Da es sich um ein lineares Portfolio handelt, stimmen beide Werte nahezu überein.*

Im Zuammenhang mit der VaR-Berechnung stellt sich angesichts der hohen Anzahl von erforderlichen Risikofaktoren bei großen Banken die Frage nach den Möglichkeiten, die stochastische Dynamik der Risikofaktoren mit einer möglichst geringen Anzahl an Zufallsvariablen zu beschreiben (*Dimensionsreduktion*). Im Zinsbereich bietet sich hierfür das Verfahren der sog. **Hauptkomponentenanalyse** (engl. *Principal Components Analysis, PCA*) an: Es gelte $\xi(T) \sim \mathcal{N}(0,T \cdot \Sigma)$, wobei wir von der in (4.13) betrachteten Zerlegung $\Sigma = U \cdot D \cdot U^T \in \mathbb{R}^{m \times m}$ ausgehen. Die Diagonalelemente d_j von D sind die Eigenwerte von Σ, und es gelte $d_1 \geq d_2 \geq \ldots \geq d_m$. O.B.d.A. sei U eine orthonormale Matrix. Die Verteilung von $\xi(T)$ wird durch m eindimensionale Randverteilungen und deren Korrelationen festgelegt. Ziel ist es, die Verteilung von $\xi(T)$ durch eine geringere Zahl k von unabhängigen Verteilungen geeignet zu approximieren, und diese dann im Rahmen der VaR-Berechnung zu verwenden. Dazu seien $\tilde{\xi}_1,\ldots,\tilde{\xi}_k$, $k \in \{1,\ldots,m\}$, unabhängige Zufallsvariablen mit $\tilde{\xi}_j \sim \mathcal{N}(0,T \cdot d_j)$ (die sog. *Hauptkomponenten* von $\xi(T)$). Sind $u_1,\ldots,u_m$ die Spaltenvektoren von U, so gilt für $k = m$:

$$\sum_{j=1}^{m} u_j \cdot \tilde{\xi}_j = U \cdot (\tilde{\xi}_1,\ldots,\tilde{\xi}_m)^T \sim \mathcal{N}(0,U \cdot T \cdot D \cdot U^T) = \mathcal{N}(0,T \cdot \Sigma) \sim \xi(T).$$

Wir approximieren nun $\xi(T)$ in der Form

$$\xi(T) \approx \sum_{j=1}^{k} u_j \cdot \tilde{\xi}_j, \tag{4.15}$$

gemäß der folgenden Überlegung: Die *Gesamtvarianz* eines Zufallsvektors $(z_1,\ldots,z_m)^T$ ist definiert durch $\sum_{j=1}^{m} \text{Var}(z_j)$. Es gilt für $\xi(T)$:

$$\sum_{j=1}^{m} \text{Var}(\xi_j(T)) = \text{Spur}(T \cdot \Sigma) = \text{Spur}(U \cdot T \cdot D \cdot U^T) = \sum_{j=1}^{m} T \cdot d_j, \tag{4.16}$$

und für die Gesamtvarianz des Vektors $\sum_{j=1}^{k} u_j \cdot \tilde{\xi}_j$ gilt (wegen $u_j^T \cdot u_j = 1$)

$$\sum_{l=1}^{m}\sum_{j=1}^{k} \text{Var}(u_{j,l} \cdot \tilde{\xi}_j) = \sum_{j=1}^{k}\sum_{l=1}^{m} \text{Var}(\tilde{\xi}_j) \cdot u_{j,l}^2 = \sum_{j=1}^{k} T \cdot d_j \cdot \sum_{l=1}^{m} u_{j,l}^2 = \sum_{j=1}^{k} T \cdot d_j.$$

Wegen dieser Gleichung und (4.16) wird durch $\sum_{j=1}^{k} u_j \cdot \tilde{\xi}_j$ die Gesamtvarianz von $\xi(T)$ zu einem Anteil von $\sum_{j=1}^{k} d_j / \sum_{j=1}^{m} d_j$ erklärt. Durch geeignete Wahl von k liegt dieses Verhältnis nahe an 1. Empirische Untersuchungen zeigen, dass in denjenigen Fällen, in denen der Vektor $\xi(T)$ die Änderung von Zinssätzen beschreibt, häufig $k = 3$ Hauptkomponenten genügen, um über 90% der Gesamtvarianz von $\xi(T)$ zu beschreiben. Die zu den 3 Hauptkomponenten gehörenden Vektoren u_1, u_2, u_3 haben hier eine anschauliche Interpretation: Die Komponenten von u_1 entsprechen einer Parallelverschiebung der Zinskurve, die Komponenten von u_2 einer Änderung der Steigung der Zinskurve und die Komponenten von u_3 einer Krümmung der Zinskurve im mittleren Laufzeitbereich.

Alle Verfahren der VaR-Schätzung beruhen darauf, dass aus Zeitreihen historischer Marktdatenentwicklungen auf Basis des aktuellen Portfolios eine Prognose für die Verteilung von $\Delta PV(\varphi, T)$ ermittelt wird. Natürlich ist es für eine Bank von großem Interesse, die Qualität dieser Prognose zu beurteilen. Diese geschieht im Rahmen sog. ***Backtesting-Analysen***, bei denen mit diversen Techniken der *explorativen Datenanalyse* die Wertentwicklung eines Portfolios fortlaufend mit der prognostizierten Verteilung von $\Delta PV(\varphi, T)$ verglichen wird. Wir verweisen diesbezüglich auf [24] und [27].

4.3.5 WCE und TCE (Expected Shortfall)

Unsere Überlegungen zum VaR zeigen, dass die Verteilungsenden der Zufallsvariable $\Delta PV(\varphi, T)$ eine wichtige Rolle für die Risikomessung spielen. In diesem Zusammenhang sind auch bedingte Erwartungswerte von $\Delta PV(\varphi, T)$, unter der Bedingung des Eintretens extremer Ereignisse, bedeutsam. Beispiele hierfür sind die im Folgenden betrachteten Risikomaße WCE und TCE. Wie bisher sei die Zufallsvariable $\Delta PV(\varphi, T)$ auf $(\Omega, \mathcal{F}, \mathbb{P})$ gegeben. Wir nehmen an, $\Delta PV(\varphi, T)$ sei integrierbar bzgl. $\mathbb{P}$.

DEFINITION 4.6 *Für* $\alpha \in (0; 1)$ *ist die* **Worst Conditional Expectation (WCE)** *definiert durch*

$$WCE(\alpha, \Delta PV(\varphi, T)) := - \inf_{A \in \mathcal{F} \,:\, \mathbb{P}(A) > \alpha} \mathbb{E}^{\mathbb{P}}(\Delta PV(\varphi, T) \mid A).$$

BEMERKUNG 4.4 *Es sei* $A \in \mathcal{F}$ *mit* $\mathbb{P}(A) > 0$ *und* $\mathbb{P}_A(B) := \mathbb{P}(B \mid A)$ *die bedingte Wahrscheinlichkeit von* $B \in \mathcal{F}$ *unter der Bedingung* A. *Für* $\alpha \in (0; 1)$ *sei* $\mathcal{P}_\alpha := \{\mathbb{P}_A : \mathbb{P}(A) > \alpha, A \in \mathcal{F}\}$. *Dann gilt*

$$WCE(\alpha, \Delta PV(\varphi, T)) = - \inf_{\mathbb{P}_A \in \mathcal{P}_\alpha} \mathbb{E}^{\mathbb{P}_A}(\Delta PV(\varphi, T)). \qquad (4.17)$$

DEFINITION 4.7 *Für* $\alpha \in (0; 1)$ *ist die* **Tail Conditional Expectation (TCE)** *definiert durch*

$$TCE(\alpha, \Delta PV(\varphi, T)) := -\mathbb{E}^{\mathbb{P}}(\Delta PV(\varphi, T) \mid \Delta PV(\varphi, T) \leq -VaR(\alpha, \varphi, T)).$$

BEMERKUNG 4.5 *Es handelt sich bei TCE also um den erwarteten Port-folioverlust, gegeben dass dieser jenseits des $\alpha-$Quantils der Verteilung von $\Delta PV(\varphi,T)$ liegt. Daher verwendet man auch die Bezeichnung* **Expected Shortfall** *für dieses Maß.*

Die Beziehungen zwischen VaR, WCE und TCE werden in folgendem Satz näher untersucht.

SATZ 4.2 *Für $\alpha \in (0;1)$ gilt*

$$VaR(\alpha,\varphi,T) \leq TCE(\alpha, \Delta PV(\varphi,T)) \leq WCE(\alpha, \Delta PV(\varphi,T)).$$

BEWEIS: Es sei $X := \Delta PV(\varphi,T)$ und $q_\alpha(X)$ $(= -VaR(\alpha,\varphi,T))$ das $\alpha-$Quantil von X. Dann gilt

$$
\begin{aligned}
-TCE(\alpha,X) &= \mathbb{E}^{\mathbb{P}}(X \mid X \leq q_\alpha(X)) \\
&= \frac{1}{\mathbb{P}(X \leq q_\alpha(X))} \cdot \mathbb{E}^{\mathbb{P}}(X \cdot \mathbb{1}_{\{X \leq q_\alpha(X)\}}) \\
&\leq \frac{1}{\mathbb{P}(X \leq q_\alpha(X))} \cdot q_\alpha(X) \cdot \mathbb{E}^{\mathbb{P}}(\mathbb{1}_{\{X \leq q_\alpha(X)\}}) \\
&= q_\alpha(X) = -VaR(\alpha,\varphi,T),
\end{aligned}
$$

was die linke Ungleichung des Satzes beweist.
Zum Beweis der rechten Ungleichung definieren wir für $n \in \mathbb{N}$ die Menge $A_n := \{\omega \in \Omega : X(\omega) \leq q_\alpha(X) + \frac{1}{n}\}$. Es gilt dann

$$\mathbb{P}(A_n) > \alpha \quad \text{für alle } n \in \mathbb{N}, \tag{4.18}$$

denn andernfalls existierte ein $n_0 \in \mathbb{N}$ mit $\mathbb{P}(A_{n_0}) \leq \alpha$, also wäre das $\alpha-$Quantil von X größer oder gleich $q_\alpha(X) + \frac{1}{n_0}$, was der Definition von $q_\alpha(X)$ widerspricht. Nun folgt aus der Definition von WCE in Verbindung mit (4.18) für alle $n \in \mathbb{N}$:

$$-WCE(\alpha,X) = \inf_{A \in \mathcal{F} \,:\, \mathbb{P}(A) > \alpha} \mathbb{E}^{\mathbb{P}}(X \mid A) \leq \mathbb{E}^{\mathbb{P}}(X \mid A_n) = \frac{\mathbb{E}^{\mathbb{P}}(X \cdot \mathbb{1}_{A_n})}{\mathbb{P}(A_n)}.$$

Wir setzen $A := \{\omega \in \Omega : X(\omega) \leq q_\alpha(X)\}$ und erhalten

$$
\begin{aligned}
-WCE(\alpha,X) &\leq \lim_{n \to \infty} \frac{\mathbb{E}^{P}(X \cdot \mathbb{1}_{A_n})}{\mathbb{P}(A_n)} = \frac{\mathbb{E}^{\mathbb{P}}(X \cdot \mathbb{1}_{A})}{\mathbb{P}(A)} \\
&= \mathbb{E}^{\mathbb{P}}(X \mid A) = -TCE(\alpha,X).
\end{aligned}
$$

Damit ist der Satz bewiesen.

$$\square$$

BEMERKUNG 4.6 *Unter gewissen technischen Zusatzannahmen kann man zeigen, dass $TCE(\alpha,X) = WCE(\alpha,X)$ gilt (vgl. [85]).*

BEISPIEL 4.7 *Für $X := \Delta PV(\varphi,T) \sim \mathcal{N}(0,\sigma^2)$ und $\alpha \in (0;1)$ gilt:*

$$
\begin{aligned}
TCE(\alpha,X) &= -\mathbb{E}^{\mathbb{P}}(X \mid X \le q_\alpha(X)) \\[2mm]
&= -\frac{1}{\mathbb{P}(X \le q_\alpha(X))} \cdot \int_{-\infty}^{\frac{q_\alpha(X)}{\sigma}} \sigma \cdot y \cdot \varphi(y)\, dy \\[2mm]
&= \frac{\sigma}{\alpha} \cdot \varphi\left(\frac{q_\alpha(X)}{\sigma}\right) = \frac{\sigma}{\alpha} \cdot \varphi(\lambda_\alpha).
\end{aligned}
$$

Somit erhalten wir für das in BEISPIEL 4.6 *analysierte Portfolio*

$$
TCE(1\%,X) \approx \frac{1.058{,}67}{0{,}01} \cdot 0{,}02643 \approx 2.789.
$$

Wir betrachten nun ein Portfolio, für das die Zufallsvariable $\Delta PV(\varphi,T)$ stetig verteilt ist und verwenden die Abkürzung $VaR := VaR(\alpha,\varphi,T)$ mit $\alpha \in (0;1)$. Mit Hilfe des Expected Loss lässt sich errechnen, wie hoch die Kosten dafür sind, das Portfolio gegen Verluste jenseits von VaR abzusichern. Diese Kosten sind gegeben durch

$$
K := \mathbb{E}^{\mathbb{P}}(\max\{L - VaR, 0\}),
$$

wobei $L := -\Delta PV(\varphi,0)$ für den als positive Zahl ausgedrückten Portfolioverlust steht. Nun gilt

$$
\begin{aligned}
K &= \mathbb{E}^{\mathbb{P}}(\max\{L, VaR\}) - VaR \\
&= \mathbb{E}^{\mathbb{P}}(L \cdot \mathbb{1}_{\{L \ge VaR\}} + VaR \cdot \mathbb{1}_{\{L < VaR\}}) - VaR \\
&= \mathbb{P}(L \ge VaR) \cdot \mathbb{E}^{\mathbb{P}}(L \mid L \ge VaR) + VaR \cdot \mathbb{P}(L < VaR) - VaR \\
&= \alpha \cdot (TCE(\alpha, \Delta PV(\varphi,T)) - VaR).
\end{aligned}
$$

Es entstehen also Kosten K in Höhe des bedingten erwarteten Verlustes vermindert um die nicht versicherte Verlusthöhe VaR, multipliziert mit der Wahrscheinlichkeit α des Auftretens eines Verlustes jenseits von VaR.

4.3.6 Lower Partial Moments

Bei den Risikomaßen VaR, WCE und TCE spielen die Verteilungsenden von $\Delta PV(\varphi,T)$ ein wichtige Rolle. Ein alternativer Ansatz zur Risikodefinition besteht darin, die Momente der Verteilung dieser Zufallsvariablen zu studieren. Allerdings ist dabei zu beachten, dass Portfolien mit nichtlinearen Zinsderivaten häufig eine stark asymmetrische Portfoliowertverteilung aufweisen, so dass beispielsweise die Varianz von $\Delta PV(\varphi,T)$ nur eine begrenzte Aussagekraft besitzt. Stattdessen verwendet man die sog. ***Lower Partial Moments***, welche ein Maß dafür sind, inwieweit künftige Portfoliowertänderungen von einem vorgegebenen Zielwert z nach unten abweichen. Zur Definition dieser Momente sei wieder $X := \Delta PV(\varphi,T)$ eine auf $(\Omega,\mathcal{F},\mathbb{P})$ gegebene Zufallsvariable.

DEFINITION 4.8 *Für $p \in \mathbb{N}_0$ existiere das $p-te$ Moment von X, und es sei $z \in \mathbb{R}$. Dann ist das* **Lower Partial Moment der Ordnung p** *definiert durch*

$$LPM_p := LPM_p(z,X) := \int\limits_{-\infty}^{z} (z - X)^p \, d\,\mathbb{P}^X.$$

Eine alternative Darstellung ergibt sich aus folgender Bemerkung.

BEMERKUNG 4.7 *Es gilt*

$$LPM_0(z,X) = \int\limits_{-\infty}^{z} d\,\mathbb{P}^X = \mathbb{P}(X \leq z),$$

$$LPM_p(z,X) = \int\limits_{-\infty}^{z} (z - X)^p \, d\,\mathbb{P}^X = \mathbb{E}^{\mathbb{P}}(\max\{z - X, 0\}^p) \quad (p \in \mathbb{N}).$$

Für $p = 2$ entspricht $LPM_p(z,X)$ gerade der sog. Semivarianz *von X, wenn man für z den Erwartungswert von X wählt.*

BEISPIEL 4.8 *Es gelte $X \sim \mathcal{N}(0,\sigma^2)$. Dann folgt*

$$LPM_0(z,X) = \mathbb{P}(X \leq z) = \Phi\left(\frac{z}{\sigma}\right),$$

$$LPM_1(z,X) = \int\limits_{-\infty}^{z} (z - X) \cdot \frac{1}{\sigma} \cdot \varphi\left(\frac{x}{\sigma}\right) dx = z \cdot \Phi\left(\frac{z}{\sigma}\right) + \sigma \cdot \varphi\left(\frac{z}{\sigma}\right).$$

Für nichtlineare Portfolien ist X nicht normalverteilt, und in diesen Fällen können die Werte von LPM_p nur numerisch mittels einer Monte-Carlo-Simulation bestimmt werden.

Der folgende Satz zeigt, dass eine im Rahmen des Risiko-Managements beabsichtigte Limitierung der Größe TCE erreicht werden kann durch eine Limitierung von LPM_1, sofern die Limite geeignet transformiert werden.

SATZ 4.3 *Für* $\alpha \in (0;1)$ *und* $L \geq VaR := VaR(\alpha,\varphi,T)$ *gilt*

$$TCE(\alpha,X) \leq L \quad \text{falls} \quad LPM_1(-VaR,X) \leq \alpha \cdot (L - VaR).$$

BEWEIS: Es gilt zunächst für alle $z \in \mathbb{R}$ mit $\mathbb{P}(X \leq z) > 0$:

$$
\begin{aligned}
-\mathbb{E}^{\mathbb{P}}(X \mid X \leq z) &= \frac{-\mathbb{E}^{\mathbb{P}}(\mathbb{1}_{\{X \leq z\}} \cdot X)}{\mathbb{P}(X \leq z)} \\[2ex]
&= \frac{\mathbb{E}^{\mathbb{P}}(\mathbb{1}_{\{X \leq z\}} \cdot (z - X)) - \mathbb{E}^{\mathbb{P}}(\mathbb{1}_{\{X \leq z\}} \cdot z)}{LPM_0(z,X)} \\[2ex]
&= \frac{LPM_1(z,X) - z \cdot LPM_0(z,X)}{LPM_0(z,X)} \\[2ex]
&= \frac{LPM_1(z,X)}{LPM_0(z,X)} - z.
\end{aligned}
$$

Mit $z := -VaR$ erhalten wir

$$TCE(\alpha,X) = -\mathbb{E}^{\mathbb{P}}(X \mid X \leq -VaR) = \frac{LPM_1(-VaR,X)}{LPM_0(-VaR,X)} + VaR$$

und somit

$$TCE(\alpha,X) \leq L \Leftrightarrow \frac{LPM_1(-VaR,X)}{LPM_0(-VaR,X)} + VaR \leq L.$$

Diese Ungleichung ist wegen $L \geq VaR$ äquivalent zu

$$LPM_1(-VaR,X) \leq (L - VaR) \cdot LPM_0(-VaR,X). \tag{4.19}$$

Wegen $LPM_0(-VaR,X) = \mathbb{P}(X \leq -VaR) \geq \alpha$ ist (4.19) erfüllt, falls gilt

$$LPM_1(-VaR,X) \leq \alpha \cdot (L - VaR).$$

$\square$

4.3.7 Kohärente Risikomaße

Die grundlegenden Eigenschaften, die ein zur Risikosteuerung verwendetes Risikomaß haben sollte, wurden in der Arbeit [5] von ARTZNER, DELBEAN, EBER und HEATH in Form von vier Axiomen, den sog. *Kohärenzaxiomen*, aufgelistet und in [17] verallgemeinert. Um diese Axiome formulieren zu können, betrachten wir einen Wahrscheinlichkeitsraum $(\Omega,\mathcal{F},\mathbb{P})$ und dazu die Menge $\mathcal{X}$ aller Zufallsvariablen $X : \Omega \to \mathbb{R}$. Für ein gegebenes Portfolio zum Zeitpunkt 0 interpretieren wir hier Ω als die Menge aller Realisationen der Zufallsvektoren von Risikofaktoränderungen für dieses Portfolio. Diese Zufallsvektoren seien identisch verteilt mit Verteilung $\mathbb{P}$. Weiter fassen wir $\mathcal{X}$ als die Menge der aus den Risikofaktoränderungen resultierenden Portfoliowertänderungen auf. Jedes $X \in \mathcal{X}$ wird *Risikoposition* genannt, und ein **Risikomaß** ist eine messbare Abbildung

$$\rho : \mathcal{X} \rightarrow \mathbb{R} \cup \{+\infty\}.$$

Der Wert $\rho(X)$ lässt sich verstehen als diejenige Menge an Kapital, die eine Bank bereitstellen muss, um die Risikoposition X abzusichern, d.h. Verluste auszugleichen. Somit stehen positive Werte von $\rho(X)$ für ein offenes Risiko, während negative Werte anzeigen, dass mehr Kapital vorhanden ist, als zur Abdeckung aller bestehenden Risiken notwendig wäre. Die Kohärenzaxiome lauten nun:

Axiom 1 (Monotonie): Für alle $X, Y \in \mathcal{X}$ mit $X \leq Y$ gilt

$$\rho(X) \geq \rho(Y).$$

Eine Position mit einem geringeren Wert hat also ein höheres Risiko.

Axiom 2 (Translationsinvarianz): Für alle $X \in \mathcal{X}$ und $c \in \mathbb{R}$ gilt

$$\rho(X + c) = \rho(X) - c.$$

Fügt man zu einem Portfolio einen positiven Kapitalbetrag c hinzu, so vermindert sich das Verlustrisiko um den Betrag c. Eine analoge Überlegung gilt für negative Werte von c.

Axiom 3 (Positive Homogenität): Für alle $X \in \mathcal{X}$ und $\lambda \geq 0$ gilt

$$\rho(\lambda \cdot X) = \lambda \cdot \rho(X).$$

Verfielfacht man die Risikoposition um einen Faktor $\lambda \geq 0$, so erhöht sich das Risiko um denselben Faktor.

Axiom 4 (Subadditivität): Für alle $X, Y \in \mathcal{X}$ gilt

$$\rho(X + Y) \leq \rho(X) + \rho(Y).$$

Das Risiko der aggregierten Position $X + Y$ ist kleiner oder gleich der Summe der Einzelrisiken (Diversifikation). Dieser Aspekt spielt vor allem bei der Herleitung von Portfolio-Risikolimiten eine wichtige Rolle.

DEFINITION 4.9 *Ein Risikomaß heißt* **kohärent**, *wenn es die oben genannten Axiome erfüllt.*

Zur Charakterisierung der Menge aller kohärenten Risikomaße dient der folgende Satz aus [17].

SATZ 4.4 *Besteht $\mathcal{X}$ aus allen beschränkten Zufallsvariablen $X : \Omega \to \mathbb{R}$, und ist $\rho : \mathcal{X} \to \mathbb{R}$ (**nicht** $\mathbb{R} \cup \{\infty\}$), so ist ρ ist kohärent genau dann, wenn es eine gewisse konvexe Menge $\mathcal{P}_\rho$ von Wahrscheinlichkeitsmaßen auf dem messbaren Raum $(\Omega, \mathcal{F})$ gibt, so dass für alle $X \in \mathcal{X}$ gilt*

$$\rho(X) \; = \; - \inf_{\mathbb{P} \in \mathcal{P}_\rho} \mathbb{E}^{\mathbb{P}}(X).$$

Wir untersuchen nun die bisher betrachteten Risikomaße auf ihre Kohärenzeigenschaft.

Die im Rahmen der Portfoliotheorie betrachtete Varianz stellt kein kohärentes Risikomaß dar. Aufgrund der Symmetrieeigenschaft der Varianz $(\mathrm{Var}(-X) = \mathrm{Var}(X))$ handelt es sich hierbei nämlich nicht um ein monotones Risikomaß.

Das VaR-Risikomaß ist im Allgemeinen ebenfalls nicht kohärent, da die Eigenschaft der Subadditivität verletzt ist, wie das folgende Beispiel (vgl. ZAGST [85]) belegt. Allerdings handelt es sich bei dem Beispiel um einen für praktische Belange extrem unwahrscheinlichen Fall. Eine hinreichende Bedingung, unter der das VaR-Maß subadditiv und sogar kohärent ist, wird in SATZ 4.5 gegeben. Wir verwenden im Folgenden die Schreibweise $VaR(\alpha, X)$ für den VaR eines Portfolios zum Konfidenzniveau $1 - \alpha \in (0; 1)$, wobei dann die Verteilung von X gerade die Verteilung der Portfoliowertänderungen $\Delta PV(\varphi, T)$ für eine gegebene Haltedauer T ist.

BEISPIEL 4.9 *Es seien $X, Y : \Omega \to \mathbb{R}$ unabhängige Zufallsvariablen, für die gilt*

$$X(\omega) = Y(\omega) = \begin{cases} -1, & \textit{mit Wahrscheinlichkeit} \;\; 5\% \\ 0, & \textit{mit Wahrscheinlichkeit} \;\; 90\% \\ 1, & \textit{mit Wahrscheinlichkeit} \;\; 5\% \end{cases}$$

Dann ist $VaR(7.5\%, X) = VaR(7.5\%, Y) = 0$. Ferner gilt $X(\omega) + Y(\omega) \in \{-2, -1, 0, 1, 2\}$, und

$$\mathbb{P}(X(\omega) + Y(\omega) = -2) = 0.25\%, \quad \mathbb{P}(X(\omega) + Y(\omega) = -1) = 9\%.$$

Es folgt $VaR(7.5\%, X + Y) \; = \; -\sup\{x \in \mathbb{R} : \mathbb{P}(X + Y \leq x) \leq 7.5\%\} = -(-1) = 1 > VaR(7.5\%, X) + VaR(7.5\%, Y)$.

Im folgenden Satz wird die Kohärenz des VaR-Maßes im Falle normalverteilter Portfoliowertänderungen gezeigt. Dieser Fall hat vor allem praktische Bedeutung für Portfolien mit linearen Instrumenten.

SATZ 4.5 *Für alle $\alpha \in (0;1)$ erfüllt das Risikomaß $VaR(\alpha,\cdot)$ die Kohärenzaxiome 1 bis 3. Falls alle $X \in \mathcal{X}$ einer gemeinsamen Normalverteilung folgen und $\alpha \leq \frac{1}{2}$ gilt, dann erfüllt $VaR(\alpha,\cdot)$ auch Axiom 4 und ist damit kohärent.*

BEWEIS:

1. Zum Nachweis der Monotonie seien $X,Y \in \mathcal{X}$ mit $X \leq Y$. Es gilt dann $\mathbb{P}(X \leq x) \geq \mathbb{P}(Y \leq x)$ für alle $x \in \mathbb{R}$. Daher folgt $VaR(\alpha,X) = -\sup\{x \in \mathbb{R} : \mathbb{P}(X \leq x) \leq \alpha\} \geq -\sup\{x \in \mathbb{R} : \mathbb{P}(Y \leq x) \leq \alpha\} = VaR(\alpha,Y)$.

2. Die Translationsinvarianz ergibt sich aus der für alle $c \in \mathbb{R}$ gültigen Beziehung $VaR(\alpha, X + c) = -\sup\{x \in \mathbb{R} : \mathbb{P}(X + c \leq x) \leq \alpha\} = -\sup\{y + c \in \mathbb{R} : \mathbb{P}(X \leq y) \leq \alpha\} = -\sup\{y \in \mathbb{R} : \mathbb{P}(X \leq y) \leq \alpha\} - c = VaR(\alpha, X) - c$.

3. Die positive Homogenität folgt aus der für $\lambda \geq 0$ gültigen Gleichung $VaR(\alpha, \lambda \cdot X) = -\sup\{x \in \mathbb{R} : \mathbb{P}(\lambda \cdot X \leq x) \leq \alpha\} = -\sup\{\lambda \cdot y \in \mathbb{R} : \mathbb{P}(X \leq y) \leq \alpha\} = \lambda \cdot (-\sup\{x \in \mathbb{R} : \mathbb{P}(X \leq x) \leq \alpha\}) = \lambda \cdot VaR(\alpha, X)$.

4. Um die Subadditivität zu beweisen, betrachten wir gemeinsam normalverteilte $X,Y \in \mathcal{X}$ mit den Varianzen $\sigma^2(X)$ bzw. $\sigma^2(Y)$. Wegen $\sigma^2(X+Y) \leq \sigma^2(X) + \sigma^2(Y) + 2 \cdot \sigma(X) \cdot \sigma(Y) = (\sigma(X) + \sigma(Y))^2$ und $\Phi^{-1}(\alpha) \leq 0$ (da $\alpha \leq \frac{1}{2}$) folgt nun $VaR(\alpha, X + Y) = -(\mathbb{E}^{\mathbb{P}}(X + Y) + \Phi^{-1}(\alpha) \cdot \sigma(X + Y)) \leq -(\mathbb{E}^{\mathbb{P}}(X) + \mathbb{E}^{\mathbb{P}}(Y) + \Phi^{-1}(\alpha) \cdot (\sigma(X) + \sigma(Y))) = VaR(\alpha, X) + VaR(\alpha, Y)$.

Somit sind alle Kohärenzaxiome erfüllt.

$\square$

Welche Schlussfolgerungen lassen sich nun aus den bisherigen Betrachtungen für die Stärken und Schwächen des weit verbreiteten VaR-Maßes ziehen? Es ist eine sehr geeignete Größe zur Bereitstellung hochaggregierter Portfolioinformationen für das Management einer Bank. Da es allerdings nur die Höhe des potenziellen Verlustes auf Basis eines vorgegebenen Quantils misst, nicht aber den zu erwartenden durchschnittlichen Verlust im Falle einer Überschreitung des Quantils, ist es als Maß für die adäquate Eigenkapitalausstattung (*Kapitaladäquanz*) problematisch. Besser geeignet ist hierfür das TCE-Maß. Die im Allgemeinen nicht gegebene Subadditivitätseigenschaft des VaR-Maßes impliziert, dass ein auf VaR-Basis vergebenes Portfoliolimit überschritten werden könnte, obwohl die Summe der Einzelrisiken kleiner als das Limit ist. In der Praxis ist dieser Effekt allerdings nicht zu beobachten. Das VaR-Maß ist kein *konvexes Risikomaß*. Ein solches Maß ρ ist charakterisiert durch die Bedingung

$$\rho(\lambda \cdot X + (1 - \lambda) \cdot Y) \leq \lambda \cdot \rho(X) + (1 - \lambda) \cdot \rho(Y) \quad \text{für alle } \lambda \in [0; 1].$$

Wählt man $\lambda := \frac{1}{2}$ in BEISPIEL 4.9, so ist die Konvexitätsbedingung verletzt. Die nicht vorhandene Konvexitätseigenschaft ist problematisch im Zusammenhang mit der Portfoliooptimierung auf VaR-Grundlage.

Die Kohärenz des WCE-Maßes kann mittels BEMERKUNG 4.4 und SATZ 4.4 gezeigt werden. Das TCE-Risikomaß erfüllt zwar die Axiome 1 bis 3, ist aber nicht subadditiv. Aufgrund von BEMERKUNG 4.6 ist jedoch auch TCE unter gewissen Zusatzannahmen ein kohärentes Maß. Die LPM_p-Risikomaße sind für $p \geq 2$ nicht kohärent. Ist nämlich $X = \Delta PV(\varphi,T)$, so folgt aus BEMERKUNG 4.7, 1., dass eine nichtlineare Funktion g existiert mit $\text{LPM}_p(\cdot,X) = \mathbb{E}^{\mathbb{P}}(g(X))$. Wäre das Risikomaß nun kohärent, so folgte $\mathbb{E}^{\mathbb{P}}(g(X+c)) = \mathbb{E}^{\mathbb{P}}(g(X)) - c$ für alle möglichen Portfoliowertänderungen X, also insbesondere (für $X = 0$): $g(c) = \mathbb{E}^{\mathbb{P}}(g(c)) = \mathbb{E}^{\mathbb{P}}(g(0)) - c = g(0) - c$, d.h. g wäre eine affine Funktion, im Widerspruch zur Annahme.

4.3.8 Weitere Risikomaße

Wir wollen in diesem letzten Abschnitt des Kapitels auf einige weitere Risikomaße eingehen.

Die sog. ***Cornish-Fisher-Entwicklung*** beruht auf einer analytischen Approximation des α−Quantils einer Portfoliowertverteilung $\Delta PV(\varphi,T)$. Wir nehmen an, die Momente bis zur Ordnung $M \in \mathbb{N}$ dieser Verteilung existieren, und es seien μ bzw. σ der Erwartungswert bzw. die Standardabweichung. Weiter sei $Z := (\Delta PV(\varphi,T) - \mu)/\sigma$ die zugehörige standardisierte Zufallsvariable. Die *Kumulanten* κ_m von Z sind implizit definiert über die Identität

$$\exp\left(\sum_{m=1}^{M} \frac{\kappa_m \cdot z^m}{m!}\right) = \sum_{m=0}^{M} \frac{\mathbb{E}(Z^m) \cdot z^m}{m!}, \quad z \in \mathbb{R},$$

und lassen sich über die zentrierten Momente $\mu_m := \mathbb{E}[(Z - \mathbb{E}(Z))^m]$ darstellen. Ist λ_α das α−Quantil der Standardnormalverteilung, so gilt für das α−Quantil q_α von Z approximativ (sofern die Momente fünfter Ordnung existieren)

$$\begin{aligned}
q_\alpha \approx \quad & \lambda_\alpha + \frac{\lambda_\alpha^2 - 1}{6} \cdot \kappa_3 + \frac{\lambda_\alpha^3 - 3 \cdot \lambda_\alpha}{24} \cdot \kappa_4 \\
& - \frac{2 \cdot \lambda_\alpha^3 - 5 \cdot \lambda_\alpha}{36} \cdot \kappa_3^2 + \frac{\lambda_\alpha^4 - 6 \cdot \lambda_\alpha^2 + 3}{120} \cdot \kappa_5 \\
& - \frac{\lambda_\alpha^4 - 5 \cdot \lambda_\alpha^2 + 2}{24} \cdot \kappa_3 \cdot \kappa_4 + \frac{12 \cdot \lambda_\alpha^4 - 53 \cdot \lambda_\alpha^2 + 17}{324} \cdot \kappa_3^3,
\end{aligned}$$

woraus sich dann mittels $\sigma \cdot q_\alpha + \mu$ eine Näherung für das entsprechende Quantil von $\Delta PV(\varphi,T)$ und schließlich ein VaR-Schätzer berechnen lässt.

Im Zusammenhang mit der Portfoliosteuerung und der Allokation von Risikokapital auf einzelne Portfolien tritt die Frage auf, welchen Risikobeitrag eine einzelne Position zum Gesamtrisiko eines Portfolios leistet. Um dies zu klären, betrachten wir ein beliebiges (Zins-)Portfolio aus n Instrumenten, dessen Barwert zum Zeitpunkt $T \geq 0$ durch die Zufallsvariable $PV(\varphi,T) = \sum_{j=1}^{n} \varphi_j \cdot PV_j(T)$ gegeben sei. Weiter sei ρ ein kohärentes Risikomaß, so dass für alle $\lambda \geq 0$ gilt

$$\rho(\Delta PV(\lambda \cdot \varphi,T)) = \rho(\lambda \cdot \Delta PV(\varphi,T)) = \lambda \cdot \rho(\Delta PV(\varphi,T)),$$

d.h. die Funktion $\rho(\Delta PV(\cdot,T)) : \mathbb{R}^n \to \mathbb{R}$ ist homogen vom Grad 1. Nehmen wir zusätzlich an, dass es sich um eine differenzierbare Funktion handelt, dann gilt die EULERSCHE *Identität*

$$\rho(\Delta PV(\varphi,T)) = \sum_{j=1}^{n} \frac{\partial \rho(\Delta PV(\varphi,T))}{\partial \varphi_j} \cdot \varphi_j,$$

so dass wir eine additive Aufteilung des Portfoliorisikos auf die einzelnen Positionen gefunden haben. Der Risikobeitrag der j−ten Position ist damit

$$\frac{\partial \rho(\Delta PV(\varphi,T))}{\partial \varphi_j} \cdot \varphi_j.$$

Man nennt diese Größe auch ***inkrementelles Risiko***.

Beim praktischen Einsatz von Risikomodellen in Banken stellt sich immer wieder die Frage, inwieweit die in der Vergangenheit beobachteten statistischen Eigenschaften von Marktdaten zur Prognose künftiger Portfoliowertverteilungen geeignet sind und insbesondere, ob plötzlich auftretende Krisenszenarien durch die üblicherweise verwendeten Marktrisikomodelle, wie z.B. VaR, adäquat abgebildet werden können. Um auch unwahrscheinliche, extreme Marktänderungen bei der Kalkulation potenzieller künftiger Verluste zu berücksichtigen, verwenden Banken sog. ***Stresstests***, bei denen Portfolioverluste unter verschiedenen hypothetischen (z.B. extremen oder historisch beobachteten) Marktszenarien ermittelt werden. Im Zinsbereich können dies etwa diverse Zins- und Volatilitätsszenarien sein, insbesondere auch solche, die in Krisenzeiten beobachtet wurden (z.B. Ausweitung von Credit Spreads bei Anleihen geringerer Bonität). Eine wichtige Vorgabe bei der Ausgestaltung portfolioübergreifender Stresstests besteht darin, nicht die Gesamtmenge aller portfoliobeeinflussenden Risikofaktoren in die Szenariobetrachtung einzubeziehen, sondern nur für die jeweiligen Portfolien wesentliche Faktoren mit einem hohen Einflussgrad zu verwenden, um die Resultate der Stresstests überschaubar und plausibilisierbar zu machen.

In diesem Kontext ist der sog. ***Maximum-Loss-Ansatz*** zu nennen. Für ein gegebenes Portfolio sei wie bisher $f(\xi(T)) = \Delta PV(\varphi,T)$ die Portfoliowertänderung in Abhängigkeit vom Zufallsvektor $\xi(T)$ der Risikofaktoren. Beim Maximum-Loss-Ansatz geht man von einer Menge $A \subset \mathbb{R}^m$ vorgegebener Werte von $\xi(T)$ aus und betrachtet die Größe

$$ML(\Delta PV(\varphi,T)) := -\inf\{f(\xi(T)) : \xi(T) \in A\}$$

als Maß für das Marktrisiko des Portfolios. Hierbei ist A eine Menge von Realisationen des Zufallsvektors $\xi(T)$ mit $\mathbb{P}^{\xi(T)}(A) \geq 1 - \alpha \in (0;1)$ und der zusätzlichen Bedingung $\xi(T) = 0 \in A$. Aus den Eigenschaften des Infimums einer Menge folgt unmittelbar, dass es sich hierbei um ein kohärentes Risikomaß handelt. Die somit gegebene Subadditivität erlaubt es insbesondere, im Rahmen des Risiko-Managements Risikokapital auf verschiedene Ebenen einer Portfoliohierarchie entsprechend den Resultaten einer Maximum-Loss-Analyse zu verteilen.

Der Maximum-Loss ist im Allgemeinen für reale Portfolien nur schwierig zu bestimmen. Geht man jedoch von einer elliptischen Verteilung des Vektors $\xi(T)$ aus und approximiert man $f(\cdot)$ durch ein quadratisches Polynom, so kann der Maximum-Loss unter Verwendung von Standardtechniken der nichtlinearen Optimierung berechnet werden.

Falls $\xi(T)$ einer $m-$dimensionalen Normalverteilung mit $\xi(T) \sim \mathcal{N}(0,\Sigma)$ folgt, so gilt für $x := (x_1,\ldots,x_m) \in \mathbb{R}^m$:

$$\mathbb{P}(\xi_1(T) \leq x_1,\ldots,\xi_m(T) \leq x_m) = \int\limits_{-\infty}^{x_1} \cdots \int\limits_{-\infty}^{x_m} g(x^T \cdot \Sigma^{-1} \cdot x)\, dx.$$

Die Dichtefuntkion g lässt sich in der Form

$$g(t) := (2\pi)^{-\frac{n}{2}} \cdot (\mathrm{Det}\,\Sigma^{-1})^{\frac{1}{2}} \cdot \exp(-\frac{t}{2}), \qquad t := x^T \cdot \Sigma^{-1} \cdot x \geq 0$$

schreiben. Um nun die oben erwähnte Menge A festzulegen, betrachten wir den Ellipsoid

$$\mathrm{Ell}_d := \{x \in \mathbb{R}^m : x^T \cdot \Sigma^{-1} \cdot x \leq d^2\}.$$

Die Größe

$$\sqrt{x^T \cdot \Sigma^{-1} \cdot x}$$

heißt *Mahalanobis-Abstand* des Punktes $x \in \mathbb{R}^m$ vom Ursprung $0 \in \mathbb{R}^m$. Der Ellispoid besteht demnach aus allen Punkten, deren Mahalanobis-Abstand vom Ursprung höchstens d ist. Es gilt

$$\mathbb{P}(\xi(T) \in \mathrm{Ell}_d) = \frac{1}{2^{\frac{n}{2}} \cdot \Gamma(\frac{n}{2})} \cdot \int_0^{d^2} t^{\frac{n}{2}-1} \cdot \exp\left(-\frac{t}{2}\right) dt = F_{\chi_m^2}(d^2),$$

wobei $F_{\chi_m^2}(\cdot)$ die Verteilungsfunktion der χ^2−Verteilung mit m Freiheitsgraden ist. Wählt man nun $A = \mathrm{Ell}_d$ so, dass gilt $F_{\chi_m^2}(d^2) \geq 1 - \alpha$, so ist die gesuchte Menge A der Szenarien gefunden. Über diese Menge ist die Funktion $f(\xi(T))$ schließlich zu minimieren. Falls diese Funktion linear ist, so nimmt die Höhe des Maximum-Loss linear mit der Größe $\mathbb{P}(\xi(T) \in \mathrm{Ell}_d)$ zu.

Wir erwähnen noch, dass im Fall einer multivariaten $t - Verteilung$ von $\xi(T)$ die Bestimmung von A völlig analog zum hier untersuchten Fall der multivariaten Normalverteilung abläuft, da wir im Wesentlichen Gebrauch gemacht haben von der Eigenschaft, dass $\xi(T)$ einer elliptischen Verteilung folgt.

A Grundlagen aus der stochastischen Analysis

Zinsstrukturmodelle werden als stochastische dynamische Systeme mit Hilfe stochastischer Differenzialgleichungen beschrieben, deren wesentliche Grundlagen hier in einer Art Crashkurs zusammengetragen werden sollen. Dabei sind wir bestrebt, die dargestellten Sätze und Definitionen zwar so exakt wie möglich herauszuarbeiten, sie aber in einen eher anschaulichen Kontext zu setzen und auf Beweise gänzlich zu verzichten.

Als theoretische Grundlage für die hier behandelten Sätze sowie für deren Beweise sei daher primär auf die inzwischen bereits klassische Monographie von KARATZAS und SHREVE [50], die Darstellung [55] von LAMPERTON und LAPEYRE sowie auf das Buch von KORN und KORN [51] verwiesen. Des weiteren sei der Hinweis auf die einführende Lehrbuchliteratur zur Stochastik [75, 33, 53] sowie die Standardwerke von Øksendal [65] und ARNOLD [4] zu stochastischen Differenzialgleichungen erlaubt.

A.1 Stochastische Differenzialgleichungen

Unter der Betrachtung der Dynamik einer Größe versteht man im Allgemeinen eine Beschreibung der zeitlichen Evolution einer Zustandsvariablen mit Hilfe analytischer oder stochastischer Methoden. Hierbei kann es sich um ökonomische wie nicht-ökonomische, um deterministische wie auch stochastische Zustandsvariablen handeln. Mathematisch betrachtet wird seit Grundlegung der Analysis durch NEWTON und LEIBNIZ im 17. Jahrhundert die temporale Entwicklung einer deterministischen Zustandsvariablen mit Hilfe deterministischer Differenzialgleichungen beschrieben.

A.1.1 Stochastische Prozesse und Filtrationen

Will man jedoch ökonomische Zustandsvariablen wie Zinsstrukturkurven wenigstens annähernd realitätsgerecht modellieren, kommt man nicht umhin, ein stochastisches Element in die Kalkulation miteinzubeziehen.

Zu diesem Zwecke gehen wir im Folgenden von einem vollständigen Wahrscheinlichkeitsraum $(\Omega, \mathcal{F}, \mathbb{P})$ aus, wobei Ω wie üblich als Menge aller möglichen Beobachtungsergebnisse oder Realisierungen $\omega \in \Omega$ eines Experiments interpretiert werden kann und $\mathcal{F}$ eine σ-Algebra ist, welche das System aller mit Realisierungschancen belegten Ereignisse $A \subset \Omega$, also aller unter dem Wahrscheinlichkeitsmaß $\mathbb{P}$ messbaren Ereignisse $A \subset \Omega$, beschreibt.

Für $\mathcal{E} \subset \mathcal{P}(\Omega)$ heißt

$$\sigma(\mathcal{E}) := \bigcap \{\mathcal{F} \ : \ \mathcal{F} \supset \mathcal{E}, \ \mathcal{F} \ \sigma\text{-Algebra über } \Omega\}$$

die *durch $\mathcal{E}$ erzeugte σ-Algebra* über Ω. Es handelt sich dabei um die kleinste σ-Algebra, die $\mathcal{E}$ umfasst.

In vielen Fällen sind bei Modellierungsaspekten jedoch nicht die tatsächlichen Ergebnisse $\omega \in \Omega$ eines Zufallsexperiments von Interesse, sondern nur daraus gewonnene Größen, welche funktional vom Ergebnis $\omega \in \Omega$ abhängen: Nehmen wir für Ω beispielsweise den Menge aller möglichen Staatsanleihenpreise ω zu einem in der Zukunft liegendem fixen Zeitpunkt, so interessieren wir uns in erster Linie für die sich aus diesen mit Hilfe des Bootstrapping ergebenden Zero- oder Forwardzinsen $X(\omega)$. Eine solche Zustandsgröße, die in (funktionaler) Abhängigkeit zufälliger Ereignisse einen bestimmten Wert annimmt, bezeichnet man als Zufallsvariable.

In Verallgemeinerung dieses Beispiels nennen wir eine jede Abbildung $X : \Omega \to \Upsilon$, wobei $(\Upsilon, \mathcal{A})$ ein messbarer Raum ist, eine *Zufallsvariable*, wenn X eine messbare Abbildung ist, also

$$X^{-1}(A) \in \mathcal{F} \qquad \text{für alle } A \in \mathcal{A}$$

gilt. In diesem Falle bezeichnen wir mit

$$\mathbb{P}^X := \mathbb{P} \circ X^{-1}$$

das von X induzierte Maß, welches auch die *Verteilung von X* genannt wird.

Da wir jedoch an der zeitlichen Entwicklung einer Zufallsgröße X interessiert sind, deren Dynamik wir in einem (beschränkten oder unbeschränkten) Zeitbereich I beschreiben wollen, müssen wir noch eine zeitliche Parametrisierung unserer Zufallsvariablen X vornehmen. Bezeichnen wir dazu mit I eine beliebige nicht-leere Indexmenge, so dass zu jedem $t \in I$ eine Zufallsvariable

$$X_t : (\Omega, \mathcal{F}, \mathbb{P}) \to (\Upsilon, \mathcal{A}, \mathbb{P}^{X_t})$$

gegeben ist, so nennen wir die Familie $(\Omega, \mathcal{F}, \mathbb{P}, (X_t)_{t \in I})$ bzw. kürzer $(X_t)_{t \in I}$ oder X einen *stochastischen Prozess* und für ein $\omega \in \Omega$ die Abbildung

$$I \ni t \mapsto X_t(\omega) \in \Upsilon$$

einen *Pfad* oder eine *Realisierung* des Prozesses $(X_t)_{t\in I}$. In Fortführung des oben bereits angedeuteten Beispiels beschreibt somit X_t die Entwicklung eines Zero- oder Forwardzinssatzes, wobei $X_t(\omega)$ die Höhe desselben zum Zeitpunkt $t \in I$ angibt, wenn der Anleihepreis sich zu $\omega \in \Omega$ realisiert hat.

Da wir (leider) in realo immer nur die Informationen bis zum jetzigen Zeitpunkt t als bekannt voraussetzen können, sollte sich dieser Umstand auch in der Modellierung der betrachteten Zufallsvariablen widerspiegeln. Daher lassen wir zu jedem Zeitpunkt t nur eine Sub-σ-Algebra $\mathcal{F}_t$ von $\mathcal{F}$ als bekannte Informationsquelle zu, wobei natürlich alle vor dem Zeitpunkt t bekannten Informationen auch dann noch als bekannt angenommen werden können. Dies geschieht durch eine "ineinandergeschachtelte Folge" von solchen Sub-σ-Algebren, die eine ganz spezielle Bezeichnung erhalten:

DEFINITION A.1 *Es sei $(\mathcal{F}_t)_{t\in I}$ eine Familie von Sub-σ-Algebren von $\mathcal{F}$ und I sei eine geordnete Indexmenge. Gilt*

$$\mathcal{F}_s \subset \mathcal{F}_t \qquad \text{für alle } s \text{ und } t \text{ aus } I \text{ mit } s < t \,,$$

so nennen wir $(\mathcal{F}_t)_{t\in I}$ eine **Filtration**.

Bezeichnen wir mit $\mathcal{F}_{t+} := \sigma\left(\bigcap_{\varepsilon>0} \mathcal{F}_{t+\varepsilon}\right)$ die σ-Algebra aller Ereignisse unmittelbar nach $t \in I$, so nennen wir die Filtration $(\mathcal{F}_t)_{t\in I}$ **rechtsstetig**, wenn $\mathcal{F}_{t+} = \mathcal{F}_t$ für alle $t \in I$ gilt.

In der σ-Algebra $\mathcal{F}_t$ sollten natürlich sämtliche relevanten Ereignisse vorhanden sein, die durch den stochastische Prozess $(X_s)_{s\in I}$ bis zu dem Zeitpunkt $t \in I$ bestimmt sind, aber gegebenenfalls auch weitere, bis zu t beobachtbare und für das zukünftige Verhalten von $(X_s)_{s\in I}$ relevante Ereignisse. So wird man in unserem Falle beispielsweise nicht nur den Verlauf eines einzigen interessierenden Zinssatzes, sondern auch den anderer Zinssätze heranziehen müssen, welche in $\mathcal{F}_t$ involviert sein sollten. Dies führt uns zur

DEFINITION A.2 *Gilt für die Filtration $(\mathcal{F}_s)_{s\in I}$, dass für jedes $t \in I$ zusätzlich*

$$\sigma\left(\bigcup_{\substack{s\leq t \\ s\in I}} X_s^{-1}(\mathcal{A})\right) \subset \mathcal{F}_t$$

erfüllt ist, so nennen wir $(X_s)_{s\in I}$ **adaptiert** *an $(\mathcal{F}_s)_{s\in I}$.*

DEFINITION A.3 *Für die Zufallsvariablen $X_t : (\Omega,\mathcal{F},\mathbb{P}) \to (\Upsilon,\mathcal{A},\mathbb{P}^{X_t})$ mit $t \in I$ sei*

$$\sigma(X_t, t \in I) := \sigma\left(\bigcup_{t \in I} X_t^{-1}(\mathcal{A})\right)$$

die durch die X_t *erzeugte σ-Algebra über Ω. Es handelt sich dabei um die kleinste σ-Algebra, bzgl. der alle X_t messbar sind.*

BEMERKUNG A.1 *Ist $\mathcal{N}$ die von allen Nullmengen erzeugte σ-Algebra, so nennt man auch die durch*

$$\mathcal{F}_t := \sigma\left(\mathcal{N} \cup \sigma(X_t, t \in I)\right)$$

gegebene Filtration $(\mathcal{F}_t)_{t \in I}$ die natürliche Filtration des Prozesses $(X_t)_{t \in I}$. Sie hat die Eigenschaft, dass für jede Zufallvariable Y_t mit $Y_t = X_t$ f.s. automatisch die Messbarkeit von Y_t bzgl. $\mathcal{F}_t$ folgt und wird daher meist stillschweigend den Betrachtungen zu Grunde gelegt, was wir auch hier tun wollen.

Damit ist der formal-mathematische Rahmen geschaffen, innerhalb dessen wir die Dynamik einer stochastischen Zustandsgröße X_t, wie z. B. eines Zinssatzes, adäquat modellieren können, womit wir uns im folgenden Abschnitt beschäftigen wollen.

A.1.2 Modellierung dynamischer Systeme mit Differenzialgleichungen

Interessiert man sich für die Dynamik einer deterministischen Zustandsvariablen X, so ist es üblich, diese mit Hilfe ihres zeitlichen Änderungsverhaltens, meist ausgedrückt durch ihre erste Ableitung nach der Zeit

$$\frac{dX}{dt}(t) = \lim_{h \to 0} \frac{X(t + h) - X(t)}{h},$$

zu charakterisieren: Hierbei geht man davon aus, dass sich die Geschwindigkeit der Änderung von X, also $\frac{dX}{dt}$, abhängig von X und der Zeit selbst in einem deterministisch bekannten funktionalen Zusammenhang f ändert, was formelmäßig durch die *gewöhnliche Differenzialgleichung*

$$\frac{dX}{dt}(t) = f(t, X(t)), \quad t \in \mathbb{R}^+,$$

beschrieben wird. Ist nun noch der Funktionswert für $X(0)$ bekannt und sind gewisse Voraussetzungen an die Glattheit und das Wachstum der Funktion f erfüllt, so wird dadurch die Funktion X für jedes $t \in \mathbb{R}_0^+$ eindeutig festgelegt und man kann alternativ

$$dX(t) = f(t,X(t))\,dt\ , \quad t \in \mathbb{R}^+,$$

schreiben.

Eines der einfachsten und zugleich wichtigsten Beispiele eines solchen deterministischen Prozesses ist der sogenannte *logistische Wachstumsprozess*

$$dX(t) = (a(t) \cdot X(t) + b(t))\,dt\ ,$$

in dem die Funktion a die Wachstumsrate von X zur Zeit t beschreibt; hier ist also $f(t,X(t)) = a(t) \cdot X(t) + b(t)$ eine affin-lineare Funktion in der Zustandsvariablen $X(t)$.

Im Spezialfall, dass $a(t) := a_0 \neq 0$ und $b(t) := b_0$ konstant und $X(0) = x_0$ ist, erhält man zunächst $Y(t) = c \cdot e^{a_0 t}$, $c \in \mathbb{R}$, als Lösung der sogenannten zugehörigen homogenen Gleichung, bei der $b_0 = 0$ angenommen wird,

$$dY(t) = a_0 \cdot Y(t)\,dt\ ,$$

und daraus im allgemeinen (inhomogenen) Fall nach der *Methode der Variation der Konstanten*, also mit Hilfe des Ansatzes $X(t) = c(t) \cdot e^{a_0 t}$, den man in die logistische Differenzialgleichung einsetzt und aus der so erhaltenen Gleichung die Funktion c ermittelt, schließlich als eindeutig bestimmte Lösung der gewöhnlichen logistischen Differenzialgleichung

$$X(t) = x_0 \cdot e^{a_0 t} + \frac{b_0}{a_0} \cdot [e^{a_0 t} - 1] = \left(x_0 + \frac{b_0}{a_0}\right) \cdot e^{a_0 t} - \frac{b_0}{a_0}\ .$$

Dieser auf P.L. Verhulst zurückgehende Prozess stellt auch den deterministischen Part des Vasicekschen Short-Rate-Modells dar, auf welches wir später noch zu sprechen kommen werden, sobald wir in der Lage sind, den Zufallseinfluss auf die Dynamik einer solchen Zinsrate adäquat zu modellieren.

Will man nämlich zur Beschreibung der Dynamik eines stochastischen Prozesses $(X_t)_{t \in I}$, $I \subset \mathbb{R}$, übergehen, ist es notwendig, ein "zufallsgenerierendes" Element in Form eines stochastischen Prozesses in die Modellierung miteinzubeziehen. Eine Möglichkeit dies zu tun, besteht im additiven Hinzufügen eines Vielfachen des "Inkrementes" dW_t eines stochastischen Prozesses $(W_t)_{t \in I}$, was zunächst formal auf eine Differenzialgleichung der Form

$$dX_t = f(t,X_t)dt + \sigma(t,X_t)dW_t\ , \quad t \in I,$$

oder kurz

$$dX_t = f(t,X_t)dt + \sigma(t,X_t)dW_t\ , \quad t \in I, \tag{A.1}$$

führt, wobei wir wiederum X_0 als (zufälligen) Startwert dieser **stochastischen Differenzialgleichung** (engl. *stochastic differential equation –* **SDE**) vorzugeben haben.

Dabei nennen wir f den *Drift* der stochastischen Differenzialgleichung, welcher allein aus dem deterministischen Part von (A.1) stammt und ein wenig lax ausgedrückt die "grobe Richtung" der Lösung bestimmt. Ferner heißt σ der *Diffusionskoeffizienten* von (A.1), da hier der Einfluss von dW_t zu stochastischen Abweichungen von der Driftrichtung der Lösung X_t mit einer Stärke σ führt.

Unser Programm für den Rest dieses Anhanges besteht also darin, zunächst eine adäquate Beschreibung und Definition des verwendeten Prozesses $(W_t)_{t\in I}$ zu geben und dessen Eigenschaften näher zu untersuchen, bevor wir genauer erklären, was unter einer Lösung der SDE (A.1) zu verstehen ist.

A.1.3 Wiener Prozess

Zentral für die Beschreibung der Dynamik einer Zufallsgröße wie beispielsweise eines Forwardzinssatzes oder einer Short-Rate mit Hilfe einer stochastischen Differenzialgleichung vom Typ (A.1) ist der in den Diffusionsterm eingehende stochastische Prozess $(W_t)_{t\in I}$, der den stochastischen Einfluss auf die Dynamik des Lösungsprozesses $(X_t)_{t\in I}$ repräsentiert.

Beginnen wir damit, einige wünschenswerte Eigenschaften des Prozesses herauszuarbeiten, welche wieder modelltheoretisch motiviert sind. Da als stochastische Komponente die Inkremente dW_t in unser Modell einfließen, sollten wir den Zuwächsen $W_{t_1} - W_{t_2}$ des Prozesses für zwei Zeitpunkte $t_1 < t_2$ aus $I := \mathbb{R}_0^+$ ein besonderes Augenmerk zukommen lassen.

Es ist naheliegend, davon auszugehen, dass bei der Modellierung die in einem Zeitintervall $J_1 := (s_1; s_2]$ beobachteten stochastischen Effekte W_t, $t \in J_1$, keinen Einfluss auf die in einem späteren Zeitintervall $J_2 := (s_2; s_3]$ zu beobachtenden haben werden, weil beispielsweise Händler verschiedener Banken sich nicht über den genauen Zeitpunkt zum Eintritt in den Handel einer gewissen Staatsanleihe absprechen werden. Daher werden wohl die Zufallsgrößen W_t insgesamt stochastisch abhängig sein, aber ihre Zuwächse $W_t - W_s$ in disjunkten Zeitintervallen stochastisch unabhängig sein.

In diesem Falle nennen wir einen stochastischen Prozess $(W_t)_{t\in I}$ mit $I \subset \mathbb{R}$ einen *Prozess mit stochastisch unabhängigen Zuwächsen*, d.h., wenn für alle endlichen Teilmengen $\{t_1,...,t_n\}$ von I mit mindestens $n \geq 2$ Elementen und $t_1 < ... < t_n$ die Zuwächse

$$W_{t_2} - W_{t_1}, \; ... , W_{t_n} - W_{t_{n-1}}$$

stochastisch unabhängig sind.

Zusätzlich wird man von einer zeitlichen Homogenität des gewünschten Prozesses ausgehen wollen in dem Sinne, dass es keine bevorzugten Zeiten für die beobachteten Effekte gibt, sondern die Verteilung derselben nur von der Dauer der Beobachtung abhängig ist.

Ein stochastischer Prozess $(W_t)_{t \in I}$, $I \subset \mathbb{R}$, mit dieser Eigenschaft heißt *Prozess mit stationären Zuwächsen*, wenn die Verteilung $\mathbb{P}^{W_t - W_s}$ der Zuwächse $W_t - W_s$ mit $s < t$ aus I nur von $t - s$ abhängt, also

$$\mathbb{P}^{W_{t+h} - W_{s+h}} = \mathbb{P}^{W_t - W_s}$$

für alle s, $s + h$, t und $t + h$ aus I gilt.

Diese Forderungen bedeuten anschaulich, dass $W_{t+h} - W_t$ unabhängig von der gesamten Historie des Prozesses $(W_s)_{s \in I}$ bis zum Zeitpunkt $t \in I$ ist und $W_{t+h}(\omega) - W_t(\omega)$ jeden Wert unabhängig vom bis dahin erzielten Wertevorrat $\{W_s(\omega) : s \in [0;t]\}$ annehmen kann.

Offensichtlich wäre ferner wünschenswert, dass bei einer Modellierung unserer stochastischen Differenzialgleichung die Zufallskompente keinerlei zusätzliche Richtung oder "Tendenz" in die Dynamik der modellierten Zufallsgröße einfließt, was die Forderung nach einem Erwartungswert Null impliziert.

Nimmt man darüber hinaus auch noch an, dass diese Abweichungen selbst sich als die Summe gleichartiger, unabhängiger Abweichungen ergeben, so legt der Zentrale Grenzwertsatz gemeinsam mit der gerade formulierten Forderung nach Driftlosigkeit den Ansatz

$$W_t - W_s \sim \mathcal{N}(0, \sigma^2 \cdot (t - s))$$

nahe, d.h. jede Zufallsvariable W_t wird als normalverteilt zum Erwartungswert Null und zur Varianz $\sigma^2 t$ für $t \in I$ angenommen.

Zuletzt fordern wir noch, dass es sich bei dem betrachteten Prozess um einen *stetigen* stochastischen Prozess handeln möge, d.h. jeder Pfad

$$\mathbb{R}_0^+ \ni t \mapsto W_t(\omega) \in \mathbb{R}$$

$\mathbb{P}$-fast sicher eine stetige Funktion sei.

Norbert WIENER (1894-1964) gelang es bereits im Jahr 1923, die Existenz eines stochastischen Prozesses mit den gerade aufgeführten Eigenschaften zu zeigen, was die nachfolgende Bezeichnung erklärt.

DEFINITION A.4 *Ein stetiger stochastischer Prozess* $(W_t, \mathcal{F}_t)_{t \in I}$ *oder kürzer* $(W_t)_{t \in I}$ *mit* $I \subseteq \mathbb{R}_0^+$ *heißt ein (eindimensionaler)* **Wiener Prozess**, *wenn die folgenden Kriterien erfüllt sind:*

(1) *Es handelt sich bei* $(W_t)_{t \in I}$ *um einen Prozess mit stochastisch unabhängigen Zuwächsen, d.h. für* $s \leq t$ *ist* $W_t - W_s$ *unabhängig von* $\mathcal{F}_s$.

(2) *Der Prozess* $(W_t)_{t \in I}$ *ist ein Prozess mit stationären Zuwächsen.*

(3) *Es gilt* $\mathbb{P}$*-fast-sicher* $W_0 = 0$.

(4) *Für jedes* $t \in I$ *und* $0 \leq s < t$ *ist* $W_t - W_s$ *normalverteilt mit Erwartungswert* 0 *und Varianz* $\sigma^2 \cdot (t - s)$.

Dabei besagt die Forderung (3) nur, dass der betrachtete WIENER Prozess stets bei Null starten soll, was eine übliche Konvention darstellt.

Es gibt verschiedene Wege, die Existenz des WIENER Prozesses nachzuweisen (vgl. [50]). Einer besteht darin, ausgehend von der Menge $\mathbb{R}^{[0;\infty)}$ aller reellwertigen Funktionen auf $[0;\infty)$ die sog. *Zylindermengen* $C :=$ $\{\omega \in \mathbb{R}^{[0;\infty)} : (\omega(t_1), \ldots, \omega(t_n)) \in A\}$ (mit $t_j \in [0;\infty)$ und einer beliebigen BOREL Menge A) zu betrachten. Ist $\mathcal{F}$ die von allen Zylindermengen erzeugte σ−Algebra, so kann man zeigen, dass sich auf $(\Omega, \mathcal{F}) := (\mathbb{R}^{[0;\infty)}, \mathcal{F})$ ein Wahrscheinlichkeitsmaß definieren lässt, unter dem aus dem Prozess $(B_t(\omega))_{t \in [0;\infty)} := (\omega(t))_{t \in [0;\infty)}$ ein WIENER Prozess konstruiert werden kann.

DEFINITION A.5 *Ein* **standardisierter** WIENER *Prozess ist ein* WIENER *Prozess mit* $\sigma = 1$.

Von nun an wollen wir nur noch standardisierte WIENER Prozesse betrachten und meinen stets einen standardisierten WIENER Prozess, wenn von einem WIENER Prozess die Rede ist. So merken wir an dieser Stelle exemplarisch an, dass wir unter einem **_d-dimensionalen Wiener Prozess_** W auf einem Wahrscheinlichkeitsraum $(\Omega, \mathcal{F}, \mathbb{P})$ einen Vektor $(W^1, \ldots, W^d)$ von d eindimensionalen (standardisierten) WIENER Prozessen $W^j = (W_t^j)_{t \in I}$ verstehen mit unabhängigen Zufallsvariablen $W_t^1, \ldots, W_t^d$ für alle $t \in I$.

Im Folgenden streben wir an, erst noch einige nützliche Eigenschaften des WIENER Prozesses herauszuarbeiten, bevor wir zur Behandlung stochastischer Differenzialgleichungen zurückkehren werden.

A.1.4 Bedingte Erwartungen

Wie wir auch am Beispiel des WIENER Prozesses gesehen haben, liegen im Allgemeinen stochastische Abhängigkeiten zwischen den Zufallsvariablen X_t, $t \in I$, eines stochastischen Prozesses vor, so dass zu jedem Zeitpunkt t die weitere Evolution des Prozesses von seiner bereits bekannten Historie abhängig ist, was unserem Modellansatz entsprach und zur Einführung adaptierter Filtrationen in DEFINITION A.2 führte.

Als Hilfsmittel, diesen Sachverhalt bei der Untersuchung von WIENER Prozessen angemessen berücksichtigen zu können, benötigen wir daher sogenannte bedingte Erwartungswerte:

DEFINITION A.6 *Es sei $\mathcal{G}$ eine Sub-σ-Algebra von $\mathcal{F}$, X eine integrierbare Zufallsvariable. Eine $\mathcal{G}$-messbare Abbildung $f : \Omega \to \overline{\mathbb{R}}$ mit der Eigenschaft*

$$\int_G f\, d\mathbb{P} = \int_G X\, d\mathbb{P} \qquad \text{für alle } G \in \mathcal{G} \tag{A.2}$$

heißt ein **bedingter Erwartungswert von X unter $\mathcal{G}$** *und wird mit*

$$f := \mathbb{E}(X|\mathcal{G})$$

bezeichnet.

Da aus der Definition sofort ersichtlich ist, dass ein bedingter Erwartungswert nur bis auf eine $\mathbb{P}$-Nullmenge eindeutig bestimmt ist, wäre es eigentlich angebracht gewesen, zunächst nur von einer "Version" des bedingten Erwartungswertes zu sprechen. Wir wollen jedoch der Konvention folgen, die Eindeutigkeit bis auf $\mathbb{P}|\mathcal{G}$-Nullmengen ohne explizite Erwähnung als gegeben aufzufassen.

Die Existenz des bedingten Erwartungswertes einer integrierbaren Zufallsvariablen X ist eine Folgerung aus dem Satz von RADON-NIKODYM, der wie folgt lautet.

SATZ A.1 (Radon-Nikodym) *Es seien μ und ν Maße über dem messbaren Raum $(\Omega, \mathcal{F})$, wobei μ ein σ-endliches Maß sei. Dann gibt es genau eine nicht-negative, endliche, $\mathcal{F}$-messbare Funktion f mit*

$$\nu(F) = \int_F f\, d\mu \qquad \text{für alle } F \in \mathcal{F}\,,$$

wenn μ ν-stetig ist, also $\mu(N) = 0$ für $N \in \mathcal{F}$ auch $\nu(N) = 0$ impliziert. In diesem Falle heißt f auch RADON-NIKODYM-Ableitung von ν bezüglich μ und man schreibt

$$f = \frac{d\nu}{d\mu}\,.$$

Anschaulich (und zugegebenermaßen äußerst lax ausgedrückt), besagt der Satz von RADON-NIKODYM also, dass das Maß μ genau dann bezüglich ν stetig ist, sobald sich die "Inkremente" $d\nu$ als positive, messbare Vielfache der "Inkremente" $d\mu$ ergeben, also

$$d\nu = f\, d\mu$$

mit einem nicht-negativem, messbarem f gilt, woraus sich formal durch Integration die Aussage des Satzes mit $\int_F d\nu = \nu(F)$ für alle $F \in \mathcal{F}$ ergibt.

Der bedingte Erwartungswert zeigt die zu erwartenden Linearitätseigenschaften, welche sich trivialerweise aus seiner Integraldefinition (A.2) ergeben: Ist Y_1 eine Version von $\mathbb{E}(X_1|\mathcal{G})$ und Y_2 eine Version von $\mathbb{E}(X_2|\mathcal{G})$, so ist $a_1 Y_1 + a_2 Y_2$ eine Version von $\mathbb{E}(a_1 X_1 + a_2 X_2|\mathcal{G})$, d.h. es gilt

$$\mathbb{E}(a_1 X_1 + a_2 X_2|\mathcal{G}) = a_1 \mathbb{E}(X_1|\mathcal{G}) + a_2 \mathbb{E}(X_2|\mathcal{G}) \qquad \mathbb{P}\text{-fast sicher} \qquad (A.3)$$

für alle a_1 und a_2 aus $\mathbb{R}$.

Entsprechend übeträgt sich natürlich die Monotonie des Integrals über (A.2) auf den bedingten Erwartungswert, d. h. gilt $X_1 \leq X_2$ fast überall, so ist $\mathbb{E}(X_1|\mathcal{G}) \leq \mathbb{E}(X_2|\mathcal{G})$ $\mathbb{P}$-fast sicher.

In vollständiger Analogie erhalten wir ebenso die bekannten Konvergenzssätze wie das Lemma von FATOU, den Satz von der monotonen und den Satz von der majorisierten Konvergenz für bedingte Erwartungswerte. Des weiteren liefert die JENSENsche Integralungleichung ebenfalls eine JENSENsche Ungleichung für bedingte Erwartungen bei Komposition mit konvexen Funktionen.

Wählt man in (A.2) speziell $F = \Omega$, so erhält man für integrables X das bisweilen recht nützliche Resultat

$$\mathbb{E}\left(\mathbb{E}(X|\mathcal{G})\right) = \mathbb{E}(X)\,. \qquad (A.4)$$

Allgemeiner gilt sogar für $\mathcal{H} \subset \mathcal{G}$

$$\mathbb{E}\left(\mathbb{E}(X|\mathcal{G})\big|\mathcal{H}\right) = \mathbb{E}\left(\mathbb{E}(X|\mathcal{H})\big|\mathcal{G}\right) = \mathbb{E}(X|\mathcal{H})\,, \qquad (A.5)$$

was (A.4) als Spezialfall $\mathcal{H} := \{\emptyset, \Omega\}$ einschließt.

Ist X integrierbar und bezüglich $\mathcal{G}$ messbar, so erhalten wir direkt aus der Definition (A.2) $f = X$ bzw.

$$\mathbb{E}(X|\mathcal{G}) = X \qquad \mathbb{P}\text{-fast sicher.} \qquad (A.6)$$

Mit Hilfe algebraischer Induktion zeigt man leicht, dass für bezüglich $\mathcal{G}$ messbarem X und bei vorausgesetzter Integrabilität von Y und $X \cdot Y$ die Beziehung

$$\mathbb{E}(X \cdot Y | \mathcal{G}) = X \cdot \mathbb{E}(Y | \mathcal{G}) \tag{A.7}$$

$\mathbb{P}$-fast sicher gilt.

Sind X und $\mathcal{G}$ unabhängig, so ist

$$\mathbb{E}(X | \mathcal{G}) = \mathbb{E}(X) \qquad \mathbb{P}\text{-fast sicher.} \tag{A.8}$$

Damit verfügen wir über die notwendigen Grundlagen, um wieder auf die Betrachtung stochastischer Prozesse und dabei speziell des WIENER Prozesses zurückkommen zu können.

A.1.5 Martingale und Eigenschaften des WIENER Prozesses

Eine wichtige Klasse von stochastischen Prozessen stellen die sogenannten Martingale dar, welche von fundamentaler Bedeutung für die Finanzmathematik im Allgemeinen und die Definition stochastischer Differenzialgleichungen mit Hilfe der stochastischen Integration im Besonderen sind.

DEFINITION A.7 *Es sei $(X_t)_{t \in I}$ ein stochastischer Prozess mit Indexmenge $I \subseteq \mathbb{R}_0^+$ und $(\mathcal{F}_t)_{t \in I}$ eine Familie von Sub-σ-Algebren. Dann nennt man $(X_t, \mathcal{F}_t)_{t \in I}$ ein* **Submartingal,** *falls gilt:*

(1) Der Prozess $(X_t)_{t \in I}$ ist adaptiert an $(\mathcal{F}_t)_{t \in I}$.

(2) Für jedes $t \in I$ ist X_t integrierbar.

(3) Für alle s und t aus I mit $s \leq t$ gilt

$$\mathbb{E}(X_t | \mathcal{F}_s) \geq X_s \quad \mathbb{P}\text{-fast sicher.} \tag{A.9}$$

Ferner nennen wir $(X_t, \mathcal{F}_t)_{t \in I}$ ein **Supermartingal,** *falls $(-X_t, \mathcal{F}_t)_{t \in I}$ ein Submartingal ist, und schließlich $(X_t, \mathcal{F}_t)_{t \in I}$ ein* **Martingal,** *wenn $(X_t, \mathcal{F}_t)_{t \in I}$ sowohl ein Super- als auch ein Submartingal ist.*

Ein Martingal ist also offenbar ein adaptierter Prozess $(X_t, \mathcal{F}_t)_{t \in I}$, für den

$$\mathbb{E}(X_t | \mathcal{F}_s) = X_s \qquad \mathbb{P}\text{-fast sicher für alle } s \text{ und } t \text{ aus } I \text{ mit } s \leq t \tag{A.10}$$

gilt, was bereits veranschaulicht, warum Martingale auch häufig zur Modellierung eines "fairen Spiels" herangezogen werden: Modelliert nämlich X_s den Gewinn aus einem Spiel zum Zeitpunkt $s \in I$, und ist $\mathcal{F}_s$ der bis zu diesem Zeitpunkt bekannte Verlauf des Spiels, so sollte man daraus bei einem fairen Spiel keinerlei Nutzen ziehen können, d.h. der Spieler sollte im Mittel nach dem Spiel genauso viel seines Einsatzes besitzen wie vorher. Hingegen würden wir von einem für den Spieler günstigen Spiel im Falle eines Sub- und von einem für den Spieler ungünstigen Spiel im Falle eines Supermartingals sprechen.

Man beachte, dass die Martingaleigenschaft (A.10), wonach ein erwarteter zukünftiger Wert einer betrachteten Größe X zum Zeitpunkt t, gegeben die aktuellen Informationen $\mathcal{F}_s$ bis $s \leq t$, nur dem aktuellen Wert X_s der Größe entsprechen kann, ein Ausdruck der *Arbitragefreiheit* ist: Die Forderung, dass gewisse ökonomische Prozesse Martingale sind, stellt nämlich sicher, dass man *im Mittel* weder ausschließlich Gewinne noch ausschließlich Verluste erleiden kann und dadurch Arbitragemöglichkeiten, also "risikofreie" Wege, "aus Nichts" Geld zu machen, ausgeschlossen werden.

Das für uns wichtigste Beispiel eines Martingals stellt der WIENER Prozess dar, welcher mit seiner *kanonischen Filtration*

$$\mathcal{F}_t^W := \sigma(W_s, s \in [0;t]) = \sigma(W_s,\ s \leq t)\ , \quad t \in \mathbb{R}_0^+,$$

versehen werden kann. Die Bedingung (1) in DEFINITION A.4 lässt sich so umformulieren zu:

(1*) *Es sei $W_t - W_s$ unabhängig von $\mathcal{F}_s^W$ für alle s und t aus $I \subseteq \mathbb{R}_0^+$ mit $s \leq t$.*

Daraus erhält man sofort mit Hilfe der entsprechenden Eigenschaften der bedingten Erwartung

$$\mathbb{E}(W_t|\mathcal{F}_s^W) = \mathbb{E}(W_t - W_s + W_s|\mathcal{F}_s^W) \stackrel{(A.3)}{=} \mathbb{E}(W_t - W_s|\mathcal{F}_s^W) + \mathbb{E}(W_s|\mathcal{F}_s^W)$$
$$\stackrel{(A.6)}{=} \mathbb{E}(W_t - W_s|\mathcal{F}_s^W) + W_s \stackrel{(A.8)}{=} \mathbb{E}(W_t - W_s) + W_s$$
$$= W_s$$

$\mathbb{P}$-fast sicher für $s \leq t$, womit wir die Martingaleigenschaft (A.10) nachgewiesen haben:

SATZ A.2 *Der* WIENER *Prozess* $(W_t, \mathcal{F}_t^W)_{t \in \mathbb{R}_0^+}$ *ist ein Martingal.*

Tragen wir noch einige Eigenschaften eines WIENER Prozesses zusammen, die immer wieder benötigt werden. Der Vollständigkeit halber sei erwähnt, dass

$$\mathbb{E}(W_t) = 0$$

und

$$\mathrm{Var}(W_t) = t$$

direkt aus der Definition des WIENER Prozesses (unter Verwendung von $W_0 = 0$ $\mathbb{P}$-fast sicher) folgt. Allgemein erhält man für die Momente der Zuwächse eines WIENER-Prozesses

$$
\begin{aligned}
\mathbb{E}\left([W_t - W_s]^n\right) &= \frac{1}{\sqrt{2 \cdot \pi \cdot (t-s)}} \cdot \int_{-\infty}^{\infty} x^n \cdot \exp\left[-\frac{x^2}{2 \cdot (t-s)}\right] dx \\
&= \begin{cases} 1 \cdot 3 \cdot \ldots \cdot (n-1) \cdot (t-s)^{\frac{n}{2}} & , \quad \text{falls } n \text{ ungerade,} \\ 0 & , \quad \text{falls } n \text{ gerade.} \end{cases}
\end{aligned}
$$

Schließlich ergibt sich für $s \leq t$ damit noch

$$
\begin{aligned}
\mathrm{Cov}(W_t, W_s) &= \mathrm{Cov}(W_t - W_s, W_s) = \mathrm{Cov}(W_t - W_s, W_s) + \mathrm{Cov}(W_s, W_s) \\
&= 0 + \mathrm{Var}(W_s) = s = \min\{t, s\} \ .
\end{aligned}
$$

Fragt man jedoch nach über die per definitionem geforderte Stetigkeit hinausgehenden Glattheitseigenschaften der Pfade eines WIENER Prozesses, so muss man feststellen, dass die Pfade nirgends differenzierbar sind bzw. genauer keine endliche Variation besitzen:

Betrachten wir dazu nämlich den Erwartungswert des Absolutbetrages des Differenzenquotienten, so erhalten wir wegen $W_{t+h} - W_t \sim \mathcal{N}(0, h)$

$$
\begin{aligned}
\mathbb{E}\left(\left|\frac{W_{t+h} - W_t}{h}\right|\right) &= \frac{1}{h} \cdot \mathbb{E}(|W_{t+h} - W_t|) = \\
&= \frac{1}{h} \cdot \frac{1}{\sqrt{2\pi h}} \cdot \int_{-\infty}^{\infty} |x| \cdot \exp\left[-\frac{x^2}{2h}\right] dx \\
&= \frac{1}{h} \cdot \sqrt{\frac{2h}{\pi}} = \sqrt{\frac{2}{\pi}} \cdot \frac{1}{\sqrt{h}} \ ,
\end{aligned}
$$

so dass dieser für $h \to 0$ bestimmt divergiert. Somit kann ein Pfad $\mathbb{P}$-fast sicher keine beschränkte Variation besitzen.

Dies wirft jedoch die Frage auf, was unter dem "Inkrement" dW_t in unserer stochastischen Differenzialgleichung (A.1) genau zu verstehen sein soll.

A.1.6 Stochastische Integration

Kehren wir zu der bereits vorgestellten stochastischen Differenzialgleichung (A.1),

$$dX_t = f(t,X_t)dt + \sigma(t,X_t)dW_t \,, \quad t \in I,$$

zurück, wobei wir $0 \in I$ und eine Zufallsvariable $X_0(\cdot)$ als gegebenen Startwert voraussetzen wollen, so können wir einen stochastischen Prozess $(X_t)_{t \in I}$ eine *Lösung* der SDE (A.1) nennen, wenn dieser der zu (A.1) äquivalenten Integralgleichung

$$X_t = X_0 + \int_0^t f(s,X_s)ds + \int_0^t \sigma(s,X_s)dW_s \qquad (A.11)$$

genügt. Zwar haben wir damit immer noch nicht erklärt, was unter einer Integration bezüglich dW_t zu verstehen sei, aber auf diese Weise eine stochastische Differenzialgleichung auf die Berechnung stochastischer Integrale zurückgeführt und wollen fortan jede SDE nur noch als "differenziale" Schreibweise der dazu äquivalenten Integralgleichung für $(X_t)_{t \in I}$ auffassen, da wir in diesem Abschnitt den Begriff des stochastischen Integrals einführen und untersuchen werden.

Es bedarf also im Folgenden der Betrachtung von stochastischen Integralen der Form

$$\int_\alpha^\beta f(t) \, dW_t$$

für $[\alpha; \beta] \subset \mathbb{R}_0^+$, einen adaptierten stochastischen Prozess f und den WIENER Prozess $(W_t)_{t \in [\alpha;\beta]}$. Da der WIENER Prozess unbeschränkte Variation hat, ist eine "quick and dirty solution" via gewöhnlichem STIELTJES-Integral jedoch a priori ausgeschlossen.

Dennoch bedienen wir uns der RIEMANN-STIELTJES-Summen, um einen Ausweg aus dieser Situation zu finden. Hierzu sei zunächst eine *Partition* $\mathcal{P}_n = (t_j)_{j \in \{0,...,n\}}$ mit

$$\alpha = t_0 < t_1 < \cdots < t_{n-1} < t_n = \beta$$

des Intervalle $[\alpha; \beta]$ gewählt, deren *Feinheit* durch

$$\delta(\mathcal{P}_n) := \max_{j \in \{1,...,n\}} |t_j - t_{j-1}|$$

definiert ist. Dann bezeichnet man die speziellen RIEMANN-STIELTJES-Summen

$$s_n := s_{\mathcal{P}_n} = \sum_{j=1}^{n} f(t_{j-1}) \cdot \left[W_{t_j} - W_{t_{j-1}} \right]$$

als **Itô-Summen**, da als Zwischenstellen stets die linken Endpunkte der Partitionsintervalle $[t_{j-1}; t_j]$ gewählt wurden.

Eine Folge $(s_n)_{n\in\mathbb{N}}$ von ITÔ-Summen bezeichnen wir als *regulär*, wenn für die zugehörige Folge von Partitionen $(\mathcal{P}_n)_{n\in\mathbb{N}}$ gilt, dass $\lim_{n\to\infty} \delta(\mathcal{P}_n) = 0$ ist. Damit haben wir die Grundlagen für die Definition eines stochastischen Integrals gelegt, welche nahezu in Analogie zur klassischen Analysis verläuft, sofern man die *stochastische Konvergenz* der betrachteten ITÔ-Summen verwendet.

DEFINITION A.8 *Es sei* $(f(t), \mathcal{F}_t)_{t\in[\alpha;\beta]}$ *ein adaptierter stochastischer Prozess. Existiert eine Zufallsvariable* S, *so dass*

$$S = \text{st-}\lim_{n\to\infty} s_n$$

für jede reguläre Folge von ITÔ-*Summen* $(s_n)_{n\in\mathbb{N}}$ *gilt, so bezeichnen wir* S *als das* **Itô-Integral** *von* f *auf* $[\alpha; \beta]$ *und schreiben dafür kurz*

$$S = \int_{\alpha}^{\beta} f(t)\, dW_t \; .$$

Zur Erinnerung sei erwähnt, dass eine Folge $(s_n)_{n\in\mathbb{N}}$ von Zufallsvariablen auf $(\Omega, \mathcal{F}, \mathbb{P})$ *stochastisch konvergent* gegen die Zufallsvariable S bezeichnet wird, falls für jedes $\varepsilon > 0$

$$\lim_{n\to\infty} \mathbb{P}\left(\{|s_n - s| \geq \varepsilon\}\right) = 0$$

gilt; in diesem Falle schreibt man kurz

$$S = \text{st-}\lim_{n\to\infty} s_n \; .$$

In nahezu völliger Analogie zur klassischen Analysis erhält man nun auch hier den

SATZ A.3 *Jeder stetige adaptierte stochastische Prozess* $(f(t), \mathcal{F}_t)_{t\in[\alpha;\beta]}$ *ist* ITÔ-*integrierbar.*

Es sei jedoch *expressis verbis* darauf hingewiesen, dass der so erhaltene Integralbegriff fundamental von der Wahl der Zwischenstellen t_{j-1} abhängt. Verwendet man stattdessen nämlich beispielsweise die Intervallmitten $\frac{t_{j-1}+t_j}{2}$ der Teilintervalle, führt dies auf das sogenannte **Stratonovic-Integral**, welches völlig andere Eigenschaften als das ITÔ-Integral aufweist, aber für unsere Belange nicht weiter benötigt wird.

Bevor wir dazu kommen, die Eigenschaften des ITÔ-Integrals näher zu untersuchen, betrachten wir einige Beispiele.

BEISPIEL A.1 *Für den deterministischen Prozess* $f_t := 1$, $t \in [\alpha; \beta]$, *erhalten wir direkt aus der Definition der* ITÔ-*Summen*

$$s_n = \sum_{j=1}^{n} \left[W_{t_j} - W_{t_{j-1}} \right] = W_\beta - W_\alpha \, ,$$

woraus sofort

$$\int_\alpha^\beta dW_t = W_\beta - W_a$$

folgt.

Ein nicht ganz so triviales, aber lehrreiches Beispiel liefert uns der Fall des WIENER Prozesses als Integranden.

BEISPIEL A.2 *Für* $f_t = W_t$, $t \in [\alpha; \beta]$, *betrachten wir die* ITÔ-*Summen*

$$s_n = \sum_{j=1}^{n} W_{t_{j-1}} \cdot \left[W_{t_j} - W_{t_{j-1}} \right] \, ,$$

welche sich umschreiben lassen zu

$$\begin{aligned}
s_n &= \frac{1}{2} \sum_{j=1}^{n} \left[W_{t_j}^2 - W_{t_{j-1}}^2 \right] - \frac{1}{2} \sum_{j=1}^{n} \left[W_{t_j} - W_{t_{j-1}} \right]^2 \\
&= \frac{1}{2} \left[W_\beta^2 - W_\alpha^2 \right] - \frac{1}{2} \sum_{j=1}^{n} \left[W_{t_j} - W_{t_{j-1}} \right]^2 =: \frac{1}{2} \left[W_\beta^2 - W_\alpha^2 \right] - \frac{1}{2} \sum_{j=1}^{n} \xi_j
\end{aligned}$$

mit $\xi_j := \left[W_{t_j} - W_{t_{j-1}} \right]^2$, $j \in \{1,...,n\}$. *Aus der* TSCHEBYSCHEFF*schen Ungleichung erhält man*

$$\mathbb{P}\left(\left\{\left|\frac{1}{2}\sum_{j=1}^{n}\xi_j - \frac{1}{2}\sum_{j=1}^{n}\mathbb{E}(\xi_j)\right| \geq \varepsilon\right\}\right) \leq \frac{1}{\varepsilon^2}\operatorname{Var}\left(\frac{1}{2}\sum_{j=1}^{n}\xi_j\right) = \frac{1}{4\varepsilon^2}\sum_{j=1}^{n}\operatorname{Var}(\xi_j)$$

und für das zweite Moment der Inkremente eines WIENER *Prozesses wissen wir bereits*

$$\mathbb{E}(\xi_j) = \mathbb{E}\left(\left[W_{t_j} - W_{t_{j-1}}\right]^2\right) = t_j - t_{j-1}\ .$$

Ferner folgt mit dem Verschiebungssatz $\operatorname{Var}(\xi) = \mathbb{E}(\xi^2) - \mathbb{E}(\xi)^2$ *schließlich*

$$\operatorname{Var}(\xi_j) \leq \mathbb{E}(\xi_j^2) = \mathbb{E}\left(\left[W_{t_j} - W_{t_{j-1}}\right]^4\right) = 3(t_j - t_{j-1})^2\ ,$$

woraus wir einerseits

$$\frac{1}{2}\sum_{j=1}^{n}\mathbb{E}(\xi_j) = \frac{1}{2}\sum_{j=1}^{n}(t_j - t_{j-1}) = \frac{1}{2}(\beta - \alpha)$$

und andererseits die Abschätzung

$$\sum_{j=1}^{n}\operatorname{Var}(\xi_j) \leq 3\sum_{j=1}^{n}(t_j - t_{j-1})^2 \leq 3(\beta - \alpha) \cdot \max_{j\in\{1,\ldots,n\}}(t_j - t_{j-1})$$

erhalten. Somit haben wir

$$\mathbb{P}\left(\left\{\left|\frac{1}{2}\sum_{j=1}^{n}\xi_j - \frac{\beta - \alpha}{2}\right| \geq \varepsilon\right\}\right) \leq \frac{3(\beta - \alpha)}{4\varepsilon^2} \cdot \delta(\mathcal{P}_n)\ ,$$

was insgesamt auf

$$\mathbb{P}\left(\left\{\left|s_n - \left[\frac{1}{2}[W_\beta^2 - W_\alpha^2] - \frac{\beta - \alpha}{2}\right]\right| \geq \varepsilon\right\}\right) \leq \frac{3(\beta - \alpha)}{4\varepsilon^2} \cdot \delta(\mathcal{P}_n)$$

führt, so dass wir für jede reguläre Folge $(s_n)_{n\in\mathbb{N}}$ *abschließend*

$$\int_\alpha^\beta W_t\, dW_t = \operatorname{st-}\lim_{n\to\infty} s_n = \frac{1}{2}\left[W_\beta^2 - W_\alpha^2\right] - \frac{1}{2}(\beta - \alpha)$$

erhalten.

In differenzialer Schreibweise können wir nun das im letzten Beispiel erzielte Resultat auch umschreiben als

$$dW_t^2 = dt + 2W_t\, dW_t\;, \tag{A.12}$$

wobei der darin auftretende Term "dt" im Wesentlichen aus Effekten zweiter Ordnung herrührt, die in der deterministischen Analysis nicht auftreten. Diese Eigenart stochastischer Integrale zeigt sich insbesondere auch bei der Kettenregel bzw. Substitutionsformel, welche für ITÔ-Integrale eine besondere Form annimmt und Gegenstand des nächsten Abschnitts sein wird.

Eine wichtige Eigenschaft des ITÔ-Integrals auf $[\alpha;\beta] = [0;T^*]$ ist, dass der stochastische Prozess $(S_t)_{t\in[0;T^*]} = (\int_0^t f(s)\, dW_s)_{t\in[0;T^*]}$ selbst wieder ein Martingal ist. Daher ist durch die Lösung einer *driftlosen* stochastischen Differenzialgleichung

$$dX_t = \sigma(t,X_t)\, dW_t$$

zu gegebenem Anfangswert X_0, welche durch

$$X_t = X_0 + \int\limits_0^t \sigma(s,X_s)\, dW_s$$

gegeben ist, stets ein Martingal $(X_t)_{t\in[0;T^*]}$ definiert.

Wir sind bislang einer anschaulichen Verallgemeinerung des klassischen Integralbegriffes gefolgt, welche im Wesentlichen auf stetige Integrandenprozesse zugeschnitten war. Im Allgemeinen wird das ITÔ-Integrals jedoch für eine wesentlich größere Klasse von Funktionen erklärt.

DEFINITION A.9 *Es sei $\mathcal{M}$ die Klasse aller Abbildungen*

$$f : [0;T^*] \times \Omega \to \mathbb{R}\;,$$

für die

(i) *die Abbildung f $\mathcal{B} \times \mathcal{F}$-messbar ist, wobei $\mathcal{B}$ die BOREL-σ-Algebra auf $[0;T^*]$ bezeichnet,*

(ii) *eine aufsteigende Folge $(\mathcal{H}_t)_{t\in[0;T^*]}$ von σ-Algebren mit*

    (a) *$(W_t,\mathcal{H}_t)_{t\in[0;T^*]}$ ist ein Martingal,*

    (b) *$f(t,\cdot)$ ist an $\mathcal{H}_t$ adaptiert,*

existiert und

(iii) $\mathbb{P}\left[\int_0^{T^*} f(t,\cdot)^2 dt < \infty\right] = 1$ *gilt.*

Zunächst erklärt man in Analogie zur Konstruktion eines allgemeinen (oder beispielsweise des LEBESGUE-) Maßes das ITÔ-Integral nur für so genannte *elementare Funktionen*

$$\varphi(t,\cdot) := \sum_{j \geq 1} e_j(\cdot) \cdot \mathbb{1}_{[t_{j-1};t_j)}(t)$$

aus $\mathcal{M}$, worin $\mathbb{1}_A(t)$ die *charakteristische Funktion* auf A, gegeben durch

$$\mathbb{1}_A(t) = \begin{cases} 1 & , \quad \text{falls } t \in A \\ 0 & , \quad \text{falls } t \notin A \end{cases} ,$$

bezeichnet und $e_j(\cdot)$ eine beliebige $\mathcal{F}_{t_{j-1}}$-messbare, beschränkte Funktion: Es sei

$$\int_0^{T^*} \varphi(t,\cdot)dW_t := \sum_{j \geq 1} e_j(\cdot) \cdot \left[W_{t_j} - W_{t_{j-1}}\right].$$

Dieses Integral wird unter Verwendung eines Satzes über die Approximation beliebiger Funktionen f aus $\mathcal{M}$ durch elementare Funktionen im L^2-Sinne auf die gesamte Klasse ausgedehnt:

DEFINITION A.10 *Für $f \in \mathcal{M}$ ist das* **Itô-Integral** *von f auf $[0;T^*]$ definiert als*

$$\int_0^{T^*} f(t,\cdot)dW_t := \lim_{n \to \infty}{}^{L^2} \int_0^{T^*} \varphi_n(t,\cdot)dW_t ,$$

wobei $(\varphi_n)_{n \in \mathbb{N}}$ eine Folge elementarer Funktionen mit

$$\mathbb{E}\left[\int_0^{T^*} [f(t,\cdot) - \varphi_n(t,\cdot)]^2 dt\right] \to 0 \quad \text{für } n \to \infty$$

bezeichnet, und der Grenzwert in $L^2 := L^2(\Omega,\mathbb{P})$ existiert.

Für jedes $f \in \mathcal{M}$ existiert dann ebenfalls ein stetiger stochastischer Prozess $(J_t)_{t \in [0;T^*]}$ auf $(\Omega,\mathcal{F},\mathbb{P})$, so dass

$$\mathbb{P}\left[J_t = \int_0^t f dW_s\right] = 1$$

für alle $t \in [0;T^*]$ gilt, und $(J_t,\mathcal{F}_t)_{t \in [0;T^*]}$ ein Martingal ist.

A.1.7 Vom Itô-Integral zu stochastischen Differenzialgleichungen

Zusammenfassend haben wir im letzten Abschnitt das Konzept stochastischer Differenzialgleichungen, welches wir im ersten Abschnitt noch rein heuristisch motiviert hatten, auf ein mathematisch sicheres Fundament gestellt.

Wie im deterministischen Falle erhält man die Existenz und Eindeutigkeit von Anfangswertproblemen stochastischer Differenzialgleichungen vom Typ (A.1), sofern die Koeffizienten f und σ LIPSCHITZ-stetig sind und einer linearen Wachstumsbedingung genügen.

Dabei nennen wir einen Lösungsprozess $(X_t)_{t \in [0;T^*]}$ des Anfangswertproblems *eindeutig*, wenn für jede andere Lösung $(Y_t)_{t \in [0;T^*]}$ $\mathbb{P}$-fast sicher

$$X_t = Y_t \qquad \text{für alle } t \in [0;T^*]$$

gilt, d.h. wir eine *pfadweise* oder *starke Eindeutigkeit* der Lösung vorliegen haben.

SATZ A.4 *Es sei* $T^* > 0$, $f : [0;T^*] \times \mathbb{R} \to \mathbb{R}$ *und* $\sigma : [0;T^*] \times \mathbb{R} \to \mathbb{R}$ *seien messbare Funktionen, für die Konstanten* $C > 0$ *und* $D > 0$ *mit*

$$|f(t,x)| + |\sigma(t,x)| \leq C(1 + |x|)$$

und

$$|f(t,x) - f(t,y)| + |\sigma(t,x) - \sigma(t,y)| \leq D|x - y|$$

für alle x *und* y *aus* $\mathbb{R}$ *und alle* $t \in [0;T^*]$ *existieren. Ist* Z *eine reellwertige Zufallsvariable, die von der zu* $(W_t)_{t \in [0;T^*]}$ *gehörenden kanonischen Filtration unabhängig ist, mit*

$$\mathbb{E}[|Z|^2] < \infty \, ,$$

so hat das Anfangswertproblem bestehend aus der stochastischen Differenzialgleichung (A.1),

$$dX_t = f(t,X_t)dt + \sigma(t,X_t)dW_t \, , \quad t \in [0;T^*],$$

und der Anfangsbedingung

$$X_0 = Z$$

eine eindeutige stetige Lösung (A.11),

$$X_t = Z + \int_0^t f(s,X_s)ds + \int_0^t \sigma(s,X_s)\, dW_t \, , \quad t \in [0;T^*].$$

Diese ist adaptiert an die durch Z und $(W_t)_{t \in [0;T^*]}$ erzeugte Filtration $(\mathcal{F}_t^Z)$ und erfüllt die Bedingung

$$\mathbb{E}\left[\int_0^{T^*} |X_t|^2 dt\right] < \infty.$$

Wir können hier stets von einer eindeutigen Lösbarkeit der stochastischen Anfangswertprobleme ausgehen, da dies in den von uns betrachteten Fällen stets der Fall sein wird.

Bei der nach SATZ A.4 erhaltenen Lösung handelt es sich um eine *starke Lösung* von (A.1), da der WIENER Prozess im Voraus gegeben war und damit die Lösung an $(\mathcal{F}_t^Z)_{t \in [0;T^*]}$ adaptiert konstruiert wird.

Ist hingegen nur das Anfangswertproblem in Form von (A.1) und der Anfangsbedingung $X_0 = Z$ gegeben, und sucht man nach einem Prozess der Form $((\widetilde{X}_t, \widetilde{W}_t), \mathcal{H}_t)_{t \in [0;T^*]}$ auf $(\Omega, \mathcal{H}, \mathbb{P})$, für den das Anfangswertproblem erfüllt ist, so nennt man $(\widetilde{X}_t)$ bzw. genauer $(\widetilde{X_t, W_t})$ eine *schwache Lösung*, wobei $(\widetilde{X}_t)_{t \in [0;T^*]}$ an $(\mathcal{H}_t)_{t \in [0;T^*]}$ adaptiert ist und $(\widetilde{W}_t)_{t \in [0;T^*]}$ ein Martingal bezüglich $(\mathcal{H}_t)_{t \in [0;T^*]}$ ist.

A.2   Der Itô-Kalkül

Im Allgemeinen sind wir natürlich nicht allein an der Dynamik einer stochastischen Zustandsgröße X wie eines Zinssatzes interessiert, sondern möchten mehr über die Dynamik eines Finanzinstruments erfahren, in welches diese Zufallsgröße X als "treibende" Variable eingeht, d.h. die funktional über ein Auszahlungsprofil h von X abhängt.

Wir benötigen also eine Beschreibung der Dynamik einer Zufallsvariablen

$$Y_t := h(t, X_t), \quad t \in I,$$

für den Fall, dass X_t der durch die stochastische Differenzialgleichung

$$dX_t = f(t, X_t)dt + \sigma(t, X_t)\, dW_t$$

beschriebenen Dynamik folgt. Mit anderen Worten sind wir an einer stochastischen Differenzialgleichung für den aus X abgeleiteten Prozess $(Y_t)_{t \in I}$ interessiert, den man im deterministischen Falle mit Hilfe der *Kettenregel* erhalten würde. Wie bereits im vorangegangenen Abschnitt bemerkt, ist auch hier noch ein wenig an Vorarbeit nötig, um ein Analogon zur Kettenregel im stochastischen Fall zu erhalten.

A.2.1   Quadratische Variation und Kovariation

Motiviert durch das Resultat von BEISPIEL A.2 wissen wir um die Bedeutung von Termen zweiter Ordnung in der stochastischen Analysis. In dieser spielt der Begriff der quadratischen Kovariation und Variation eine entscheidende Rolle.

DEFINITION A.11 *Es seien* $(Y_t)_{t \in [0;T^*]}$ *und* $(Z_t)_{t \in [0;T^*]}$ *stetige stochastische Prozesse auf* $I := [0;T^*] \subset \mathbb{R}_0^+$. *Ist* $\mathcal{P}_n := (t_j)_{j \in \{0,\dots,n\}}$, $n \in \mathbb{N}$, *eine Partition von* $[0;T^*]$ *und gilt* $\delta(\mathcal{P}_n) \to 0$ *für* $n \to \infty$, *so nennen wir*

$$\langle Y, Z \rangle_{T^*} := \text{st-}\lim_{n \to \infty} \sum_{j=1}^{n} \left(Y_{t_j} - Y_{t_{j-1}} \right) \cdot \left(Z_{t_j} - Z_{t_{j-1}} \right)$$

die **quadratische Kovariation** *von* Y *und* Z *bzw. bezeichnen im Falle* $Y = Z$ *noch*

$$\langle Y \rangle_{T^*} := \langle Y, Y \rangle_{T^*}$$

als **quadratische Variation** *von* Y.

Offensichtlich handelt es sich hierbei um eine Erweiterung des aus der klassischen Analysis bekannten Begriffs der Variation p-ter Ordnung einer deterministischen Funkion X über der Partition $\mathcal{P} := (t_k)_{k \in \{0,\dots,n\}}$,

$$V_t^p(X) = \sum_{k=1}^{n} |X_{t_k} - X_{t_{k-1}}|^p \,,$$

da für einen stochastischen Prozess $(X_t)_{t \in I}$ die Variation zweiter Ordnung $V_t^2(X)$ für $\delta(\mathcal{P}) \to 0$ in Wahrscheinlichkeit gegen die quadratische Variation $\langle X \rangle_t$ konvergiert. Man kann in Analogie zum deterministischen Fall ebenfalls leicht zeigen, dass jeder stetige Prozess $(Y_t)_{t \in [0;T^*]}$, dessen Pfade $[[0;T^*] \ni t \mapsto Y_t(\omega) \in \mathbb{R}]$ für fast alle $\omega \in \Omega$ sogar differenzierbar sind, eine verschwindende quadratische Variation

$$\langle Y \rangle_{T^*} = 0$$

besitzt.

Im Spezialfall eines WIENER Prozesses erhalten wir jedoch

$$\langle W \rangle_{T^*} = T^*$$

für jedes $T^* \in \mathbb{R}_0^+$, was in differenzialer Form als

$$dW_t \, dW_t = dt \qquad (A.13)$$

geschrieben werden kann: Auch hier spiegelt sich das höchst "volatile" Verhalten des WIENER Prozesses wider, welches dazu führt, dass die Effekte zweiter Ordnung – repräsentiert durch die quadratische Variation – nicht unberücksichtigt bleiben dürfen.

Ferner ergibt sich für den determinstischen Prozess $Y_t := t$ noch die aus der klassischen Analysis bekannte Beziehung

$$dt \, dt = 0 \ . \qquad (A.14)$$

Erwähnenswert ist ferner die sich aus der quadratischen Kovariation eines WIENER Prozesses $Y_t := W_t$ mit dem deterministischen Prozess $Z_t := t$,

$$\langle W, t \rangle_{T^*} = 0 \ ,$$

für jedes $T^* \in \mathbb{R}_0^+$ ergebende differenziale Orthogonalitätsrelation

$$dW_t \, dt = 0 \ . \qquad (A.15)$$

Schließlich sei angemerkt, dass Prozesse $Y := (Y_t)_{t \in I}$ von beschränkter Variation (erster Ordnung), also mit

$$\operatorname*{st-lim}_{\delta(\mathcal{P}) \to 0} V_t^1(Y) < \infty \ ,$$

für die Beschreibung der Preisprozesse handelbarer Instrumente benötigt werden, denn diese setzen sich additiv aus einem Prozess beschränkter Variation und einem Martingal zusammen:

DEFINITION A.12 *Ein **stetiges Semimartingal** $S := (S_t)_{t \in I}$ adaptiert an $(\mathcal{F}_t)_{t \in I}$ auf einem endlichen Zeithorizont ($I \subset \mathbb{R}_0^+$ beschränkt) ist die Summe eines stetigen Martingals $M := (M_t)_{t \in I}$ und eines stetigen adaptierten Prozesses $Y := (Y_t)_{t \in I}$ von beschränkter Variation (erster Ordnung), so dass $\mathbb{P}$-fast sicher*

$$S_t = S_0 + M_t + Y_t \qquad (A.16)$$

für alle $t \in I$ gilt.

Diese Darstellung eröffnet sogar die Möglichkeit, bezüglich stetiger Semimartingale in analoger Weise, wie wir es für den WIENER-Prozess als speziellem Martingal $M := (W_t)_{t \in I}$ bereits erklärt haben, stochastisch zu integrieren,

$$\int_\alpha^\beta f(t) dS_t := \int_\alpha^\beta f(t) dM_t + \int_\alpha^\beta f(t) dY_t \ ,$$

wobei das letzte Integral im klassischen STIELTJESschen Sinne existiert.

A.2.2 Die Itô-Formel

Wollen wir nun die Dynamik einer Variablen

$$Y_t := h(t,X_t)$$

beschreiben, deren treibender Faktor X der stochastischen Differenzialgleichung

$$dX_t = f(t,X_t)dt + \sigma(t,X_t)\,dW_t$$

folgt, so liegt es nahe, mit einer TAYLOR-Entwicklung von $h(t,x)$ zu starten. Bis inklusive der Terme zweiter Ordnung lautet diese (wie aus der klassischen Analysis bekannt) für das totale Differenzial von h

$$dh(t,x) = \frac{\partial h}{\partial x}dx + \frac{\partial h}{\partial t}dt + \frac{1}{2}\frac{\partial^2 h}{\partial x^2}(dx)^2 + \frac{\partial^2 h}{\partial x \partial t}dx\,dt + \frac{1}{2}\frac{\partial^2 h}{\partial t^2}(dt)^2 + \dots\,.$$

Argumentieren wir rein formal, ersetzen also x durch X_t, und verwenden den im vorangegangenen Abschnitt eingeführten Begriff der quadratischen Variation, so ergibt sich aus

$$dh(t,X_t) = \frac{\partial h}{\partial x}dX_t + \frac{\partial h}{\partial t}dt + \frac{1}{2}\frac{\partial^2 h}{\partial x^2}(dX_t)^2 + \frac{\partial^2 h}{\partial x \partial t}dX_t\,dt + \frac{1}{2}\frac{\partial^2 h}{\partial t^2}dt^2 + \dots$$

für die Terme erster Ordnung wegen $dX_t\,dX_t = d\langle X\rangle_t$ die Beziehung

$$dh(t,X_t) = \frac{\partial h}{\partial x}(t,X_t)dX_t + \frac{\partial h}{\partial t}(t,X_t)dt + \frac{1}{2}\frac{\partial^2 h}{\partial x^2}(t,X_t)d\langle X\rangle_t\,, \qquad \text{(A.17)}$$

welche als **Itô-Formel** bezeichnet wird und das stochastische Gegenstück zur deterministischen Kettenregel darstellt.

DEFINITION A.13 *Ein reellwertiger Prozess $(X_t)_{t\in[0;T^*]}$ heißt **Itô Prozess**, wenn er für alle $t \in [0;T^*]$ in der Form*

$$X_t = X_0 + \int_0^t K_s ds + \int_0^t H_s dW_s \quad \mathbb{P}\text{-fast sicher}$$

oder gleichbedeutend

$$dX_t = K_t dt + H_t dW_t \quad \mathbb{P}\text{-fast sicher}$$

geschrieben werden kann, wobei $(W_t,\mathcal{F}_t)_{t\in[0;T^*]}$ ein WIENER Prozess ist, und wobei gilt

- X_0 *ist* $\mathcal{F}_0-$*messbar,*

- $(K_t)_{t\in[0;T^*]}$ *und* $(H_t)_{t\in[0;T^*]}$ *sind adaptiert an* $(\mathcal{F}_t)_{t\in[0;T^*]}$,

- $\int_0^{T^*}|K_s|ds < \infty$ *und* $\int_0^{T^*} H_s^2 ds < \infty$ $\mathbb{P}$-*fast sicher.*

BEMERKUNG A.2 *Man kann zeigen, dass die in der obigen Definition genannten Prozesse* $(K_t)_{t\in[0;T^*]}$ *und* $(H_t)_{t\in[0;T^*]}$ *durch den zugehörigen* ITÔ *Prozess (in einer hier nicht näher präzisierten Weise) eindeutig bestimmt sind.*

SATZ A.5 *Es sei* $(X_t)_{t\in[0;T^*]}$ *ein* ITÔ *Prozess, der durch (A.1) mit* $I :=$ $[0;T^*]$ *gegeben ist, wobei die in* DEFINITION *A.13 genannten Bedingungen für* $K_s := f(s,\cdot)$ *und* $H_s := \sigma(s,\cdot)$ *zutreffen sollen. Ist* $h \in C^2(I \times \mathbb{R})$, *so ist auch* $Y_t := h(t,X_t)$ *ein* ITÔ *Prozess und erfüllt die stochastische Differenzialgleichung (A.17).*

Unter Berücksichtigung der im vorangegangenen Abschnitt erhaltenen Differenzialrelationen (A.13), (A.14) und (A.15) ergibt sich daraus nämlich nach einigen "algebraisch-elementaren" Umformungen

$$dh(t,X_t) = \left[\frac{\partial h}{\partial x}f(t,X_t) + \frac{\partial h}{\partial t} + \frac{1}{2}\frac{\partial^2 h}{\partial x^2}\sigma^2(t,X_t)\right]dt + \frac{\partial h}{\partial x}\sigma(t,X_t)dW_t \, ,$$

$$(A.18)$$

was wiederum eine stochastische Differenzialgleichung vom Typ (A.1) ist, deren Drift durch

$$\widetilde{f}(t,X_t) := \frac{\partial h}{\partial x}(t,X_t)f(t,X_t) + \frac{\partial h}{\partial t}(t,X_t) + \frac{1}{2}\frac{\partial^2 h}{\partial x^2}(t,X_t)\sigma^2(t,X_t)$$

und deren Diffusionskoeffizient durch

$$\widetilde{\sigma}(t,X_t) := \frac{\partial h}{\partial x}(t,X_t)\sigma(t,X_t)$$

gegeben ist.

Für zwei Semimartingale $(Y_t)_{t\in I}$ und $(Z_t)_{t\in I}$ erhält man in direkter Konsequenz der ITÔschen Formel mit

$$d(Y_t \cdot Z_t) = Y_t dZ_t + Z_t dY_t + d\langle Y_t, Z_t\rangle_t \qquad (A.19)$$

die sogenannte **stochastischen Leibniz-Formel**, welche das Analogon zur Produktregel der klassischen Analysis darstellt.

A.2.3   Beispiele stochastischer Differenzialgleichungen

Als eine Anwendung der ITÔ-Formel wollen wir in diesem Abschnitt lognormale lineare stochastische Differenzialgleichungen betrachten.

Zuvor jedoch behandeln wir die wichtige Klasse stochastischer Differenzialgleichungen, bei denen der Drift affin-linear von der Zustandsvariablen X abhängt und der Diffusionskoeffizient rein deterministisch ist.

BEISPIEL A.3 *In der stochastischen Differenzialgleichung*

$$dX_t = (a_t \cdot X_t + b_t)dt + \sigma_t dW_t \tag{A.20}$$

bezeichnen a_t, b_t und σ_t deterministische stetige Funktionen. Ferner sei die Anfangsbedingung

$$X_0 := x_0 \quad \mathbb{P} - \text{fast sicher}$$

gegeben. Dann erhält man analog zum Verfahren der Variation der Konstanten bei gewöhnlichen Differenzialgleichungen die eindeutig bestimmte Lösung von (A.20) zu

$$
\begin{aligned}
X_t &= e^{\int_0^t a_s ds} \cdot \left[x_0 + \int_0^t e^{-\int_0^s a_u du} \cdot b_s ds + \int_0^t e^{-\int_0^s a_u du} \cdot \sigma_s dW_s \right] \\
&= x_0 \cdot e^{\int_0^t a_s ds} + \int_0^t e^{\int_s^t a_u du} \cdot b_s ds + \int_0^t e^{\int_s^t a_u du} \cdot \sigma_s dW_s \, .
\end{aligned}
$$

Im Spezialfall konstanter Koeffizienten $a_t \equiv a$, $b_t \equiv b$ und $\sigma_t \equiv \sigma$, wie es zum Beispiel beim Short-Rate-Modell von VASICEK der Fall ist, ergibt sich so als Lösung der stochastische Prozess

$$X_t = x_0 \cdot e^{at} + \frac{b}{a} \cdot [e^{at} - 1] + \sigma \cdot e^{at} \cdot \int_0^t e^{-as} dW_s \, , \quad t \in [0; T^*],$$

für den jedes X_t, $t \in [0; T^*]$, normalverteilt mit Erwartungswert

$$\mathbb{E}(X_t) = x_0 \cdot e^{at} + \frac{b}{a} \cdot [e^{at} - 1]$$

und Varianz

$$\text{Var}(X_t) = \frac{\sigma^2}{2a} \cdot [e^{2at} - 1]$$

ist.

Diese Eigenschaft bleibt auch im Falle nicht-konstanter Koeffizienten a_t, b_t und σ_t, wie sie beispielsweise im Hull-White-*Modell auftreten, erhalten. Hier gilt*

$$X_t \sim \mathcal{N}\left(x_0 \cdot e^{\int_0^t a_s ds} + \int_0^t e^{\int_s^t a_u du} \cdot b_s ds \;,\; \int_0^t e^{2 \cdot \int_s^t a_u du} \cdot \sigma_s^2 ds\right)$$

für jedes $t \in [0; T^*]$, was sich heuristisch wie folgt veranschaulichen lässt: Das stochastische Integral kann man per definitionem als eine Summe unabhängiger, normalverteilter Zufallsvariablen interpretieren, welche somit selbst wieder normalverteilt sein muss.

Damit haben wir bereits eine große und für Zinsstrukturmodelle wichtige Klasse von stochastischen Differenzialgleichungen eingehender studiert.

Um jedoch beispielsweise anstelle eines Lösungsprozesses $(X_t)_{t \in [0; T^*]}$ mit normalverteilten X_t für jedes $t \in [0; T^*]$ einen solchen mit lognormalen Randverteilungen zu generieren, kann man basierend auf (A.20) zur Betrachtung des durch

$$Y_t := \exp(X_t)$$

erzeugten Prozesses übergehen. Nach der Itô-Formel (A.20) erhalten wir mit

$$dY_t = de^{X_t} = Y_t \cdot [b_t + a_t \cdot \log(Y_t) + \frac{1}{2} \cdot \sigma_t^2] dt + \sigma_t \cdot Y_t dW_t, \qquad (A.21)$$

wiederum einen Itô Prozess, der als Spezialfall das Short-Rate-Modell von Black und Karasinski einschließt.

Als ein Nebenprodukt der letzten Betrachtung ergibt sich, dass die Zufallsvariable

$$Y_t = \exp(\lambda \cdot X_t)$$

für normalverteiltes $X_t \sim \mathcal{N}(\mu, \sigma)$ und $\lambda \in \mathbb{R}$ den Erwartungswert

$$\psi(\lambda) = \mathbb{E}(e^{\lambda \cdot X_t}) = e^{\lambda \cdot \mu + \frac{\lambda^2}{2} \cdot \sigma^2} = \exp\left(\lambda \cdot \mathbb{E}(X_t) + \frac{\lambda^2}{2} \cdot \mathrm{Var}(X_t)\right) \quad (A.22)$$

hat, welcher auch als **Laplace-Transformierte** von X_t unter $\mathbb{P}$ bezeichnet wird. Durch diese ist eine Verteilung von X_t bereits eindeutig charakterisiert, so dass jede normalverteilte Zufallsvariable die in (A.22) gegebene Laplace-Transformierte besitzt und umgekehrt.

B Zusammenhang von stochastischen und partiellen Differenzialgleichungen

Eine der fundamentalen Erkenntnisse bei der Behandlung stochastischer Differenzialgleichungen besteht darin, dass die Lösungen gewisser partieller Differenzialgleichungen als Erwartungswert einer Funktion eines Diffusionsprozesses, dessen Drift- und Diffusionskoeffizienten durch die Koeffizienten der partiellen Differenzialgleichung festgelegt sind, bestimmt werden können. Dies ist die Aussage des Satzes von FEYNMAN-KAC, dem wir im zweiten Abschnitt dieses Anhanges unsere Aufmerksamkeit widmen werden. Im dritten Abschnitt werden wir darlegen, wie man vom klassischen BLACK-SCHOLES-Ansatz zurück zur Wärmeleitungsgleichung gelangt, die die Basis für alle in dieser Einführung behandelten analytischen Bewertungsansätze darstellt. In diesem Zusammenhang werden wir den Satz von GIRSANOV darstellen, der zur Modifikation des Driftes einer stochastischen Differenzialgleichung Verwendung findet.

Vergleicht man unsere Motivation des WIENER Prozesses mit den Ansätzen der Thermodynamik zur Erklärung der Wärme eines Körpers auf Grund von Teilchenkollisionen bzw. der klassischen Motivation der BROWN-schen Bewegung, tun sich erstaunliche Parallelen in der Modellierung auf, welche bereits BACHÉLIER (vgl. [6]) als Basis seiner Überlegungen verwendete. Insofern ist es eigentlich nicht sonderlich erstaunlich, an den Anfang unserer Betrachtungen die Wärmeleitungsgleichung zu stellen.

B.1 Die Wärmeleitungsgleichung

Die parabolische Differenzialgleichung

$$\frac{\partial}{\partial t}u = \frac{1}{2} \cdot \Delta u \qquad (B.1)$$

mit dem LAPLACE-Operator

$$\Delta := \sum_{j=1}^{n} \frac{\partial^2}{\partial x_j^2}$$

heißt *Wärmeleitungsgleichung*. Der Einfachheit halber wollen wir uns auch in diesem Abschnitt wieder mit der Betrachtung der eindimensionalen Problemstellung begnügen.

Dabei wird evident, dass die Dichte

$$p(t,x) := \frac{1}{\sqrt{2\pi t}} \cdot e^{-\frac{x^2}{2t}}$$

wegen $\frac{\partial p}{\partial t} = \frac{1}{2} \cdot \frac{x^2-t}{\sqrt{2\pi}\, t^{\frac{5}{2}}} \cdot e^{-\frac{x^2}{2t}} = \frac{1}{2} \cdot \frac{\partial^2 p}{\partial x^2}$ eine Lösung von (B.1) darstellt: Diese spezielle Lösung wird auch als *Fundamentallösung* der partiellen Differenzialgleichung (B.1) bezeichnet.

Den Zusammenhang zu stochastischen Differenzialgleichungen bereitet nun das folgende klassische Resultat vor.

LEMMA B.1 *Die Funktion* $u : [0; \frac{1}{2a}] \times \mathbb{R} \to \mathbb{R}$,

$$u(t,x) = \begin{cases} \displaystyle\int_{\mathbb{R}} p(t,x-y) \cdot \phi(y)\,dy & , \quad t \in (0; \frac{1}{2a}] \\ \phi(x) & , \quad t = 0 \end{cases} , \tag{B.2}$$

ist eine Lösung der Anfangswertaufgabe bestehend aus der Wärmeleitungsgleichung (B.1) *und der Anfangswertbedingung*

$$u(0, \cdot) = \phi(\cdot) , \tag{B.3}$$

sofern die BOREL-*messbare Funktion* $\phi : \mathbb{R} \to \mathbb{R}$ *der Bedingung*

$$\int_{\mathbb{R}} e^{-ax^2} \cdot |\phi(x)|\,dx < \infty$$

für ein $a > 0$ *genügt.*

BEWEISSKIZZE: Die Bedingung an ϕ garantiert einerseits die Stetigkeit der durch (B.2) definierten Lösung u und andererseits, die Differenzialoperatoren unter das Integral ziehen zu dürfen (nach dem Satz über die Differenziation parameterabhängiger Integrale), womit trivialerweise das Erfülltsein von (B.1) folgt. Dass auch die Anfangswertbedingung gilt, lässt sich mit Hilfe elementarer Abschätzungen zeigen. $\square$

Betrachten wir nun die Integraldarstellung (B.2) noch einmal aus einem "stochastischen Blickwinkel" und erinnern uns dabei an die Eigenschaften des WIENER Prozesses, so erkennen wir (nach einer linearen Substitution $y = x + \eta$), dass es sich hierbei offenbar um den Erwartungswert

$$\mathbb{E}\left[\phi(X_t)|X_0 = x\right] = \int_{\mathbb{R}} \phi(x+\eta)p(t,\eta)\,d\eta = \int_{\mathbb{R}} \phi(y)p(t,y-x)\,dy \stackrel{(B.2)}{=} u(t,x)$$

für den Diffusionsprozess $X_t := x + W_t$ handelt.

COROLLAR B.1 *Das Anfangswertproblem bestehend aus (B.1) und (B.3) mit ϕ wie in* LEMMA B.1 *hat auf $[0; \frac{1}{2a}] \times \mathbb{R}$ die Lösung*

$$u(t,x) = \mathbb{E}[\phi(X_t)|X_0 = x]$$

mit dem Diffusionsprozess $X_t = x + W_t$, der auch beschrieben werden kann durch

$$dX_t = dW_t$$

mit

$$X_0 = x \ .$$

Es ist nun naheliegend zu vermuten, dass für komplexere partielle Differenzialgleichungen ebenfalls ähnliche Zusammenhänge bestehen. Dies ist in der Tat der Fall und wird durch das Theorem von R.P. FEYNMAN (1948) und M. KAC (1949) belegt.

B.2   Der Darstellungssatz von Feynman-Kac

Die für unsere Zwecke relevante Fassung des Satzes von FEYNMAN und KAC nimmt die folgende Gestalt an.

SATZ B.1 *Die Funktionen f und σ seien wie in* SATZ A.4, *ϕ sei wie in* LEMMA B.1 *und $r : [0;T] \times \mathbb{R} \to \mathbb{R}$ eine stetige beschränkte Funktion. Die Lösung der partiellen Differenzialgleichung*

$$\frac{\partial V}{\partial t}(t,x) + f(t,x) \cdot \frac{\partial V}{\partial x}(t,x) + \frac{1}{2} \cdot \sigma^2(t,x) \cdot \frac{\partial^2 V}{\partial x^2}(t,x) = r(t,x) \cdot V(t,x)$$

mit der Endwertbedingung

$$V(T,x) = \phi(x)$$

kann dargestellt werden als der Erwartungswert

$$V(t,x) = \widetilde{\mathbb{E}} \left[e^{-\int_t^T r(s,X_s)ds} \cdot \phi(X_T) \Big| X_t = x \right].$$

Dabei ist $(X_s)_{s \in [t;T]}$ ein Diffusionsprozess, welcher gegeben ist durch

$$dX_s = f(s,X_s)ds + \sigma(s,X_s)d\widetilde{W}_s, \quad s \in [t;T],$$

mit

$$X_t = x$$

unter dem Wahrscheinlichkeitsmaß $\widetilde{\mathbb{P}}$, unter dem auch der obige bedingte Erwartungswert $\widetilde{\mathbb{E}} := \mathbb{E}^{\widetilde{\mathbb{P}}}$ zu nehmen ist und bezüglich dessen $(\widetilde{W}_t)_{t \in [0;T]}$ ein standardisierter WIENER *Prozess ist.*

Man beachte hierbei, dass die Endwertfunktion ϕ die Funktion des Diffusionsprozesses, dessen Erwartungswert berechnet werden soll, festlegt, wohingegen die Koeffizienten der partiellen Differenzialgleichung die entsprechenden Koeffizienten des Diffusionsprozesses bestimmen.

Der Darstellungssatz von FEYNMAN und KAC schlägt eine Brücke zwischen dem Gebiet der stochastischen und dem der klassischen Analysis, welche insbesondere den Einsatz numerischer Verfahren zur Bewertung von Finanzderivaten ermöglicht: Die Lösungen partieller Differenzialgleichungen können damit als geeignete Transformationen von Lösungen stochastischer Differenzialgleichungen interpretiert werden und umgekehrt.

B.3 Zurück zur Wärmeleitungsgleichung

Die partielle Differenzialgleichung (2.10) von BLACK-SCHOLES besitzt, wie bereits mehrfach erwähnt, eine analytische Lösung, die wir nun ermitteln werden.

Die wesentliche Beobachtung besteht in der Äquivalenz der BLACK-SCHOLES-PDE (2.10) mit der Wärmeleitungsgleichung (B.1), welche wir im Folgenden aufzeigen wollen.

Durch den Ansatz $h(t,s) := e^{-r(T-t)} \cdot w(t,s)$ für die Lösung h von (2.10) ist eine Funktion w erklärt, welche der partiellen Differenzialgleichung

$$\frac{\partial w}{\partial t} + \frac{1}{2} \cdot \sigma^2 \cdot s^2 \cdot \frac{\partial^2 w}{\partial s^2} + r \cdot s \cdot \frac{\partial w}{\partial s} = 0$$

genügen muss. Die Zeitinversion $\tau := T - t$ führt weiter auf die Gleichung

$$-\frac{\partial w}{\partial \tau} + \frac{1}{2} \cdot \sigma^2 \cdot s^2 \cdot \frac{\partial^2 w}{\partial s^2} + r \cdot s \cdot \frac{\partial w}{\partial s} = 0,$$

wobei die zugehörige Endwertbedingung in die Anfangswertbedingung

$$w(0, \cdot) = \phi(\cdot)$$

überführt wird. Mit der für EULERsche Differenzialgleichungen naheliegenden Transformation $s := e^\xi$ ergibt sich mit

$$-\frac{\partial w}{\partial \tau} + \frac{1}{2} \cdot \sigma^2 \cdot \frac{\partial^2 w}{\partial \xi^2} + \left(r - \frac{\sigma^2}{2} \right) \cdot \frac{\partial w}{\partial \xi} = 0$$

eine Differenzialgleichung mit konstanten Koeffizienten, aus der durch $x := \xi - \left(r - \frac{1}{2}\sigma^2 \right) \tau$ die partielle Differenzialgleichung

$$-\frac{\partial v}{\partial \tau} + \frac{1}{2} \cdot \sigma^2 \cdot \frac{\partial^2 v}{\partial x^2} = 0$$

folgt. Die Skalierung $\theta := \sigma^2 \tau$ liefert somit die Wärmeleitungsgleichung

$$-\frac{\partial u}{\partial \theta} + \frac{1}{2} \cdot \frac{\partial^2 u}{\partial x^2} = 0,$$

versehen mit der Anfangsbedingung

$$u(0,\cdot) = \phi(e^{\cdot}).$$

Die Lösung dieses Anfangswertproblems ist jedoch gemäß LEMMA B.1 durch

$$u(\theta,x) = \int_{\mathbb{R}} \frac{1}{\sqrt{2\pi\theta}} \cdot e^{-\frac{(x-y)^2}{2\theta}} \cdot \phi(e^y)dy$$

gegeben, woraus wir speziell für das Auszahlungsprofil

$$\phi(x) = [\omega \cdot (x - X)]^+ = \max\{\omega \cdot (x - X),0\} \,, \tag{B.4}$$

welches für $\omega = +1$ eine europäische Call- bzw. für $\omega = -1$ eine Europäische Put-Option zum Strike X beschreibt, über einige Umformungen und Substitutionen

$$u(\theta,x) = \frac{1}{\sqrt{2\pi}} \cdot \int_{\frac{\log(X)-M}{\sqrt{\theta}}}^{\infty} e^{-\frac{z^2}{2}} \cdot (e^{x+\sqrt{\theta}z} - X)dz =$$

$$= \frac{e^{x+\frac{\theta}{2}}}{\sqrt{2\pi}} \cdot \int_{\frac{\log(X)-x-\theta}{\sqrt{\theta}}}^{\infty} e^{-\frac{z^2}{2}} dz - X \cdot \left[1 - \Phi\left(\frac{\log(X) - x}{\sqrt{\theta}}\right)\right]$$

die explizite Lösung

$$u(\theta,x) = e^{x+\frac{\theta}{2}} \cdot \omega \cdot \Phi\left(\omega \cdot \frac{x - \log(X) + \theta}{\sqrt{\theta}}\right) - X \cdot \omega \cdot \Phi\left(\omega \cdot \frac{x - \log(X)}{\sqrt{\theta}}\right) \tag{B.5}$$

erhalten. Kehrt man alle oben durchgeführten Transformationen um und liest die Kette der Schlüsse in umgekehrter Reihenfolge, so ergibt sich die explizite Lösung der BLACK-SCHOLES-PDE in der Form

$$h(t,s) = s \cdot \omega \cdot \Phi\left(\omega \cdot \frac{\log(\frac{s}{X}) + (r + \frac{\sigma^2}{2}) \cdot (T - t)}{\sigma \cdot \sqrt{T - t}}\right)$$

$$- X \cdot e^{-r \cdot (T-t)} \cdot \omega \cdot \Phi\left(\omega \cdot \frac{\log(\frac{s}{X}) + (r - \frac{\sigma^2}{2}) \cdot (T - t)}{\sigma \cdot \sqrt{T - t}}\right) . \tag{B.6}$$

B.4 Der Satz von Girsanov

Wenden wir den Darstellungssatz von FEYNMAN-KAC (SATZ B.1) auf die BLACK-SCHOLES-PDE (2.10) an, erhalten wir mit

$$dX_t = r \cdot X_t dt + \sigma \cdot X_t d\widetilde{W}_t \tag{B.7}$$

einen Diffusionsprozess für das Underlying, der sich fundamental von der dafür vorausgesetzten Dynamik (2.1) unterscheidet: Anstelle der erwarteten deterministischen Wachstumsrate μ für das Underlying findet sich dort der risikoneutrale Zinssatz r.

Der Satz von GIRSANOV ermöglicht einen Übergang vom Wahrscheinlichkeitsmaß $\mathbb{P}$, unter dem in realo ein Wachstumsparameter μ zur Modellierung des Underlyings verwendet werden muss, hin zu einem neuen Maß, bei dem als Driftparameter der risikolose Zinssatz r zu verwenden ist.

SATZ B.2 (Girsanov) *Die unter $\mathbb{P}$ gegebene stochastische Differenzialgleichung*

$$dX_t = f(X_t)dt + \sigma(X_t)\,dW_t$$

mit Anfangswert $X_0 = x_0$ habe LIPSCHITZ-stetige Koeffizienten f und σ. Bezeichnen wir mit $\widetilde{f}$ den neuen Drift, für welchen die Funktion $g := \frac{\widetilde{f}-f}{\sigma}$ beschränkt ist, so ist das durch

$$\left.\frac{d\widetilde{\mathbb{P}}}{d\mathbb{P}}\right|_{\mathcal{F}_t} = \exp\left(\int_0^t g(X_s)dW_s - \frac{1}{2}\int_0^t g^2(X_s)ds\right)$$

gemäß Satz von RADON-NIKODYM (SATZ A.1) definierte Maß $\widetilde{\mathbb{P}}$ äquivalent zu $\mathbb{P}$, der durch

$$d\widetilde{W}_t = -g(X_t)dt + dW_t$$

erklärte stochastische Prozess $(\widetilde{W}_t)_{t\in\mathbb{R}_0^+}$ ist ein WIENER Prozess unter $\widetilde{\mathbb{P}}$, und es gilt

$$dX_t = \widetilde{f}(X_t)dt + \sigma(X_t)d\widetilde{W}_t\,.$$

Der Übergang von (2.1) zu (B.7) kann also durch einen Maßwechsel vom Maß $\mathbb{P}$ zu dem durch

$$\left.\frac{d\widetilde{\mathbb{P}}}{d\mathbb{P}}\right|_{\mathcal{F}_t} = \exp\left(-\frac{\mu - r}{\sigma}W_t - \frac{1}{2}\left(\frac{\mu - r}{\sigma}\right)^2 t\right)$$

gemäß Satz von RADON-NIKODYM erklärten dazu äquivalenten Maß $\widetilde{\mathbb{P}}$ gewährleistet werden.

Für die mehrdimensionalen Analoga und weitere Varianten zu den in den Anhängen dargestellten Sätze verweisen wir noch einmal auf die in der Einleitung erwähnte Lehrbuchliteratur und führen·hier nur exemplarisch eine mehrdimensionale Variante des Satzes von GIRSANOV zum Abschluss dieses Abschnittes an.

SATZ B.3 *Es sei* $W = (W^1,...,W^d)$ *ein d-dimensionaler* WIENER *Prozess auf* $(\Omega,\mathcal{F},\mathbb{P})$ *und* $g := (g^1,...,g^d)$ *ein adaptierter* $\mathbb{R}^d$-*wertiger Prozess mit*

$$\mathbb{E}^{\mathbb{P}}\left(\exp\left(\sum_{j=1}^{d}\int_0^{\cdot} g_s^j\, dW_s^j - \frac{1}{2}\sum_{j=1}^{d}\int_0^{\cdot} |g_s^j|^2 ds\right)\right) = 1 \ .$$

Erklärt man ein Maß $\widetilde{\mathbb{P}}$ *auf* $(\Omega,\mathcal{F}_{T^*})$ *mit Hilfe der* RADON-NIKODYM-*Ableitung* $\left.\frac{d\widetilde{\mathbb{P}}}{d\mathbb{P}}\right|_{\mathcal{F}_t} := \exp\left(\sum_{j=1}^{d}\int_0^t g_s^j dW_s^j - \frac{1}{2}\sum_{j=1}^{d}\int_0^t |g_s^j|^2 ds\right)$, *so ist der durch*

$$\widetilde{W}_t := W_t - \int_0^t g_s\, ds \ , \quad t \in [0;T^*],$$

erklärte Prozess $\left(\widetilde{W}_t\right)_{t\in[0;T^*]}$ *ein* WIENER *Prozess auf* $(\Omega,\mathcal{F},\widetilde{\mathbb{P}})$.

Literaturverzeichnis

[1] ALEXANDER, C., LVOV, D.: *Statistical Properties of Forward Libor Rates.* ISMA Discussion Papers in Finance 2003-03. ISMA Centre, University of Reading, January 2003.

[2] ANDERSEN, L.: *A Simple Approach to the Pricing of Bermudan Swaptions in the Multi-Factor Libor Market Model.* General Re Financial Products Working Paper. December 1998.

[3] ANDERSEN, L., BROADIE, M.: *A Primal-Dual Simulation Algorithm for Pricing Multi-Dimensional American Options.* Working Paper. November 2001.

[4] ARNOLD, L.: Stochastische Differentialgleichungen. Oldenbourg Verlag, 1971.

[5] ARTZNER, P., DELBAEN, F., EBER, J.-M., HEATH, D.: *Coherent Measures of Risk.* Math. Finance **9(3)** (1999), 203–228.

[6] BACHELIER, L.: *Théorie de la spéculation.* Annales Scientifique de l'École Normal Superieure **77** (1900), 21–86.

[7] BAYRAKTAR, E., CHEN, L., POOR, H.V.: *Projecting the Forward Rate Flow onto a Finite Dimensional Manifold.* Working Paper. Princeton University, April 2003.

[8] BINGHAM, N.H., KIESEL, R.: Risk-Neutral Valuation. Pricing and Hedging of Financial Derivatives. Springer Finance, 1998.

[9] BLACK, F., SCHOLES, M.: *The Pricing of Options and Corporate Liabilities.* Journal of Political Economy **81** (1973), 637–654.

[10] BLACK, F.: *The Pricing of Commodity Contracts.* Journal of Financial Economics **3** (1976), 167–179.

[11] BRACE, A., GATAREK, D., MUSIELA, M.: *The Market Model of Interest Rate Dynamics.* Mathematical Finance **7** (1997), 127–154.

[12] BRIGO, D., MERCURIO, F.: Interest Rate Models - Theory and Practice. Springer Verlag, 2002.

[13] CHOY, B., DUN, T., SCHLOGL, E.: *Correlating Market Models*. Working Paper. University of Sydney, Juni 2003.

[14] COX, J.C., INGERSOLL, J.E., ROSS, S.A.: *A Theory of the Term Structure of Interest Rates*. Econometrica **53** (1985), 385–407.

[15] DE JONG, F., DRIESSEN, J., PELSSER, A.A.J: *Libor Market Models versus Swap Market Models for Pricing of Interest Rate Derivatives: An Empirical Analysis*. European Finance Review **5** (2002), 201–237.

[16] DELBEAN, F., SCHACHERMAYER, W.: *A general version of the fundamental theorem of asset pricing*. Math. Ann. **300** (1994), 463–520.

[17] DELBAEN, F: *Coherent Risk Measures on General Probability Spaces*. Working Paper. März 2000.

[18] DOWD, K: Beyond Value at Risk: The New Science of Risk Management. Wiley, 1998.

[19] DUFFIE, D., PAN, J.: *Analytical value-at-risk with jumps and credit risk*. Finance and Stochastics **2** (2001), 155–180.

[20] EMBRECHTS, P., KLÜPPELBERG, C., MIKOSCH, T.: Modelling Extremal Events. Springer Verlag, 1997.

[21] EMBRECHTS, P., MCNEIL, A., STRAUMANN, D.: *Correlation and Dependence in Risk Management: Properties and Pitfalls*. Working Paper, ETH Zürich. Juli 1999.

[22] FAN, R., GUPTA, A., RITCHKEN, P.: *On Pricing and Hedging in the Swaption Market: How Many Factors, Really?* Working Paper. Case Western Reserve University, Cleveland, October 2001.

[23] FILIPOVIC, D.: *Exponential-Polynomial Families and the Term Structure of Interest Rates*. Working Paper. ETH Zürich, December 1999.

[24] FRANKE, J., HÄRDLE, W., STAHL, G.: Measuring risk in complex stochastic systems. Springer Verlag, 2000.

[25] GLASSERMAN, P., ZHAO, .X: *Arbitrage-Free Discretization of Lognormal Forward LIBOR and Swap Rate Models*. Finance and Stochastics **1** (2000), 35–68.

[26] GEMAN, H., EL KAROUI, N., ROCHET, J.C.: *Changes of Numeraire, Changes of Probability Measures and Pricing of Options*. Journal of Applied Probability **32** (1995), 443–458.

[27] HÄRDLE, W., HLÁVKA, Z., STAHL, G.: *Warum sind falsche VaR-Modelle dennoch adäquat?* Working Paper. Januar 2003.

[28] HARRISON, J.M., KREPS, D.M.: *Martingales and Arbitrage in Multiperiod Securities Markets.* Journal of Economic Theory **20** (1979), 381–408.

[29] HARRISON, J.M., PLISKA, S.R.: *Martingales and Stochastic Integrals in the Theory of Continuous Trading.* Stochastic Processes and their Applications **11** (1981), 215–260.

[30] HARRISON, J.M., PLISKA, S.R.: *A Stochastic Calculus Model of Continuous Trading: Complete Markets.* Stochastic Processes and their Applications **15** (1983), 313–316.

[31] HAUSMANN, W., DIENER, K., KÄSLER, J.: Derivate, Arbitrage und Portfolio-Selection. Stochastische Finanzmodelle und ihre Anwendungen. Vieweg Verlag, 2002.

[32] HEATH, D., JARROW, R., MORTON, A.: *Bond Pricing and the Term Structure of Interest Rates: A New Methodology.* Econometrica **60** (1992), 77–105.

[33] HENZE, N.: Stochastik für Einsteiger. Vieweg Verlag, 1999.

[34] HOLTON, G.A.: Value-at-Risk – Theory and Practice. Academic Press, 2003.

[35] HUANG, Z., SCAILLET, O.: *Modelling and Calibration of SMM.* Working Paper, May 2003.

[36] HULL, J.C.: Options, Futures, & Other Derivatives. 5th Edition. Prentice Hall, 2003.

[37] HULL, J., WHITE, A.: *Valuing Derivative Securities Using the Explicit Finite Difference Method.* Journal of Financial and Quantitative Analysis **25** (1990), 87–100.

[38] HULL, J., WHITE, A.: *Pricing Interest Rate Derivative Securities.* The Review of Financial Studies **3** (1990), 573–592.

[39] HULL, J., WHITE, A.: *One-Factor Interest Rate Models and the Valuation of Interest Rate Derivative Securities.* Journal of Financial and Quantitative Analysis **28** (1993), 235–254.

[40] HULL, J., WHITE, A.: *Branching Out.* Risk July (1994), 34–37.

[41] HUNTER, C.J., JÄCKEL, P., JOSHI, M.S.: *Drift Approximations in a Forward-Rate-Based LIBOR-Market-Model.* Working Paper. March 2001.

[42] JÄCKEL, P.: Monte Carlo Methods in Finance. John Wiley. 2002.

[43] JAMES, J., WEBBER, N.: Interest Rate Modelling. Wiley, 2000.

[44] JAMSHIDIAN, F.: *An Exact Bond Option Pricing Formula.* Journal of Finance **44** (1989), 205–209.

[45] JAMSHIDIAN, F.: *Sorting out Swaption.* Risk March **1996**, 59–60.

[46] JAMSHIDIAN, F.: *LIBOR and Swap Market Models and Measures.* Finance and Stochastics **1(4)** (1998), 293–330.

[47] JANKOWITSCH, R., PICHLER, S.: *Parsimonious estimation of credit spreads.* Working Paper, Vienna University of Technology and CCEFM, March 2002.

[48] JORION, P.: Value at Risk: The New Benchmark for Controlling Market Risk. Irwin, 1997.

[49] JOSHI, M.S., THEIS, J.: *Bounding Bermudan Swaptions in a Swap-Rate Market Model.* Working Paper. Royal Bank of Scotland. QUARC. Februar, 2002.

[50] KARATZAS, I., SHREVE, S.E: Brownian Motion and Stochastic Calculus. Springer Verlag, 1999.

[51] KORN, R., KORN, E.: Optionsbewertung und Portfolio-Optimierung. Vieweg Verlag, 1999.

[52] KLOEDEN, P.E., PLATEN, E.: Numerical Solution of Stochastic Differential Equations. 3rd Printing. Springer Verlag, 1999.

[53] KRENGEL, U.: Einführung in die Wahrscheinlichkeitstheorie und Statistik. 4. Auflage. Vieweg Verlag, 1998.

[54] KWOK, Y.-K.: Mathematical Models of Financial Derivatives. Springer Finance, 1998.

[55] LAMBERTON, D., LAPEYRE, B.: Introduction to Stochastic Calculus Applied to Finance. Chapman & Hall, 1996.

[56] LONGSTAFF, F.A., SANTA-CLARA, P., SCHWARTZ, E.S.: *Throwing Away a Billion Dollars: The Cost of Suboptimal Exercise Strategies in the Swaptions Market*. Working Paper. University of California Los Angeles, May 2000.

[57] LONGSTAFF, F.A., SCHWARTZ, E.S.: *Valuing American Options by Simulation: A Simple Least Squares Approach*. Review of Financial Studies **14** (2001), 113–47.

[58] LOUIS, A.K.: Inverse und schlecht gestellte Probleme. Teubner Verlag, 1989.

[59] MERTON, R.: *Theory of Rational Option Pricing*. Bell Journal of Economics and Management Science **4**, 141–183.

[60] MEYER S., SCHWARZ W.: *A PDE based Implementation of the Hull & White Model for Cashflow Derivatives*. Computational Statistics **18(3)** (2003).

[61] MISSFELDER-HÜNTING, U., MARTIN, M.R.W.: *Finanzmathematik II: Bewertung von Anleihen, Swaps und unbedingten Termingeschäften*. Vortragsskript zum SRP-Ausbildungsprogramm der Deutschen Bundesbank. Frankfurt, 2003.

[62] MILTERSEN, K., SANDMANN, K. SONDERMANN, D.: *Closed Form Solutions for Term Structure Derivatives with Lognormal Interest Rates*. Journal of Finance **52** (1997), 409–430.

[63] MUSIELA, M, RUTKOWSKI, M.: Martingale Methods in Financial Modelling. Springer Verlag, 1998.

[64] NELSON, C.R., SIEGEL, A.F.: *Parsimonious Modeling of Yield Curves*. Journal of Business **60** (1987), 473 – 489.

[65] ØKSENDAL, B.: Stochastic Differential Equations. An Introduction with Applications. 6th Edition. Springer, 2003.

[66] PEDERSEN, M.B.: *Bermudan Swaptions in the LIBOR Market Model*. SimCorp Financial Research Working Paper. Juli 1999.

[67] PELSSER, A.: Efficient Methods for Valuing Interest Rate Derivatives. Springer Finance, 2000.

[68] PIETERZ, R., PELSSER, A., VAN REGENMORTEL, M.: *Fast drift approximated pricing in the BGM model*. Working Paper. November 2002.

[69] PRITSKER, M.: *The Hidden Dangers of Historical Simulation*. The Federal Reserve Board & University of California at Berkeley. Working Paper. Juni 2001.

[70] REBONATO, R.: Modern Pricing of Interest-Rate Derivatives: The LIBOR Market Model and Beyond. Princeton University Press, 2002.

[71] REITZ, S., MARTIN, M.R.W.: *Finanzmathematik II: Bewertung von Optionen*. Vortragsskript zum SRP-Ausbildungsprogramm der Deutschen Bundesbank. Frankfurt, 2003.

[72] REITZ, S.: *Integrierte Markt- und Kreditrisikomessung*. Handbuch Neue bankaufsichtliche Entwicklungen, voraussichtlich 2004.

[73] RISKMETRICS GROUP: Return to RiskMetrics: The Evolution of a Standard, 2001.

[74] SCHMIDT, W.M.: *On a general class of one-factor models for the term structure of interest rates*. Finance and Stochastics $1(1)$ (1997), 3–24.

[75] SCHMITZ, N.: Vorlesungen über Wahrscheinlichkeitstheorie. Teubner Verlag, 1996.

[76] SCHWARZ, W.: *Zinsstrukturmodelle*. Vorlesungsskript. Universität Braunschweig, 2001.

[77] SCHWARZ, W., ZIMMER, H.: *Exotische Optionen*. Handwörterbuch des Bank- und Finanzwesens (2001), 1583–1596.

[78] SEYDEL, R.: Einführung in die numerische Berechnung von Finanzderivaten. Computational Finance. Springer Verlag, 1999.

[79] STUTE, W.: *Financial Engineering und Finanzmathematik. Eine integrierte Darstellung*. Vorlesungsskript. Justus-Liebig-Universität Gießen, 2002.

[80] SVENSSON, L.E.O.: *Estimating and Interpreting Forward Interest Rates: Sweden 1992 -1994*. IMF Working Paper. International Monetary Fund, 1994.

[81] VASICEK, O.A.: *An Equilibrium Characterization of the Term Structure*. Journal of Financial Economics **5** (1977), 177–188.

[82] VASICEK, O.A., FONG, H.G.: *Term Structure Modeling Using Exponential Splines*. Journal of Finance **37** (1982), 339 – 348.

[83] WILMOTT, P., HOWISON, S., DEWYNNE, J.: The Mathematics of Financial Derivatives. Cambridge University Press, 1995.

[84] WILMOTT, P.: Derivatives: The Theory and Practice of Financial Engineering. Wiley, 1998.

[85] ZAGST, R.: Interest-Rate Management. Springer Finance, 2002.

Index